高等学校计算机科学与技术应用型教材

C＋＋程序设计

（第 2 版）

主　编　邵兰洁

副主编　马　睿　李　寰

北京邮电大学出版社
www.buptpress.com

内 容 简 介

本书以 CDIO 理念为指导,以项目驱动为主线,通过一个项目——学生信息管理系统的面向对象程序编制,全面而深入浅出地介绍了标准 C++面向对象的程序设计技术。内容包括:C++对 C 语言的扩充、类与对象、继承与组合、多态性与虚函数、友元、静态成员、运算符重载、模板与 STL、输入/输出流、异常处理、图形界面 C++程序设计等。

本书内容丰富,通俗易懂,实用性强。它以一个综合性的案例贯穿始终,引导读者理解和领会面向对象程序设计的思想、技术、方法和要领。按照教材的引导一步步完成案例程序的编制,可以让读者在编程实践中提高自身的实践能力、自主学习能力、创新思维能力。

本书是按照应用型本科教学的基本要求编写的,既可用作高等院校计算机及相关专业本科生的面向对象程序设计课程教材,也适合用作具有 C 语言基础,想学习面向对象编程技术的自学者和广大程序设计人员的参考用书。

图书在版编目（CIP）数据

C++程序设计 / 邵兰洁主编 . -- 2 版 . -- 北京：北京邮电大学出版社，2013.8（2020.1重印）
ISBN 978-7-5635-3575-0

Ⅰ.①C… Ⅱ.①邵… Ⅲ.①C++程序设计—高等学校—教材 Ⅳ.①TP312

中国版本图书馆 CIP 数据核字（2013）第 165811 号

书　　名：C++程序设计（第 2 版）
主　　编：邵兰洁
责任编辑：王丹丹
出版发行：北京邮电大学出版社
社　　址：北京市海淀区西土城路 10 号（邮编：100876）
发 行 部：电话：010-62282185　传真：010-62283578
E-mail：publish@bupt.edu.cn
经　　销：各地新华书店
印　　刷：保定市中画美凯印刷有限公司
开　　本：787 mm×1 092 mm　1/16
印　　张：18.75
字　　数：489 千字
版　　次：2009 年 7 月第 1 版　2013 年 8 月第 2 版　2020 年 1 月第 6 次印刷

ISBN 978-7-5635-3575-0　　　　　　　　　　　　　　　　　　定　价：38.00 元
· 如有印装质量问题,请与北京邮电大学出版社发行部联系 ·

前　言

当今,面向对象编程技术是软件开发领域的主流技术,该技术从根本上改变了人们以往设计软件的思维方式,它把数据和对数据的操作封装起来,集抽象性、封装性、继承性和多态性于一体,可以帮助人们开发出高可靠性、可复用、易修改、易扩充的软件,极大地降低了软件开发的复杂度,提高了软件开发的效率,尤其适用于功能庞大而复杂的软件开发。C++为面向对象编程技术提供全面支持,是主流的面向对象程序设计语言,在当前软件开发领域占据重要地位。全国各地高校计算机及相关专业基本上都开设了该课程,目的是让学生掌握面向对象程序设计的基本知识和基本技能,学会利用C++语言进行面向对象程序的编写,解决一般应用问题,并为后续专业课程的学习奠定程序设计基础。

C++由C语言发展而来,它在C语言的基础上进行功能扩充,增加了面向对象的机制。无论从编程思想、代码效率、程序的可移植性和可靠性,还是从语言基础、语言本身的实用性来讲,C++都是面向对象程序设计语言的典范。学好C++,不仅能够用于实际的程序设计,而且有助于理解面向对象程序设计的精髓,再来学习诸如Java、C♯之类的面向对象程序设计语言也就简单了。

但是,目前的大多数C++教材在内容安排上都是既介绍C++的面向过程程序设计(这里绝大部分是在介绍原来C语言的内容),又介绍C++的面向对象程序设计。这样的教材对于没有C语言基础的读者来说是合适的。可是目前有不少高校是把C语言和C++分别作为独立的两门课,尤其对计算机科学与技术专业、软件工程专业的学生来说,这样的安排更合理些。所以需要以C语言为起点的C++教材,这样可以节省教学时间。本书就是应这种需要而产生的。本书的特点如下:

(1) 重点突出,内容取舍合理。本书重点讲解C++的面向对象程序设计,同时还介绍了C++在面向过程方面对C语言的扩充。

(2) 通俗易懂、深入浅出。本书力求用通俗易懂的语言、生活中的现象来阐述面向对象的抽象的概念,以减少初学者学习C++的困难,深入浅出,便于自学。

(3) 强调示例程序的可读性和标准化。本书的所有示例程序均遵循程序员所应该遵循的一般编程风格,如变量名、函数名和类名的命名做到"见名知义",采用缩排格式组织程序代码并配以尽可能多的注释等,程序可读性强。同时每个示例程序均在Visual C++6.0和Visual Studio 2012下调试通过,并给出运行结果。所有示例程序均按照标准C++编写,力求培养学生从一开始就写标准C++程序的习惯。

(4) 强调示例程序的实用性。本书示例程序都是经过精心设计的,实用性强,力求解决理论与实际应用脱离的矛盾,从而达到学有所用的目的。

(5) 重视学生实际编程能力的培养。本书以CDIO工程教育模式所倡导的"基于项目的学习"理念为指导,精心设计了一个贯穿全书大部分章节的项目——学生信息管理系统。随着学习进程的推进,不断地运用所学的面向对象的C++程序设计技术完成、完善该系统的功能,最后形成一个比较完整的系统。学生可借此理解面向对象的编程思想,掌握面向对象程序设计的方法,提高自身的实践能力、自主学习能力、创新思维能力。

(6) 特别关注内容提醒。凡是需要学生特别关注的内容,书中都用带阴影的文字标记,以引起学生的注意。

(7) 提供配套的上机指导与习题解答。配套的上机指导可以为课程上机提供方便,习题解答方便读者自查。

全书共分11章。第1章为面向对象程序设计概述,本章从学生信息管理系统项目的面向过程程序设计出发,讨论了传统的面向过程程序设计方法的不足,进而引出面向对象程序设计方法,介绍面向对象程序设计的编程思想、面向对象程序设计的基本概念、面向对象程序设计的优点。第2章为C++对C语言的扩充,主要介绍C++在面向过程方面对C语言功能的扩充。第3～10章介绍C++的面向对象程序设计,包括类与对象、继承与组合、多态性与虚函数、友元、静态成员、运算符重载、模板与STL、输入/输出流和异常处理等内容。第11章为图形界面C++程序设计,演示基于对话框和基于单文档图形界面C++程序的设计步骤,让读者体验图形界面C++程序的开发过程,消除开发窗口程序的神秘感。

本书第1、4、8、9、11章和项目案例代码由邵兰洁编写,第2、3章由李寰编写,第5、7章由马睿编写,第6章由史迎春编写,第10章由母俐丽编写。全书由邵兰洁统稿、审稿。

在本书编写过程中阅读参考了国内外大量的C++书籍,这些书籍已被列在书后的参考文献中,在此谨向这些书籍的作者表示衷心的感谢。

为方便读者学习和教师教学,本书配有以下辅助资源:

※ 例题的全部程序代码;

※ 配套的PPT电子课件;

※ 配套的上机指导与习题解答;

※ 全部习题程序代码。

除配套的《C++程序设计上机指导与习题解答》外,其他资源均可从北京邮电大学出版社的网站(www.buptpress.com)上进行下载或发邮件到shaolanjie@126.com向编者索取。

由于编者水平有限,书中难免存在疏漏和不足之处,恳请读者批评指正。

编　者

目　　录

第1章
面向对象程序设计概述

面向对象程序设计与面向过程程序设计有着本质的区别。面向过程程序设计以功能为中心，数据和操作数据的函数相分离，程序的基本构成单位是函数。而面向对象程序设计以数据为中心，数据和操作数据的函数被封装成一个对象，与外界相对分隔，对象之间通过消息进行通信，使各对象完成相应的操作，程序的基本构成单位是对象。

本章从学生信息管理系统项目的面向过程程序设计出发，讨论了传统的面向过程程序设计方法的不足，进而引出面向对象程序设计方法，介绍面向对象程序设计的编程思想、基本概念及面向对象程序设计的优点。最后简单介绍面向对象的软件开发。

1.1 面向过程程序设计

面向过程程序设计的基本思想：功能分解、逐步求精、模块化、结构化。当要设计一个目标系统时，首先从整体上概括出整个系统需要实现的功能，然后对系统的每项功能进行逐层分解，直到每项子功能都足够简单，不需要再分解为止。具体实现系统时，每项子功能对应一个模块①，模块间尽量相对独立，通过模块间的调用关系或全局变量而有机地联系起来。下面举例说明面向过程程序设计方法的应用。

【例 1-1】 运用面向过程程序设计方法设计一个学生信息管理系统。该系统要管理的学生信息包括：学号（Num）、姓名（Name）、性别（Sex）、出生日期（Birthday）、三门课成绩〔英语（English）、数据结构（DataStructure）、C＋＋程序设计（CPlusPlus）〕、总成绩（Sum）、平均成绩（Average），学生信息表如表 1-1 所示。该系统要具有如下功能。

（1）显示学生信息：显示全部学生的信息。

（2）查询学生信息：查询指定学生的信息（指定学号或姓名），查询结果直接显示在屏幕上。

（3）添加学生信息：对学生信息进行添加。

（4）修改学生信息：按指定学号对学生信息进行修改。

（5）删除学生信息：按指定学号对学生信息进行删除。

（6）统计学生成绩：统计每个学生的总成绩和平均成绩，或统计所有学生某一门课的总成绩和平均成绩。

---

① 一个模块就是一个程序段，是能够实现某一功能，可以独立地进行编制、测试和维护的程序单位。

（7）学生信息排序：按学号、总成绩或某一门课成绩排序。

（8）备份学生信息：把所有学生信息备份一份。

表 1-1　学生信息表

学号	姓名	性别	出生日期	英语成绩	数据结构成绩	C++成绩	总成绩	平均成绩
20120101001	邓光辉	男	1994-02-05	87	88	90	265	88.3
20120101002	杜丽丽	女	1995-09-20	79	80	75	234	78.0
20120101003	姜志远	男	1995-11-08	68	84	70	222	74.0
20120101004	张大伟	男	1993-08-05	70	67	82	219	73.0
...	...	...	...	...	...	...	...	...

从例 1-1 来看，该学生信息管理系统具有 8 项子功能，其中需要进行功能分解的有（2）、（6）、（7）。对于"（2）查询学生信息"子功能，可以继续分解为按学号查询、按姓名查询两项子功能，这两项子功能已足够简单，不需要再继续分解。对于"（6）统计学生成绩"子功能，可以继续分解为统计每个学生的总成绩和平均成绩、统计所有学生某一门课的总成绩和平均成绩两项子功能，这两项子功能已足够简单，也不需要再继续分解。对于"（7）学生信息排序"子功能，可以继续分解为按学号排序、按总成绩排序和按某一门课成绩排序 3 项子功能，这 3 项子功能也不需要再继续分解。

我们已经学习过的 C 语言是一种支持面向过程程序设计的计算机语言，这里选择 C 语言实现该系统。将该系统的每一项子功能对应设计成一个 C 函数，各个函数及函数间的调用组成程序。

假定该系统要管理的学生信息在外存中以文件的形式存储，文件名为 students.dat；在内存中以顺序表的形式存储，存放在一个一维数组 stud 中。把存放在外存中的学生信息读入到内存用一个自定义函数 ReadData 来完成。实现该系统的 C 程序框架如下：

```
/*学生信息管理系统 C 语言源代码 student.c*/
#include <stdio.h>                          /*包含输入/输出头文件*/
#include <string.h>                         /*包含字符串处理头文件*/
#include <stdlib.h>                         /*包含定义 C 语言标准库函数的头文件*/
#define MAXSIZE 100                         /* 能够处理的最多学生人数*/
typedef struct {                            /*用于存放学生生日信息的结构体*/
    int year;
    int month;
    int day;
}Date;
typedef struct {                            /*用于存放学生信息的结构体*/
    char Num[12];                           /*学号,由 11 位数字组成*/
    char Name[11];                          /*姓名,最多可包含 5 个汉字*/
    char Sex;                               /*性别,M 代表男性,F 代表女性*/
    Date Birthday;                          /*出生日期*/
    float English, DataStructure, CPlusPlus;  /*三门课成绩*/
    float Sum, Average;                     /*总成绩、平均成绩*/
}Student;
/*全局变量定义*/
```

```c
Student stud[MAXSIZE];          /*用于存放读入内存中的所有学生信息的全局数组*/
int count = 0;                  /*用于存放实际学生人数的全局变量*/
…(其他全局变量定义略)
/*各自定义函数原型声明*/
void ReadData( );              /*读入学生信息到全局数组 stud 中*/
void WriteData( );             /*把全局数组 stud 中的学生信息写入外存学生信息文件 student.dat 中*/
void Display( );               /*显示学生信息*/
void Search( );                /*查询学生信息*/
int SearchNum(char * num);     /*按学号查询学生信息*/
int SearchName(char * name);   /*按姓名查询学生信息*/
…(其他自定义函数原型声明略)
void Backup( );                /*备份学生信息*/
void main( )                   /*main 函数*/
{   /*系统功能以菜单的形式提供给用户*/
  int choice;   /* choice 变量用于保存用户对功能菜单的选择结果*/
  ReadData( );  /*程序开始运行时,首先把存放在外存中的学生信息读入内存*/
  for( ; ; )
  { /*显示系统功能菜单*/
    printf("*************学生信息管理系统******************\n");
    printf("*********************************************\n");
    printf("***********  1.显示学生信息  ***************\n");
    printf("***********  2.查询学生信息  ***************\n");
    …
    printf("***********  8.备份学生信息  ***************\n");
    printf("***********  0.退出系统       ***************\n");
    printf("*********************************************\n");
    printf("         请选择要执行的操作(0~8):");
    scanf("%d", &choice);
    switch(choice){
    case 1: Display( ); break;
    case 2: Search( ); break;
    …(其他 case 语句略)
    case 8: Backup( ); break;
    case 0: /*退出系统*/
        printf("程序执行完毕,按任意键退出…\n");
        WriteData( );            /*程序执行完毕时,保存内存的学生信息到外存文件*/
        getch( );
        exit(0);
    default: /*用户选择错误时的处理*/
        printf("选项错误,无此功能,请重新选择\n");
        getch( );/*让屏幕暂停,以观察结果*/
        break;
    }/*switch 结束*/
    while( getchar( ) != '\n' ); /*为了避免下次输入出错,需要清除键盘缓冲区*/
    printf("按任意键继续…\n");
    getch( ); /*让屏幕暂停,以观察结果*/
    system("cls"); /*调用 DOS 命令 cls 来清除屏幕*/
  }/*for 结束*/
```

```
}/* main 函数结束*/
/* 各自定义函数实现代码*/
void ReadData( ){    …(代码略)      }
void WriteData( ){    …(代码略)      }
void Display( ){    …(代码略)      }
void Search( ){    …(代码略)      }
…(其他自定义函数实现代码略)
```

从上述学生信息管理系统的 C 程序框架可以看出,运用面向过程程序设计方法所设计出来的程序,数据和操作数据的函数是分离的。所有数据都是公用的,一个函数可以使用任何一组数据,而一组数据又能被多个函数所使用。用面向过程程序设计方法所设计出来的程序模型如图 1-1 所示。

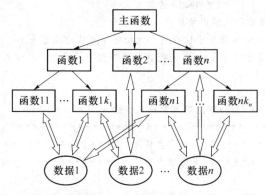

图 1-1　面向过程程序设计的程序模型

面向过程的结构化程序设计在 20 世纪 60 年代末 70 年代初从一定程度上缓解了当时的"软件危机",它在处理较小规模的程序时比较有效。但是,随着人们对大规模软件需求的增长,面向过程的结构化程序设计逐渐显示出它的不足,具体表现在以下几方面。

1. 程序设计困难,生产率低下

面向过程的程序设计是围绕功能进行的,用一个函数实现一项功能。所有数据都是公用的,一个函数可以使用任何一组数据,而一组数据又能被多个函数所使用(见图 1-1)。程序设计者必须仔细考虑每一个细节,在什么时候需要对什么数据进行操作。当程序规模较大、数据很多、操作种类繁多时,程序设计者往往感到难以应付。就如工厂的厂长直接指挥每一个工人的工作一样,一会儿让某车间的某工人在 A 机器上用 X 材料生产轴承,一会儿又让另一车间的某工人在 B 机器上用 Y 材料生产滚珠……显然这是非常劳累的,而且往往会遗漏或搞错,所以面向过程程序设计只适用于规模较小的程序。

2. 数据不安全

在面向过程的程序中,所有数据都是公用的,谁也没有办法限制其他程序员不去修改全局数据,也不能限制其他程序员在函数中定义与全局数据同名的局部变量。因为面向过程的程序设计语言并没有提供这样一种数据保护机制。当程序规模较大时,这个问题尤其突出。

3. 程序修改困难

当某个全局数据的数据结构修改时,所有操作该全局数据的函数都要进行修改。特别是当程序的功能因用户需求的变化而改变时,程序修改的难度更大,很有可能会导致程序的重新设计。

4. 代码重用程度低

运用面向过程程序设计方法所设计出来的程序,其基本构成单位为函数,故代码重用的力度最大也只能到函数级。对于今天的软件开发来说,这样的重用力度显得非常不够。

针对面向过程程序设计的不足,人们提出了面向对象程序设计方法。

1.2 面向对象程序设计

面向对象程序设计思想的出发点是思考面向过程的程序设计为什么不能有效地解决大规模程序设计的问题? 实际上,面向过程的程序设计是从计算机的角度出发去解决问题,换句话说,就是用计算机的观点去观察世界。计算机的观点和人类的思维方式是有很大区别的,从计算机的角度出发,根据对系统的分析,将系统按功能划分为一个一个的模块。在这个过程中,很多现实世界里的整体被分割成了若干个部分,这样就使得问题在从现实世界到计算机世界的转换过程中出现一定的差距。当问题较小或简单时,这种差距可以很容易地通过程序进行弥补。但当问题规模变大时,这种差距就难以弥补了。

面向对象方法的出发点是尽可能地模拟人类的思维方式去描述现实世界中的问题,使软件开发的方法尽可能接近人类认识、解决现实世界中问题的方法,使得问题在从现实世界向计算机世界转换过程中的差距尽可能地小,也就是让描述问题的问题空间和实现解法的解空间在结构上尽可能地一致。面向对象方法已经在当今的软件开发中占据了主流的位置。下面简单介绍面向对象的编程思想。

1.2.1 面向对象的编程思想

具体地讲,面向对象编程的基本思想如下。

(1) 客观世界中的事物都是对象(object),对象之间存在一定的关系。

面向对象方法要求从现实世界客观存在的事物出发来建立软件系统,强调直接以问题域(现实世界)中的事物为中心来思考问题和认识问题,并根据这些事物的本质特征和系统责任,把它们抽象地表示为系统中的对象,作为系统的基本构成单位。这可以使系统直接映射到问题域,保持问题域中的事物及其相互关系的本来面目。

(2) 用对象的属性(attribute)描述事物的静态特征,用对象的操作(operation)描述事物的行为(动态特征)。

(3) 对象的属性和操作结合为一体,形成一个相对独立、不可分的实体。对象对外屏蔽其内部细节,只留下少量接口,以便与外界联系。

(4) 通过抽象对对象进行分类,把具有相同属性和相同操作的对象归为一类,类是这些对象的抽象描述,每个对象是其所属类的一个实例。

(5) 复杂的对象可以用简单的对象作为其构成部分。

(6) 通过在不同程度上运用抽象的原则,可以得到一般类和特殊类。特殊类继承一般类的属性与操作,从而简化系统的构造过程。

(7) 对象之间通过传递消息进行通信,以实现对象之间的动态联系。

(8) 通过关联表达类之间的静态关系。

为了让大家对面向对象的编程思想有更深入地理解,下面先对面向对象的基本概念进行阐述。

1.2.2 面向对象的基本概念

1. 对象

可以从两个角度来理解对象。一个角度是现实世界，另一个角度是我们所建立的软件系统。

现实世界中客观存在的任何一个事物都可以看成一个对象。或者说，现实世界是由千千万万个对象组成的。对象可以是有形的，如汽车、房屋、张三等；也可以是无形的，如社会生活中的一种逻辑结构，如学校、军队，甚至一篇文章、一个图形、一项计划等都可视作对象。

对象可大可小。如学校是一个对象，一个班级、一个学生也是一个对象。同样，军队中的一个师、一个团、一个连、一个班等都是对象。

任何一个对象都具有两个要素：属性和行为，属性用于描述客观事物的静态特征，行为用于描述客观事物的动态特征。例如，一个人是一个对象，他有姓名、性别、身高、体重等属性，有走路、讲话、打手势、学习和工作等行为。一台录像机是一个对象，它有生产厂家、牌子、颜色、重量、价格等属性，有录像、播放、快进、倒退、暂停、停止等行为。一般来说，凡是具有属性和行为这两个要素的，都可以作为对象。

在一个系统中的多个对象之间通过一定的渠道相互联系，如图1-2所示。要使某一个对象实现某一个行为，应当向它传递相应的消息。如想让录像机开始播放，必须由人去按录像机的按键，或者用遥控器向录像机发一个信号。对象之间就是这样通过发送和接收消息互相联系的。

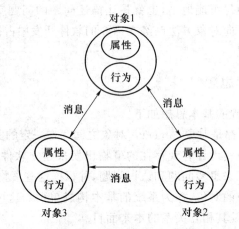

图 1-2　现实世界系统对象模型

在面向对象的软件系统中，对象是用来描述客观事物的一个相对独立体，是构成系统的一个基本单位。一个对象由一组属性和对这组属性进行操纵的一组操作组成。属性是用来描述对象静态特征的一个数据项，操作是用来描述对象行为的一个动作序列。

在开发软件系统时，首先要对现实世界中的对象进行分析和归纳，以此为基础来定义软件系统中的对象。

软件系统中的一部分对象是对现实世界中的对象的抽象，但其内容不是全盘照搬，这些对象只包含与所解决的现实问题有关的那些内容；系统中的另一部分对象是为了构建系统而设立的。

2. 类

类是对客观世界中具有相同属性和行为的一组对象的抽象，它为属于该类的全部对象提供了统一的抽象描述，其内容包括属性和操作。

在寻找类时,要用到一个概念:抽象。所谓抽象,是指忽略事物的非本质特征,只注意那些与当前目标有关的本质特征,从而找出事物的共性,把具有共性的事物划分为一类,得出一个抽象的概念。例如,人可以作为一个类,它是世界上所有实体人如张三、李四、王五等的抽象,而实体人张三、李四、王五等则是人这个类的具体实例。

类和对象的关系可表述为:类是对象的抽象,而对象则是类的实例,或者说是类的具体表现形式。

3. 封装

日常生活中,运用封装原理的例子很多,如录像机、VCD播放器、数码相机、手机等。就拿录像机来说,录像机里有电路板和机械控制部件,但在外面是看不到的,从外面看它只是一个"黑盒子",在它的表面有几个按键,这就是录像机与外界的接口,人们在使用录像机时不必了解它的内部结构和工作原理,只需知道按哪一个键能执行哪种操作即可。

这样做的好处是大大降低了人们操作对象的复杂程度,使用对象的人完全可以不必知道对象内部的具体细节,只需了解其外部功能即可自如地操作对象。

在面向对象方法中,所谓"封装"是指两方面的含义:一是用对象把属性和操纵这些属性的操作包装起来,形成一个基本单位,各个对象之间相对独立,互不干扰;二是将对象中某些部分对外隐蔽,即隐藏其内部细节,只留下少量接口,以便与外界联系,接收外界的消息。这种对外界隐蔽的做法称为信息隐蔽(information hiding)。信息隐蔽还有利于数据安全,防止无关的人了解和修改数据。

4. 继承

所谓"继承",是指特殊类自动地拥有或隐含地复制其一般类的全部属性与操作。继承具有"是一种"的含义,在图1-3中,卡车是一种汽车,轿车是一种汽车,二者作为特殊类继承了一般类"汽车"类的全部属性和操作。

在类的继承层次结构中,位于上层的类叫做一般类(也称为基类或父类),而位于下层的类叫做特殊类(也称为派生类或子类)。

通过在不同程度上运用抽象原则,可以得到较一般的类和较特殊的类。在图1-4中,从上向下看是对运输工具的分类,而从下向上看是经过了3个层次的抽象。从该图可以看出,继承具有传递性,例如,轿车具有运输工具的全部内容。

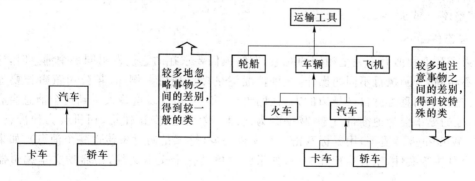

图1-3 继承示例   图1-4 继承的层次与抽象原则的运用

有时一个类要同时继承两个或两个以上一般类中的属性和操作,把这种允许一个特殊类具有一个以上一般类的继承模式称作多继承。图1-5给出了一个多继承示例。

C++提供了继承机制，采用继承的方法可以很方便地利用一个已有的类建立一个新的类。这就是常说的"软件重用"（software reusability）的思想。

5. 消息

对象可通过其对外提供的操作在系统中发挥作用。当系统中的其他对象或其他系统成分①请求这个对象执行某个操作时，该对象就响应这个请求，完成该操作。在面向对象方法中，把向对象发出的操作请求称为消息（message）。

对象之间通过消息进行通信，实现了对象之间的动态联系。至于消息的具体用途，它们有很多种，如读取或设置对象本身的某个（些）属性的值，请求其他对象的操作等。

在 C++中，消息其实就是函数调用。

6. 关联

关联（association）是两个或多个类之间的一种静态关系。图 1-6 给出了一个关联示例。在图 1-6 中，"教师"类和"学生"类之间存在着关联"指导毕业论文"。类实例化后，由类产生对象，由关联产生连接对象的链（即链是关联的实例）。

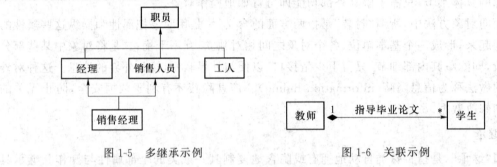

图 1-5　多继承示例　　　　　图 1-6　关联示例

这种关系在实现时，可以通过对象的属性值表达出来，例如，由"教师"类产生的一个对象"李阳"有一个集合类型的属性"指导的学生"，若当前它的属性值为"王波"和"张军"，则意味着"李阳"指导着"王波"和"张军"这两个学生（均由"学生"类创建）的论文。

7. 组合

组合描述的是类与类之间的整体与部分的关系。例如，汽车与发动机之间的关系，计算机与主板之间的关系。

组合是具有"整体—部分"关系语义的关联，也就是说，组合是关联的一种，只是它还具有明显的"整体—部分"含义。

8. 多态性

如果有几个相似而不完全相同的对象，有时人们要求在向它们发出同一个消息时，它们的反应各不相同，分别执行不同的操作，这种情况就是多态现象。例如，某公司董事长要外出考察，他会把这个消息告诉自己身边的人：他的妻子、秘书、司机。这些人听到这个消息会有不同的反应：他的妻子会为他准备行李，秘书会为他确认考察地、安排住宿，司机会为他准备车辆。又如，在 Windows 环境下，用鼠标双击一个文件对象（这就是向对象传送一个消息），如果此对象是一个可执行文件，则会执行此文件；如果此对象是一个文本文件，则启动文本编辑器并打开该文件。

在面向对象方法中，所谓多态性（polymorphism）是指由继承而产生的相关而不同的类，

① 在不要求完全对象化的语言中，允许有不属于任何对象的成分，例如，C++程序中的 main 函数。

其对象对同一消息会作出不同的响应。多态性是面向对象程序设计的一个重要特征,使用它能增加程序的灵活性。

对于本节所介绍的面向对象的基本概念,都比较抽象,理解起来可能有一定的难度。建议大家不要被它们吓住和难倒,随着C++学习的深入,我们会在实际应用中逐步理解并掌握这些概念。

1.2.3 面向对象程序设计的优点

与传统的面向过程程序设计相比,面向对象程序设计的优点如下。

1. 从认识论的角度看,面向对象程序设计改变了软件开发的方式

面向对象程序设计强调从对象出发认识问题域[①],对象对应着问题域中的事物,其属性和操作分别刻画了事物的静态特征和动态行为,对象之间的继承、组合、关联和依赖关系如实地表达了问题域中事物实际存在的各种关系。因此,无论是软件系统的构成成分,还是通过这些成分之间的关系而体现的软件系统结构,都可直接地映射到问题域。软件开发人员能够利用人类认识事物所采用的一般思维方式来进行软件开发。

对应图1-2所示的现实世界系统对象模型,运用面向对象方法所设计出来的软件系统分析模型如图1-7所示,该模型是对客观世界的真实模拟,反映了客观世界的本来面目。

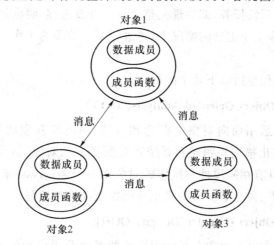

图 1-7 面向对象的软件系统分析模型

在面向过程的结构化程序设计中,人们常使用这样的公式来表述程序:

$$程序 = 算法 + 数据结构$$

而面向对象程序设计则把算法和数据结构封装在对象中。在面向对象程序设计,我们可以这样来表述程序:

$$对象 = 算法 + 数据结构$$

$$程序 = (对象 + 对象 + 对象 + \cdots) + 消息 \quad 或 \quad 程序 = 对象 s + 消息$$

"对象 s"表示多个对象。面向对象程序设计的关键是设计好每一个对象,以及确定向这些对象发出的消息,使它们完成相应的操作。

2. 面向对象程序中的数据的安全性高

面向对象程序中的数据及对数据的操作捆绑在一起,被封装在不同的对象中。对象对外

---

① 问题域:被开发软件系统的应用领域,即在现实世界中这个软件系统所涉及的业务范围。

隐蔽其内部细节,只留下少量的接口,以便与外界联系。外界只能通过对象提供的对外接口操作对象中的数据,这可以有效地保护数据的安全。

3. 面向对象程序设计有助于软件的维护与复用

某类对象数据结构的改变只会引起该类对象操作代码的改变,只要其对外提供的接口不发生变化,程序的其余部分就不需要做任何改动,从而把程序代码的修改维护局限在一个很小的范围内。这就对用户需求的变化有较强的适应性。

面向对象程序设计中类的继承机制有效解决了代码复用的问题。在设计新类时,可通过继承引用已有类的属性和操作,并可在已有类的基础上增加新的数据结构和操作,延伸和扩充已有类的功能,这种延伸和扩充一点不影响原有类的使用。人们可以像使用集成电路(IC)构造计算机硬件那样,比较方便地重用对象类来构造软件系统。

1.3 面向对象的软件开发

对于规模较小的简单程序,从任务分析到编写程序,再到程序的调试,难度都不大,可以由一个人或一个小组来完成。但是对于规模较大的复杂程序,设计时需要考虑的因素很多,为了保证按质按期完成软件开发任务,需要规范整个软件开发过程,明确软件开发过程中每个阶段的任务,在保证前一阶段工作正确的情况下,再进行下一阶段的工作。这就是软件工程学需要研究和解决的问题。

面向对象的软件工程包括以下几个阶段。

1. 面向对象分析(Object Oriented Analysis, OOA)

面向对象分析就是运用面向对象的概念和方法,对所要开发的系统的问题域和系统责任[①]进行分析和理解,找出描述问题域和系统责任所需要的对象,定义对象的属性、操作以及它们之间的关系,并将具有相同属性和操作的对象用一个类(class)来描述。建立一个真实反映问题域、满足用户需求、独立于实现的系统分析模型(OOA 模型)。

2. 面向对象设计(Object Oriented Design, OOD)

面向对象设计就是在面向对象分析阶段形成的系统分析模型的基础上,继续运用面向对象方法,主要解决与实现有关的问题,产生一个符合具体实现条件的可实现的系统设计模型(OOD 模型)。与实现有关的因素有:图形用户界面系统、硬件、操作系统、网络、数据库管理系统和编程语言等。

3. 面向对象编程(Object Oriented Programming, OOP)

根据面向对象设计的结果,用一种支持面向对象程序设计的计算机语言(如 C++)把它写成程序。

4. 面向对象测试(Object Oriented Test, OOT)

在将程序写好后交给用户使用前,必须对程序进行严格的测试。测试的目的是发现程序中的错误并改正它。面向对象测试是用面向对象的方法进行测试,以类作为测试的基本单元。

---

① 系统责任:被开发软件系统应该具备的功能。

5．面向对象维护（Object Oriented Soft Maintenance，OOSM）

正如对任何产品都需要进行售后服务和维护一样，软件在交付使用后也需要进行维护。如由于软件测试的不彻底性，软件中可能存在未被发现的潜在错误，在使用过程中有可能会暴露，为此需要对软件进行纠错性维护。另外，还有软件开发商想改进软件的功能和性能而对软件进行的完善性维护，或者为了让软件适应新的运行环境而对软件进行的适应性维护等。

在面向对象方法中，最早发展的是面向对象编程（OOP），那时 OOA 和 OOD 还未发展起来，因此程序设计者为了写出面向对象的程序，还必须深入到分析和设计领域（尤其设计领域），那时的 OOP 实际上包括现在的 OOA 和 OOD 两个阶段。对程序设计者要求比较高，许多人感到很难掌握。

目前，对于大型软件的设计开发，是严格按照面向对象软件工程的 5 个阶段进行的，这 5 个阶段的工作不是由一个人从头到尾完成的，而是由不同的人分别完成的。这样，OOP 阶段的任务就比较简单了，程序编写者只需要根据 OOD 设计的结果用面向对象语言编写出程序即可。在一个大型软件的开发中，OOP 只是面向对象开发过程中的一个很小的部分。

如果所设计的是一个处理简单问题的程序，不必严格按照以上 5 个阶段进行，往往由程序设计者按照面向对象的方法进行程序设计，包括类的设计和程序的设计。

1.4 学生信息管理系统的面向对象分析与设计

对于本章 1.1 节例 1-1 的学生信息管理系统，下面运用面向对象方法对其进行系统分析和设计。

1．面向对象分析

对系统进行面向对象分析，识别出系统中的对象，定义对象的属性和操作，并抽象出对象类。

（1）学生对象与学生类

考虑问题域，识别系统中的对象与类。

该系统是一个学生信息管理系统，每一个被管理的学生都是该系统中的一个对象，所有学生对象都具有相同的属性：学号、姓名、性别、出生日期、英语成绩、数据结构成绩、C++程序设计成绩、总成绩、平均成绩，相同的操作：计算总成绩、计算平均成绩。对所有学生对象的抽象，形成一个学生类，图 1-8 为学生类的统一建模语言（Unified Modeling Language，UML）表示。

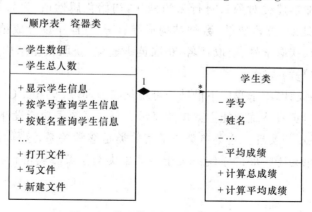

图 1-8　学生信息管理系统的类图

在图 1-8 中，属性名前面的符号"－"表示属性的可见性为私有的，操作名前的符号"＋"表示属性的可见性为公用的。另外，在 UML 中，符号"♯"表示属性或操作的可见性为受保护的。可见性为私有的属性或操作，只能被本类中的操作访问，类外不能访问。可见性为公用的属性或操作，既可被本类中的操作访问，也可以被类的作用域内的其他操作访问。可见性为受保护的属性或操作，不能被类外访问，但可以被该类的子类访问。

（2）顺序表对象与顺序表类

考虑系统责任，把系统责任所要求的每一项功能都落实到某个或某些对象上。该系统要实现对所有需要管理的学生对象信息的输入（从键盘输入）、输出（输出到屏幕）、存储（存储到外存）、读取（从外存读取）、增加、删除、修改、查询、排序、统计等操作。假定学生对象信息在外存中以文件的形式存放，在内存中以顺序表的形式存放。我们把顺序表看作系统中的一个对象，并形象地称它为"容器"。

顺序表对象作为用来存储学生对象的容器，其数据结构可以选择最简单的数组，因此，顺序表对象应该具有的属性：以学生对象为元素的对象数组、学生总人数。要对学生信息进行管理，实现系统功能，顺序表对象需要设计较丰富的操作，可以想到的有：显示全部学生信息、按学号查询学生信息、按姓名查询学生信息、添加学生信息、修改学生信息、删除学生信息、统计每个学生的总成绩和平均成绩、统计某一门课的总成绩和平均成绩、学生信息排序、打开文件读入数据、将顺序表中的数据写入文件、新建文件等。

对顺序表对象的抽象形成一个顺序表类。该类与学生类的关系为组合关系，如图 1-8 所示。在图 1-8 中，"◆"符号表示两个类之间的"组合"关系，数字"1"和"＊"表示对于一个顺序类对象可以包含多个学生类对象。

2. 面向对象设计

根据面向对象分析的结果，主要解决与实现有关的问题。

首先，我们把分析阶段所抽象出来的类，按实现条件进行补充和调整。

假如选择 C++作为该系统的编程语言，由于 C++没有提供日期数据类型，所以每个学生的出生日期看作一个日期对象，所有日期对象具有相同的属性：年、月、日，相同的操作：设置日期、显示日期、获取年份、获取月份、获取日期。对所有日期对象的抽象，形成一个日期类。该类与学生类的关系为组合关系。

对于学生类，增加描述类对象自身行为的操作：初始化属性值、设置属性值（设置属性学号、姓名、性别、出生日期、英语成绩、数据结构成绩、C++程序设计成绩的值）、显示属性值（显示所有属性的值）、获取学号、获取姓名、获取英语成绩、获取数据结构成绩、获取 C++成绩、获取总成绩、获取平均成绩。

对于人机界面的设计，由于我们不借助于可视化编程环境（Visual C++）的支持，我们需要设计一个主菜单类，负责系统功能主菜单的显示。每项系统子功能设计一个子菜单类，负责系统子功能菜单的显示与实现。主菜单类与子菜单类是继承关系，这样可以在类间使用多态性机制，从而创建一个易于扩展的系统。关于主菜单类与子菜单类的设计与实现在本书第5章5.6节详细介绍。

习　　题

一、简答题

简述面向过程程序设计和面向对象程序设计的编程思想,体会面向对象程序设计的优点。

二、编程题

运用以前曾学习过的 C 语言编写实现本章例 1-1 的学生信息管理系统功能的完整 C 程序。

第2章
C++基础知识

通过第1章的学习,我们了解了面向对象程序设计的编程思想。将面向对象与面向过程进行比较,可以体会到面向对象程序设计的许多优点,它尤其适用于功能庞大而复杂的软件开发。但是面向对象只是一种程序设计思想,要想把该程序设计思想应用到实际的程序设计中,必然脱离不开一门支持面向对象思想的程序设计语言。目前支持面向对象思想的程序设计语言有很多,常见的有 C++、Java、C♯、Object Pascal、Visual Basic 等。C++由 C 语言发展而来,保留了 C 语言原有的所有优点,同时支持类和对象、继承、多态等面向对象机制。如果有 C语言的基础,那么学习 C++语言将会比较轻松。

本章介绍 C++基础知识,重点介绍 C++对 C 的扩充。

2.1 从C语言到C++

有了面向对象的程序设计思想,就需要有相应的程序设计语言去支持。C 语言使用广泛,但是不支持面向对象的程序设计思想,如果在 C 语言的基础上对其进行扩充,使其支持面向对象的程序设计思想,这样的话既可以保留 C 语言的优点,又可以使用面向对象的观点去开发程序,是一个非常好的选择。

20 世纪 80 年代 C++由 AT &T Bell(贝尔)实验室的 Bjarne Stroustrup 博士及其同事开发成功,它保留了 C 语言原有的所有优点,增加了面向对象的机制。由于 C++对 C 语言的改进主要体现在增加了适用于面向对象程序设计的“类”(class),因此最初的 C++被Bjarne Stroustrup 称为“带类的 C”。后来为了强调它是 C 语言的增强版,用了 C 语言中的自加运算符“++”,改称为 C++,即 C++1.0。

AT &T 发布的第一个 C++编译系统并不是真正意义上的编译系统,它实质上是一个预编译器,主要负责将 C++的代码预编译成 C 的代码,然后再由 C 的编译器进行编译。1988 年第一个真正的 C++编译系统诞生。1989 年诞生了 C++ 2.0,它在 C++1.0 的基础上增加了类的多继承机制。1991 年 C++ 3.0 版本发布,3.0 的版本在 2.0 的基础上增加了模板。C++4.0 版本则增加了异常处理、名字空间、运行时类型识别(RTTI)等功能。1997年 ANSI C++标准正式发布,该标准是以 C++ 4.0 版本为基础制定的,并于 1998 年 11 月被国际标准化组织(ISO)批准为国际标准,即 ISO/IEC 14882:1998,也被称作 C++98。2003年,发布了 C++标准第 2 版(ISO/IEC 14882:2003,也被称作 C++03),这个新版本是一次技术性修订,对第一版进行了整理——修订错误、减少多义性等,但没有改变语言特性。目前最新的 C++标准是于 2011 年 8 月获得一致通过 C++11,该标准是自 1998 年以来 C++语言的第一次大修订,对 C++语言进行了改进和扩充,新的特性也扩展了语言在灵活性和效率上的传统长处。但是目前的众多 C++编译器(如 GCC4.8、Visual Studio 2012、Intel C++13.0)

对 C++11 标准的支持程度各不相同。本教材按照 C++03 标准进行讲解。

　　C++是在 C 语言的基础上通过对 C 语言的扩充得到的,与 C 语言兼容。用 C 语言写的程序基本上可以不加修改地用于 C++。从 C++的名字可以看出它是 C 语言的超集。C++是一种既可以用来进行面向过程的结构化程序设计,又可以用来进行面向对象的程序设计的功能强大的混合型语言。C++对 C 语言的扩充主要表现在两个方面,一是在面向过程方面对 C 语言的功能进行了增强,二是增加了面向对象的机制。关于 C++对 C 语言的扩充的详细介绍,可以在本章 2.3 节中看到。

　　从面向过程到面向对象是针对软件规模增大的情况而做出的软件设计思想上的进步,从 C 到 C++则是为了适应软件设计思想在语言上相应的进步。在这里,不要把面向过程和面向对象对立起来,不要认为有了面向对象就不需要面向过程了。面向对象适合大型软件的设计与开发,而对于小型的程序面向过程比面向对象开发更快一些。另外,在对象里各个函数的开发仍然是按照面向过程的思想进行的。因此,面向过程和面向对象不是相互矛盾的,而是各有长处,相互补充的。我们既要学好面向对象程序设计,同时也不能忘记面向过程的程序设计。

2.2　简单 C++程序

　　为了对 C++程序有个整体的感性的认识,先看几个简单的 C++程序的例子。

【例 2-1】　在屏幕上输出一行字符"Hello C++!"。

```
#include <iostream>          //包含头文件命令
using namespace std;          //使用名字空间 std
int main( )
{   cout<<"Hello C++!"<<endl;   //输出字符串到屏幕
    return 0;                  //main 函数返回 0 至操作系统
}
```

　　程序执行后在屏幕上会输出如下一行信息:

```
Hello C++!
```

　　这是一个最简单的标准 C++程序。标准 C++程序和 C 语言程序在语法格式上差不多,程序也是由语句组成的,每一个语句以";"结束,函数体或程序段以"{"开始,以"}"结束,并且"{"、"}"必须成对出现等。但标准 C++程序和 C 程序还有以下一些不同之处。

　　(1) C++程序中 main 函数前面加了一个类型声明符 int,表示 main 函数的返回值为整型。标准 C++规定 main 函数必须声明为 int 型[①],即此 main 函数带回一个整型的函数值。main 函数体中的最后一个语句"return 0;"的作用是向操作系统返回 0。如果程序不能正常执行,则会自动向操作系统返回一个非零值,一般为"-1"。

　　(2) 在 C++程序中,可以使用 C 语言中的"/*……*/"形式的注释行,还可以使用"//"开头的注释行。以"//"开头的注释可以不单独占一行,它可以出现在一行中的语句的后面。编译器将"//"以后到本行尾的所有字符都作为注释。注意:它是单行注释,不能跨行。C++

---

　　①　标准 C++规定 mian 函数必须声明为 int 型。有的操作系统(如 UNIX、Linux)要求执行一个程序后必须向操作系统返回一个数值。因此,C++是这样处理的:如果程序正常执行,则向操作系统返回数值 0,否则返回数值-1。但目前使用的一些 C++编译器并未完全执行标准 C++这一规定,如果 main 函数首行写成"void main( )"也能通过。本书的所有例题都按标准 C++规定写成"int main( )",希望大家也养成这个习惯,以免在严格遵循标准 C++的编译系统中通不过,只要记住:在 main 前面加 int,同时在 main 函数体的最后加一句"return 0;"即可。

的程序设计人员多愿意使用这种注释形式,它比较灵活方便。

在一个可供实际应用的程序中,为了提高程序的可读性,常常在程序中加许多注释行,在有的程序中,注释行可能占程序篇幅的1/3。

(3) 在C++程序中,一般用cout进行输出。cout实际上是C++系统定义的对象名,称为输出流对象。"<<"是"流插入运算符",与cout配合使用,它的作用是将运算符"<<"右侧双撇号内的字符串"Hello C++!"插入到输出流cout中,C++系统将输出流cout的内容输出到系统指定的设备(一般为显示器)中。除了可以用cout进行输出外,在C++中还可以用系统库函数printf进行输出。

(4) 使用cout需要用到头文件iostream.h,因为cout对象的定义就包含在头文件iostream.h中。程序中要使用cout输出信息,就必须包含头文件iostream.h。程序中的第1行"#include <iostream>"实现了这一要求。注意:"#include <iostream>"不是以";"结束的,因为它不是语句,而是编译预处理命令。这些细节问题在编程的过程中一定要注意,即使一个符号的错漏,编出的程序也不会通过。

在C语言中所有的头文件都带后缀.h(如stdio.h),而按标准C++要求,由系统提供的头文件不带后缀.h,用户自己编制的头文件可以有后缀.h。

"endl"是格式控制符,它的作用是在屏幕上输出一个换行符并且刷新流。第一次接触这些东西可能不太懂,在后面还会多次遇到并且经常使用,慢慢地就会掌握并且习惯这种输出方式。注意:"endl"格式控制符中的最后一个字母是小写字母l,而不是数字1。

(5) 程序的第2行"using namespace std;"的意思是使用名字空间std,C++标准库中的类和函数是在名字空间std中声明的,因此程序中如果需要使用C++标准库中的内容(此时需要用#include命令行),就必须使用"using namespace std;"语句,表示要用到名字空间std中的内容。名字空间的概念可暂不深究,只需知道:如果程序有输入或输出时,必须使用"#include <iostream>"命令以提供必要的信息,同时要使用"using namespace std;"语句使程序能够使用这些信息,否则程序编译时将出错。本书后面的程序都是这样开头的。请先接受这个事实,在写C++程序时也如法炮制,在程序的开头包含这两行。在本章2.3.7节将对名字空间作详细介绍。

C++为了兼容C语言,如果在#include命令中的头文件带有后缀".h"也是可以的。都可以被C++的编译器识别并编译执行,但是要注意,如果在头文件名后面有后缀".h",则不能使用"using namespace std;"语句,若头文件名后面没有后缀".h",则必须使用"using namespace std;"语句,二者的搭配一定不要搞混淆。

虽然C++仍然允许使用从C继承来的传统用法,但我们应该从一开始就按照标准C++编写程序,养成C++的编程风格。本书后面各章依据标准C++介绍,同时也说明允许使用的C语言的用法。

【例2-2】 通过函数求两个整数 a 和 b 的和。

```
#include <iostream>                      //包含头文件命令
using namespace std;                     //使用名字空间 std
int sum(int x, int y) {  return x + y;  } //求和函数
int main()
{   int a, b;                            //定义两个整型变量a和b
```

```
        cout<<"Input info to a and b: "<<endl;      //输出提示信息到屏幕
        cin >> a >> b;                              //等待用户从键盘输入数据
        cout<<a<<" + "<<b<<" = "<<sum(a, b)<<endl;   //输出结果信息至屏幕
        return 0;                                    //main 函数返回 0 至操作系统
    }
```

这个程序运行时会首先在屏幕上输出如下信息：

Input info to a and b:

此时，程序暂停执行，等待我们从键盘输入数据，若从键盘输入：

3 5↙（↙表示回车，后面相同）

程序继续执行，在屏幕上输出如下信息：

3 + 5 = 8

本程序的作用是求两个整数的和，它包括自定义函数 Sum 和主函数 main，Sum 函数接收两个整型的参数，在函数内部对其进行求和操作，最后将两个整型参数的和作为返回值返回给调用者 main 函数。C++中同样要求函数是先定义后使用，为了满足上述要求，main 函数出现在程序的最后。

程序中的"cin"也是系统定义的对象名，称为输入流对象。">>"是"流提取运算符"，与 cin 配合使用，其作用是从键盘输入的流中读入合适的数据送给后面相应的变量。输入数据时，多个数据之间用空白字符分隔，可以按键盘上的空格键、Tab 键或回车键，不可以使用逗号或其他符号分隔。程序执行到此处会从输入流中读入数据，如果输入流中没有数据，程序会暂停以等待数据，这时屏幕没有任何的提示，仅仅是闪烁的光标等待输入。因此，为了将来在调试或使用程序时不至于忘记此刻程序需要什么数据，好的做法是在 cin 语句的前面加上 cout 语句，先输出一行提示信息。

在本程序中，cout 对象的后面用"<<"运算符连接了多个表达式，执行程序到语句会从左向右依次计算并输出各表达式的值。可以看到，这种方法比用系统库函数 printf 进行输出要方便灵活一些。

在例 2-2 中，程序的第 3 行定义了 Sum 函数，在第 8 行的 cout 语句中调用了 Sum 函数，满足先定义后调用的要求。如果不想这样，也可以把 main 函数放在前面，在调用 Sum 函数之前先声明一下，这样就可以把 Sum 函数放在后面任意的位置定义了。如下面程序所示：

```
# include <iostream>                              //包含头文件命令
using namespace std;                              //使用名字空间 std
int main( )
{    int a, b;                                    //定义两个整型变量a和b
     int Sum(int x, int y);                       //Sum 函数原型声明
     cout<<"Input info to a and b: "<<endl;       //输出提示信息到屏幕
     cin >> a >> b;                               //等待用户从键盘输入数据
     cout<<a<<" + "<<b<<" = "<<Sum(a,b)<<endl;     //输出结果信息至屏幕
     return 0;                                    //main 函数返回 0 至操作系统
}
int Sum(int x, int y){    return x + y;   }        //求和的 Sum 函数
```

修改后的 main 函数的第 2 行是 Sum 函数原型声明，它的作用是通知 C++编译系统：Sum 是一个函数，它需要两个整型的形式参数，函数的返回值也是整型的。这样程序在编译到 main 函数的第 5 行时，编译系统就可以对 Sum 函数调用的合法性进行检查，如果调用和函数声明存在不符就会编译出错。

函数原型声明的一般形式：

函数类型 函数名(参数表);

参数表中一般包括参数类型和参数名，也可以只包括参数类型而不包括参数名，因为在编译时，C++编译系统只检查实参与形参的个数和类型是否匹配，而不检查参数名。上述程序中对 Sum 函数作原型声明的语句也可以写为：

int Sum(int, int);

前面的两个例子虽然是用 C++写的，但可以看出它们和 C 语言是比较接近的。下面再举一个包含类和对象的简单例子。由于包含了类和对象，这些概念是 C 语言中所没有的，虽然例子比较简单，但由于我们是第一次接触面向对象的 C++程序，可能会有很多地方不明白，这里只需有一个关于面向对象 C++程序的大体印象即可。通过后面的学习，自然就会理解这样的程序了。

【例 2-3】 声明一个关于人的类 Person，人的信息包括姓名、性别、年龄，人可以输入自己的信息，也可以显示自己的信息。

```cpp
#include <iostream>                          //包含头文件命令
using namespace std;                         //使用名字空间 std
class Person                                 //声明 Person 类
{public:                                     //以下为类的公用成员函数
    void SetInfo( )                          //公用成员函数 SetInfo
    {   cout<<"Input info to name, sex, age:\n";    //输出提示信息
        cin >> name >> sex >> age;           //输入数据至私有数据成员
    }
    void Show( )                             //公用成员函数 Show
    {   cout<<"name:"<<name<<"  ";           //输出私有成员 name 的值
        cout<<"sex:"<<sex<<"  ";             //输出私有成员 sex 的值
        cout<<"age:"<<age<<endl;             //输出私有成员 age 的值
    }
private:                                     //以下为类的私有数据成员
    char name[20];                           //私有数据成员 name
    char sex;                                //私有数据成员 sex，男性记为 M,女性记为 F
    int age;                                 //私有数据成员 age
};                                           //类声明结束,此处必须有分号
int main( )                                  //main 函数
{   Person person1, person2;                 //定义 Person 类的两个对象 person1,person2
    person1.SetInfo( );                      //对象 person1 信息输入
    person2.SetInfo( );                      //对象 person2 信息输入
    person1.Show( );                         //对象 person1 信息输出
    person2.Show( );                         //对象 person2 信息输出
    return 0;                                //main 函数返回 0 至操作系统
}
```

这是含有类和对象的最简单的 C++程序。程序第 3 行到第 16 行声明一个被称为"类"的一种数据类型。class 是声明"类"类型时必须使用的关键字，后面跟着类名，这里是 Person。类名后用一对花括号{}括起来的是类体。注意，类的声明必须以";"结束，这是初学者特别容易漏掉的。在 C++的类中可以包含两种成员：数据成员（如 name、sex、age）和函数函数（如 SetInfo 函数、Show 函数），成员函数是用来对数据成员进行操作的。

　　类可以体现数据的封装性和信息隐蔽。在上面的程序中,在声明 Person 类时,把类中的数据成员(name、sex、age)全部声明为私有的(private),把类中的成员函数(SetInfo,Show)全部声明为公用的(public)。这样做可以将类对象的数据隐藏起来,使得外界只能通过类对象的公用成员函数访问类对象的私有数据,很好地实现了信息隐藏。这就是面向对象中著名的封装性的特点。当然,这只是一般的做法,根据情况也可以把一部分数据成员和成员函数声明成公用的,把一部分数据成员和成员函数声明成私有的。

　　凡是被声明为公用的数据成员和成员函数,既可以被本类中的成员函数访问,也可以被类外的语句所访问。被声明为私用的数据成员和成员函数,只能被本类中的成员函数访问,而不能被类外访问(以后介绍的"友元"成员除外)。

　　程序中的第17~24行是 main 函数。第18行"Person person1,person2;"是一个定义语句,它的作用是将 person1 和 person2 定义为 Person 类型的变量。具有"类"类型特征的变量称为"对象"(object)。和其他变量一样,对象是占用实际存储空间的,而类型并不占用实际存储空间,它只是给出一种"模型",供用户定义实际的对象。

　　第19行"person1.SetInfo();"是通过成员运算符"."来访问 person1 对象的公用成员函数 SetInfo,该成员函数在类 Person 中已经定义,程序执行到此句就会转到 SetInfo 函数中去执行,输出提示信息后等待用户输入信息,输入数据后将数据保存在 person1 的相应的 name、sex、age 成员中。第20行"person2.SetInfo();",是通过成员运算符"."来访问 person2 对象的公用成员函数 SetInfo。

　　同理,第21行和第22行的"person1.Show();"和"person2.Show();",分别表示访问 person1 和 person2 对象的公用成员函数 Show,该成员函数在类 Person 里面也已经定义,程序执行到这两句时都会转到 Show 函数中去执行,输出 person1 和 person2 的 name、sex、age 的值。

　　该程序执行时会首先在屏幕上输出如下信息:

Input info to name, sex, age:

　　此时程序等待输入信息,若此时从键盘输入如下信息:

Zhang M 20 ↙　　　　(输入一个人的姓名、性别和年龄)

　　按回车键后屏幕显示如下:

Input info to name, sex, age

　　此时程序再次等待输入信息,若此时从键盘输入如下信息:

Wang F 19 ↙　　　　(输入另一个人的姓名、性别和年龄)

　　按回车键后屏幕显示如下:

name: Zhang　　sex: M　age: 20

name: Wang　　sex: F　age: 19

　　在 C++中,类是一种用户自定义数据类型,我们在理解时可以将它与 int、float 等系统预定义类型进行类比。对象是由已声明的类定义的变量。和一般的变量一样,对象是占用存储空间的,而类是不占用实际存储空间的,类只是给出数据类型的说明,或者是创建对象的"模子",有了这个"模子",就可以很方便地创建一个又一个结构相同、内容各异的对象。在本例中person1 和 person2 就是 Person 类的两个对象,它们的结构是完全相同的,只不过它们的数据成员的值不一样,这样它们就代表了现实世界里的两个人。

　　对上面的说明能不能理解呢?如果有不理解的地方不要紧,在下一章我们将看到关于类和对象的详细讨论。这里只需要对类和对象有一个大体的了解就可以了。

需要说明的是：以上几个程序是按标准C++规定的语法书写的。但是，目前存在着不同的C++编译器，它们所执行的C++标准有所差异。如果所用的编译器对上述程序无法通过编译，可以考虑换新版本的编译器再编译，或者修改一下源程序，使它符合所用编译器的C++标准。

2.3　C++对C语言的扩充

C++是在C语言的基础上通过对C语言进行扩充得到的。C++既可以用来进行面向过程的结构化程序设计，又可以进行面向对象的程序设计。如果对C语言比较熟悉，那么肯定想知道C++到底在哪些方面对C语言进行了扩充。下面将看到关于C++对C语言的扩充的详细讨论。

2.3.1　C++的输入/输出

一种程序设计语言在输入/输出方面应该满足两条基本要求：一是完备性，即能够输入/输出本语言中任意类型的数据；二是简单、方便、安全的要求。C语言主要是使用 stdio.h 中定义的输入/输出库函数来完成输入/输出工作，如最常见的库函数 printf 和 scanf。用这些库函数完成面向对象的输入/输出工作存在比较严重的缺点。C语言的输入/输出不是类型安全的，在输出时不对数据类型进行合法性检查，虽然这样使得C语言在输入/输出时的自由度比较大，但是出错的几率大大增加。

例如语句：

```
printf("%d",x);
```

其中无论变量 x 为整型、浮点型还是数组类型，该语句都可以正常执行，但是当 x 是浮点型时会输出错误的值，若 x 是数组时输出数组的地址或者数据溢出而输出负值等。而在使用库函数 scanf 时，若漏掉变量名前面的"&"运算符也可能能够执行，但是会出现严重的后果。

在面向对象中引入了类和对象的概念，类是用户自定义的数据类型，对象是该数据类型的变量，用库函数 printf 就不能把类的对象作为一个整体进行输出。

另外，用库函数进行带有复杂格式的输入/输出操作时，需要写出复杂烦琐的格式说明，而且这种格式说明比较死板。

基于以上情况，C++除保留C语言的输入/输出系统之外，还利用继承的机制创建出一套自己的方便、一致、安全、可扩充的输入/输出系统，这套输入/输出系统就是C++的输入/输出(I/O)流类库。

所谓"流"，就是数据从源到目的端的流动。这是C++对输入/输出抽象后的核心思想。有了"流"的思想，对所有的输入/输出就都是一样的了。在输入时，字节流从输入设备流向内存，输入设备可以是键盘、磁盘、光盘等，使用时创建输入设备的输入流对象，然后通过">>"运算符将数据从输入流对象读入内存的变量或其他数据结构中。例如，前面所看到的"cin >> a >> b;"语句，其中 cin 就是标准输入流对象，代表键盘输入，该语句的作用就是从键盘接收数据进行类型检查后送给变量 a 和 b。在输出时，字节流从内存流向输出设备，输出设备可以是显示器、磁盘或其他输出设备。同样，使用时创建输出设备的输出流对象，然后通过

"<<"运算符将数据从内存输出到输出流对象,完成输出操作。如前面所看到的"cout<<"Hello C++!"<<endl;"语句,其中 cout 就是标准输出流对象,代表显示器输出,该语句的作用就是把 cout 对象后面的表达式的值从左向右依次送到显示器显示。

C++通过 I/O 流类库实现了丰富的输入/输出操作,并且 C++的输入/输出是面向对象的、类型安全的、方便扩展的。因此 C++的输入/输出要明显优于 C 语言的输入/输出,但同时也为之付出一定的代价,C++的输入/输出系统要比 C 语言的输入/输出系统复杂得多。在这里,可以先记住在 C++中输入使用 cin 语句,输出使用 cout 语句,其他的在后面第 9 章还会对这部分内容进行详细介绍,到那时我们已经熟悉了类和对象,肯定会对 C++的输入/输出系统有更深刻的认识。

2.3.2　C++对 C 语言数据类型的扩展

程序设计语言所能处理的数据类型是程序开发人员所必须关心的,因为语言所能处理的数据类型决定了程序设计的算法,是程序设计的一个基础问题。C 语言能够处理丰富的数据类型,C++语言扩展了 C 语言的数据类型,使可处理的数据类型更加丰富。

C++可以使用的数据类型如图 2-1 所示。

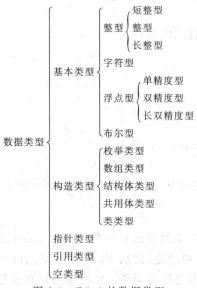

图 2-1　C++的数据类型

可以看出,C++的数据类型是在 C 语言的基础上进行了扩展,在基本类型里增加了布尔型(bool),即逻辑型。在构造类型中增加了类类型,类类型是实现面向对象思想的主要数据类型。此外还增加了引用类型。

C++标准中并没有规定各种数据类型的精度、数值范围和占用字节数,不同的 C++编译系统根据情况自己规定。

2.3.3　用 const 定义常变量

在程序设计中有时会遇到这样的情况,有些数据在程序运行的过程中值不能发生改变。传统的解决方案是使用常量,常量又分成两种,一种是直接常量或者字面常量,如 12、1.2、'a' 等。另一种是符号常量,也就是利用一个标识符代表一个常量。C 语言中定义符号常量用 #define 编译预处理命令来完成,例如:

#define PI 3.14159

实际上,只是在程序预编译时进行字符置换,将程序中所有的标识符 PI 替换成 3.14159。在预处理之后,程序中不再有 PI 这个标识符。使用符号常量比直接常量要好一些,主要表现在符号常量更直观,符号可以表示一定的意义,在后期维护过程中如果需要改变常量的值,在 #define 命令中修改就可以了。即使在程序中多处用到 PI 的话也只需要修改这一处。

但是使用符号常量需要注意一些问题:一是符号常量不是变量,在程序运行时是不分配内存单元的,只是在编译预处理阶段进行替换,将标识符替换成它所代表的量;二是符号常量没有类型,在编译时不进行类型检查,这一点对程序来说是存在隐患的;三是要注意替换后的表达式和预想的表达式是否一致。看下面几句代码:

```
int x = 1, y = 2;
#define PI 3.14159
#define R x + y

cout<<PI * R * R<<endl;
```

输出语句输出的并不是 3.14159 * (x+y) * (x+y),而是 3.14159 * x+y * x+y,程序因此而出错。

为了使常量也能像变量那样进行类型检查,C++提供了用 const 定义常变量的方法,例如:

```
const float PI = 3.14159;
```

【例 2-4】 利用常变量计算圆的面积。

```
#include <iostream>
using namespace std;
int main( )
{    const float PI = 3.14;      //定义常变量
    float radius = 0;
    cout<<"Input info to radius: ";
    cin >> radius;
    cout<<"The area of circle is: "<<PI * radius * radius<<endl;
    return 0;
}
```

在例 2-4 中可以看到,PI 定义的前面有一个关键字 const,这样就表示 PI 是一个常变量,定义了 PI 以后需要立即给 PI 初始化,之后 PI 的值就不能再改变了,任何修改 PI 或者给 PI 赋值的语句都是非法的,程序不能通过编译。常变量可以在程序的任何位置定义,需要注意的是,常变量定义之后必须立即初始化,可以用值对其初始化,也可以使用表达式。使用表达式时,系统会先计算出表达式的值,然后再将值赋给常变量。另外我们需要了解的一点是系统在静态存储区给常变量分配内存单元,而普通变量是在动态存储区分配内存单元的。

使用常变量除了具有符号常量的好处之外,还有系统可以对常变量进行类型检查,这样进一步降低了程序出错的概率。有些时候为了简便起见,也将常变量称为常量,这也是可以理解的,只要我们清楚地知道常变量的定义方法、使用的目的和用途以及它与直接常量和符号常量的区别就可以了。

最后补充一点,就是 const 的位置问题,一般见到的 const 的位置可能如例子中的位置,在最前面,例如:

```
const float PI = 3.14;
```

但是下面的语句也是合法的:

```
float const PI = 3.14;
```

并且这两个语句的含义是完全一样的,只不过 const 的位置不一样而已。

2.3.4 指针

指针是 C 和 C++的一个重要概念,如果使用得当可以使程序高效、简洁、紧凑。同时,指针又是一个非常复杂的概念,使用起来非常灵活,如果对指针掌握不牢固,编程则会出现意想不到的错误。

严格地讲,指针是内存单元的地址。而我们经常听到的指针是指针变量的简称,是指用来存放指针(地址)的变量。关于指针的概念、定义、使用及注意的问题在许多 C 语言的书中已经作过详细的讨论,不再赘述,这里重点讨论 C++中使用指针需要注意的地方。

1. 指针与 0

在 C++中,每一种指针类型都有一个特殊值,称之为"空指针"。它与同类型的其他所有指针值都不相同。取地址操作符"&"不可能得到空指针。动态内存分配函数 Malloc 或 new 运算符的成功使用也不会返回空指针;如果失败,则返回空指针,这是空指针的典型用法,表示"未分配"或者"尚未指向任何地方"的指针。new 是 C++新增的用来动态申请分配内存的运算符,如果动态申请内存单元成功,则返回申请到的内存单元的首地址,如果失败则返回空指针。关于 new 运算符稍后会详细讨论。

空指针在概念上不同于未初始化的指针。空指针可以确保不指向任何对象或函数;而未初始化指针是指定义指针变量后没有初始化指针变量,在对指针变量赋值以前可能指向任何地方,因此有人又将未初始化的指针称为"野指针"。引入空指针的目的就是为了防止使用指针出错,因为 C++系统规定空指针是不能使用的,如果程序中出现使用空指针的语句则编译会报错,编译不能通过。而野指针是可以使用的,这里可以使用是指编译时不会报错,编译可以通过,但是会造成意想不到的后果,因为野指针的指向不确定,可能指向任何地方,因此,读出的数据是无法确定的,而写入数据时也不知道写到内存的什么地方。为了避免这种错误,在 C++中一般习惯的做法是定义了指针变量后立即初始化为空指针,在使用指针之前再给指针变量赋值,使指针有了具体指向之后再使用指针。

如何将指针变量定义为空指针呢? C++系统规定,在指针上下文中的常数 0 会在编译时转换为空指针。也就是说,在初始化、赋值或比较的时候,如果一边是指针类型的值或表达式,编译器可以确定另一边的常数 0 为空指针。

【例 2-5】 指针和 0。

```
# include <iostream>
using namespace std;
int main( )
{   int * p = 0;                    //定义空指针 p
    int * q;                        //定义野指针 q
    int x = 100;                    //定义整型变量 x 并初始化为 100
    // * p = 50;                     //若执行则编译出错,不能使用空指针
    * q = 50;                       //编译通过,但不知把 50 写到何处
    p = q = &x;                     //使指针 p 和 q 都指向变量 x
    if ( p != 0)                    //判断指针 p 是否为空指针
        cout<< * p<<" "<< * q<<endl; //输出变量 x 的值
}
```

程序执行后在屏幕上输出:

100　　100

在这个程序中，开始指针 p 被定义为空指针，这是因为第 1 行的语句用 0 去初始化指针 p。第 2 行语句定义了一个整型指针 q，但是由于没有给 q 赋值，所以 q 的指向是不确定的，此处 q 是野指针。第 4 行语句被注释掉了，是因为这条语句是有错误的，给指针 p 所指单元赋值操作不能完成，因为现在指针 p 还是一个空指针，不能使用空指针，但下一行给指针 q 所指向的单元赋值却可以编译通过，因为虽然 q 现在仍是个野指针，q 的指向不确定，但是 q 肯定会指向内存的某个单元，因此可以给 q 所指向单元赋值，只不过这个操作的后果是无法预料的。

由于 0 是直接常量，更容易理解为值为 0 的整型常量，用它表示空指针不太容易理解，所以程序员更常使用符号常量 NULL 来表示空指针。NULL 是 C++标准库中的一个保留标识符，用来表示空指针常量，在 C++中可以直接使用而不能重新定义，NULL 的值就是 0，不能更改它的值。使用 NULL 的方法和 0 是一样的，可以把 NULL 赋给指针变量，也可以将指针和 NULL 进行比较以判断指针是否为空指针，只不过 NULL 看起来更直观。所以上面程序中的语句：int * p＝0；可以修改为：

```
int * p = NULL;          //使用 NULL 初始化空指针 p
```

空指针到底指向内存的什么位置？是地址为 0 的内存单元还是内存中的一个特殊区域或是其他什么地方，在 C++的标准中并没有明确规定。其实并没有必要去关心这个问题，编译器将这个问题屏蔽了，我们只需知道什么是空指针，如何使用空指针就可以了。

2. 指针与 const

我们已经知道了如何用 const 定义常变量，现在又遇到了指针这样一个特殊的变量，既然指针本质上是一个变量，所以 const 应该也可以修饰指针。但是由于指针本身的特殊性，特殊在指针本身是个变量，而指针所指向的单元也是一个变量，所以 const 到底是修饰指针变量本身还是在修饰指针所指向的变量，这个问题就值得我们去认真地考虑。

首先，看下面的程序。

【例 2-6】 指向 const 变量的指针。

```
# include <iostream>
using namespace std;
int main( )
{   const int * p = NULL;         //定义指向 const 变量的指针 p
    const int a = 10 ;            //定义常变量 a
    p = &a;                      //指针 p 指向 a
    cout<<" * p = "<< * p<<endl;  //输出指针 p 所指向单元的内容
    int b = 100;                  //定义普通变量 b
    p = &b;                      //指针 p 指向 b
    cout<<" * p = "<< * p<<endl;  //输出指针 p 所指向单元的内容
    // * p = 200;                 //错误，不能通过指针 p 修改 p 所指向单元内容
    b = 200;
    cout<<" * p = "<< * p<<endl;  //输出指针 p 所指向单元的内容
    return 0;
}
```

程序运行结果如下：

```
* p = 10
* p = 100
* p = 200
```

在例2-6的程序中,main函数的第1行定义了一个指向const变量的指针p,const是修饰的指针p所指向的变量,而不是指针p本身,这也就意味着,不能通过指针去修改指针所指向的单元的内容,但是可以修改指针本身,即可以改变指向const变量的指针的指向。程序的第2行定义了一个常变量a并初始化为10。第3行将常变量a的地址赋值给指针p,即让指针p指向常变量a。第4行输出指针p所指向单元的内容,结果为"﹡p＝10"。第5行定义了一个普通的整型变量b并初始化为100。第6行将变量b的地址赋值给指针p,即改变指针p的指向为b,这个操作是没有任何问题的。这说明,指向const变量的指针可以修改指针本身。第7行输出指针p所指向单元的内容,结果为"﹡p＝100"。

注意:(1)如果一个变量已被声明为常变量,只能用指向const变量的指针指向它,而不能用一般的(指向非const型变量的)指针去指向它。(2)指向常变量的指针除了可以指向常变量外,还可以指向普通变量。此时,可以通过指针访问该变量,但不能通过指针改变该变量的值。

例2-6程序中main函数的第8行被注释掉了,因为这一行有错误,指针p被定义为指向const变量的指针,不能够通过指针p来修改它所指向单元的内容,编译不通过。这里需要特别提醒的是:指向const变量的指针p指向普通变量b后,并不意味着把b声明为常变量,而只是在通过指针p访问b时,b具有常变量的特征,其值不能改变,在其他情况下,b仍然是一个普通的变量,其值是可以改变的。第9行通过变量名b修改b的内容,由于变量b是普通变量,这个操作当然可以完成。第10行输出指针p所指向单元的内容,结果为"﹡p＝200"。

通过例2-6可以体会到什么是指向const变量的指针了。另外,就像用const定义常变量一样,定义指向const变量的指针时const的位置也有两个,一个是如例2-6程序中所示那样,另一个就是如下所示:

```
int const ﹡p = NULL;
```

这两种形式所表达的含义是完全一样的。

指向const变量的指针最常用于函数的形参,目的是在保护形参指针所指向的变量,使它在函数执行过程中不被修改。在函数调用时其对应实参既可以是指向const变量的指针,也可以是指向非const变量的指针。

【例2-7】 const指针。

```
# include <iostream>
using namespace std;
int main( )
{   int a = 10 ;                          //定义普通变量a
    int b = 100;                          //定义普通变量b
    int ﹡ const p = &a;                  //定义const指针p并初始化指向a
    cout<<"﹡p = "<< ﹡ p<<endl;          //输出指针p所指向单元的内容
    //p = &b;                             //错误,不能改变const指针p的指向
    ﹡p = 100;                            //通过指针修改p所指向单元的内容
    cout<<"﹡p = "<< ﹡ p<<endl;          //输出指针p所指向单元的内容
    return 0;
}
```

程序运行结果如下:

﹡p = 10

＊p = 100

从例 2-7 的程序中可以看到,定义 const 指针时 const 位置的变化,const 放在了指针变量名字的前面,直接修饰指针变量,表示指针变量的值不能改变,其实应该称 p 为常指针变量,简称常指针或 const 指针。既然是 const 指针,那么在定义 const 指针的同时必须要初始化。main 函数的第 3 行定义了 const 指针 p 并初始化指向变量 a。显然,指针变量 p 的值不能改变,就意味着 p 的指向不能改变,所以例 2-7 程序中第 5 行(被注释掉的行)是错误的。虽然指针 p 不能被修改,但是指针 p 所指向的单元并没有 const 修饰,所以还是可以通过指针 p 来修改它所指向单元的内容的。因此,程序的第 6 行是没有错误的。

【例 2-8】 指向 const 变量的 const 指针。

```cpp
# include <iostream>
using namespace std;
int main( )
{   int a = 10 ;
    int b = 100;
    const int * const p = &a;        //定义指向 const 变量的 const 指针 p
    cout<<" * p = "<< * p<<endl; //输出指针 p 所指向单元的内容
    //p = &b;                      //错误,不能改变指针 p 的指向
    // * p = 100;                  //错误,不能改变指针 p 所指向单元的内容
    return 0;
}
```

程序运行结果如下:

＊p = 10

在例 2-8 程序中指针 p 综合了指向 const 变量的指针和 const 指针的特点,称为指向 const 变量的 const 指针。显然,该指针变量自身不能改变,同时指针所指向单元的内容也不能改变。这种指向 const 变量的 const 指针的定义格式就是在指针的" * "运算符的前面和指针名的前面各有一个 const 关键字进行修饰。例 2-8 程序中 main 函数的第 3 行就定义了指向 const 变量的 const 指针 p,并且初始化得到 p 指向变量 a,在定义了指针 p 后,既不可以修改 p 本身,也不能通过指针 p 修改其所指向的内存单元的内容,所以 main 函数的第 5、6 行都是错误的。

指针和 const 的关系比较复杂,初学时可能觉得比较混乱。const 有两个位置,可形成三种指针:(1)只在" * "之前有 const 的指针,称为指向 const 变量的指针;(2)只在" * "之后有 const 的指针,称为 const 指针;(3)" * "前后都有 const 的指针,称为指向 const 变量的 const 指针。其实,只要把握住 const 在不同位置修饰的对象不同,指针和 const 还是可以掌握的。

3. void 指针

void 这个关键字我们并不陌生,在 C 语言的程序里经常可以看到一些没有返回值的函数,这种函数的前面都有一个 void 作为返回值类型。

void 除了作函数的返回值类型之外,还可以作为函数的参数类型。例如:

```cpp
int Func(void)   //函数的参数为 void
{  …
    return 0;
}
```

这时表示 Func 函数不接受任何参数。如果在调用 Func 函数时不慎错误地加上了参数,

在编译时系统会检查出错误而编译不通过。如"Func(2);"就会编译不通过。那么"int Func(void)"和"int Func( )"有什么不同呢？其实，在C++环境下这两个函数声明是一样的，都表示函数不接受任何参数，如果调用时加了实参系统都会报错，而且错误提示都是一样的。但是，在C语言的环境下，系统调用函数时却不对参数进行检查，也就是说，在C语言的环境下，函数声明为"int Func( );"的形式，而调用时为"Func(2);"的形式，系统照样能够编译通过。所以，为了使得程序更加安全、易读，建议在写一个不需要参数的函数时在参数表的位置上写上"void"。

除了这两种情况下使用void以外，void是不能够直接修饰变量的，即"void x;"是错误的。因为定义变量是需要系统分配内存单元的，不同类型的变量所需要的字节数是不同的，可是给空类型的变量分配几个字节的内存单元呢？所以，无法定义void类型的变量。

那么void能不能定义指针呢？在C++系统里是可以的，如果一个指针被定义为void类型，可以称之为"无类型指针"，或者就称之为void指针。无类型指针不是说这个指针不能指向任何类型的变量或单元，相反，无类型指针可以指向任意类型的数据。

我们已经知道指针其实就是保存地址的整型变量，普通的指针可以修改自己的值来改变指针的指向，当然也可以指针之间相互赋值，但是有一个前提，那就是指针的类型必须相同。例如：

```
int * a = NULL, * b = NULL;
float * c = NULL;
int x;
a = &x;
b = a;   //正确
c = a;   //错误
```

由于a和b都是整型指针，所以"b=a;"是正确的，该语句使得指针b也指向变量x。而"c=a;"是错误的，是因为a是整型指针，而c是浮点型指针。类型不同的指针是无法赋值的。如果在上面这个小例子中再定义一个指针d，指针d的类型为无类型指针，则：

```
void * d = NULL;
d = a;   //正确
d = c;   //正确
```

因为d是void指针，它可以指向任意类型的数据，所以任意类型的指针都可以给d赋值。虽然void指针可以指向任意类型的数据，但是在使用void指针时必须对其进行强制类型转换，将void指针转换成它所指向单元的实际类型，然后才可以使用。另外，将void指针赋值给其他指针时也需要将void指针强制类型转换为所需要类型的指针。

【例2-9】　void指针的定义与使用。

```
# include <iostream>
using namespace std;
int main( )
{   int x = 100;
    void * p = &x;                        //定义void指针p，并使之指向x
    int * q = NULL;                       //定义整型指针q
    //cout<<" * p = "<< * p<<endl;         //错误，非法使用指针p
    cout<<" * p = "<< * (int * )p<<endl;   //正确，输出指针p指向单元的内容
```

```
    //q = p;                                    //错误,非法,void 指针赋给整型指针 q
    q = ( int * )p;                             //正确,合法,void 指针赋给整型指针 q
    cout<<" * q = "<< * q<<endl;                //输出指针 q 指向单元的内容
    return 0;
}
```

程序运行结果如下：

* p = 100

* q = 100

在例 2-9 的程序中定义了 void 指针 p 和整型指针 q,由于 p 是无类型指针,可以将任意类型的变量的地址赋给它,所以将整型变量 x 的地址赋给 p 是正确的。但是在使用 void 指针 p 时一定要将 void 指针强制类型转换为它指向的变量类型,所以 main 函数的第 4 行是错误的,而第 5 行是正确的。main 函数的第 6 行是错误的,是因为将 void 指针赋值给普通指针时一定要进行强制类型转换,因此 main 函数的第 7 行是正确的。

我们已经知道指针就是内存单元的地址,指针变量就是存放指针(地址)的变量。不同数据类型在内存中所占内存单元的数量是不一样的,但是不同数据类型的地址却是一样的,都使用该数据在内存单元中的首地址。这样系统就可以使用 void 指针来存放这个首地址,这和数据类型是没有关系的。但是,当要使用这个数据时,通过指针来访问内存单元,系统不仅需要知道内存单元的首地址,而且还要知道这个数据在内存中占用了几个单元,只有这样才能正确的读出数据。所以在使用 void 指针时必须对指针进行强制类型转换,目的就是为了告诉系统去访问几个内存单元。

void 指针还可以作为函数的参数和返回值,声明的方法和普通的指针是完全一样的,只不过在使用时需要进行强制类型转换。那么这个 void 指针有什么作用呢？除了给它赋值比较方便以外,好像就没有什么优点了,而且使用时还必须进行类型转换,太麻烦了。其实,void 指针的作用是很大的,主要体现在如下方面:因为 void 指针可以指向任意类型的数据,所以使用 void 指针时把 void 指针所指向的数据给抽象化了,这样可以增加程序的通用性。比如 C 语言中的一个库函数 memcpy,该函数的功能是进行内存复制,该函数的原型(声明)如下：

```
void * memcpy(void * dest, const void * src, size_t len);
```

在该函数中,第一个参数 dest 是要复制的目的地址,第二个参数 src 是要复制的源地址,第三个参数 len 是要复制的数据的长度。可以清楚地看到,第一个参数和第二个参数的数据类型都是 void * 类型,这样任何类型的指针都可以传入 memcpy 中,这也真实地体现了内存复制函数的意义,因为它操作的对象仅仅是一片内存,而不论这片内存是什么类型。如果 memcpy 的参数类型不是 void * ,而是 char * 或其他具体类型的指针,那么这个函数就只能用于该种类型的数据的复制,这将大大限制该函数的应用范围。使用该函数如下：

```
int intarray1[100], intarray2[100];
memcpy(intarray1, intarray2, 100 * sizeof(int));        //将 intarray2 复制给 intarray1
```

可见,void 指针使用起来也十分简单。其实,void 体现了一种"抽象"的思想,而抽象正是面向对象的一个重要特点。当我们学习了面向对象的思想之后再来回顾 void,可能就会有新的理解。

4. new 和 delete

new 和 delete 运算符是 C++管理内存的方式,在 C 语言里实现近似功能的函数是 malloc 和 free。下面首先回顾一下 C 语言的内存管理方式。

要想使用 malloc 和 free 函数，首先需要包含头文件 stdlib. h 或 alloc. h。malloc 函数原型如下：

$$void * malloc(int size) ;$$

函数的功能是向系统申请分配指定 size 个字节的内存空间，返回类型是 void * 类型。

free 函数原型如下：

$$void free(void * block) ;$$

函数的功能是把 block 所指向的内存空间释放。之所以把形参中的指针定义为 void * ，是因为 free 必须可以释放任意类型的指针，而任意类型的指针都可以转换为 void * 。

C 语言的内存管理是通过函数来进行的，这种方式有其优点，也有不足，主要有以下几点。

（1）函数的返回值是 void * 类型，在将这个地址给指针进行赋值时，必须进行强制类型转换，以保证赋值的正常进行；

（2）分配内存单元时根据参数 size 的值来分配，如果 size 是错误的，系统仍然分配单元，无法检查出错误；

（3）函数只能分配内存单元，而无法初始化，分配到的内存单元里面是随机信息。

C++提供了简便而功能较强的运算符 new 和 delete 来取代 malloc 和 free 函数（为了与 C 兼容，仍保留这两个函数）。

new 是 C++新增的用来动态申请内存的运算符，它的作用是申请到一段指定数据类型大小的内存。使用它的语法格式是：

指针变量 = new 数据类型；

这样的语句执行后，new 将计算指定数据类型需要的内存空间大小，按照语法规则，初始化所分配的内存并且返回正确的指针类型。

【例 2-10】　使用 new 分配整型内存单元。

```cpp
# include <iostream>
using namespace std;

int main( )
{    int * p = NULL;              //定义整型指针 p
     p = new int;                 //用 new 申请可以存放一个整型数据的内存单元
     cout<<" * p = "<< * p<<endl;  //输出指针 p 指向单元的内容
     return 0;
}
```

程序运行结果如下：

* p = - 842150451

这个结果在实验时可能不一样，因为这是一个随机数。程序首先定义整型空指针 p，然后通过 new 申请可以存放一个整型数据的内存空间，将申请到的内存首地址给整型指针 p 保存，最后由 cout 输出指针 p 指向单元的内容，即刚才申请到的内存单元里的内容。由于没有什么初始化，所以输出的结果是随机数。

从例 2-10 可以看到，使用 new 进行内存申请更加方便，而且 new 返回所申请数据类型的指针，在将内存首地址赋给指针 p 时不需要进行强制类型转换。

注意：定义变量所得到的内存单元是在编译阶段分配的，在程序运行之前就已经确定了，当程序结束后这些变量会自动地被释放；而通过 new 运算符申请的内存单元是当程序运行到包含有 new 的语句时才分配的,可以称之为动态内存分配,这些内存单元在程序结束后不会自动被释放。因此,必须人为地通过运算符去释放通过 new 得到的内存单元,否则由 new 申请到的内存单元将会越来越多,最终消耗掉所有的可用内存空间。

和 new 相对应的释放内存空间的运算符是 delete。使用 delete 的语法格式如下:

delete 指针变量;

delete 将释放指针所指向的内存单元。

【例 2-11】 使用 new 和 delete 动态管理内存单元。

```
# include <iostream>
using namespace std;
int main( )
{    int * p = NULL;              //定义整型指针 p
     p = new int;                 //用 new 申请可以存放一个整型数据的内存单元
     cout<<" * p = "<< * p<<endl;//输出指针 p 指向单元的内容
     delete p;                    //delete 释放指针 p 指向的内存单元
     return 0;

}
```

main 函数的第 4 行就是用 delete 运算符动态释放由第 2 行的 new 运算符动态申请的内存单元。注意,一定要记住 new 和 delete 运算符是成对出现的,如果漏掉了一个就会出问题。

new 也可以在申请内存空间的同时对该内存单元进行初始化,语法如下:

指针变量 = new 数据类型(初值);

这样,例 2-11 中 main 函数的第 2 行可以改为:

```
p = new int(100);
```

则程序的输出为:

```
* p = 100
```

以上看到的是 new 和 delete 用于分配和释放单个变量的空间,而如果需要分配多个连续变量的存储空间时怎么办呢?如现在需要申请一个数组空间。这时可以使用 new [] 和 delete[]。

new[] 的语法如下:

指针变量 = new 数据类型[元素个数];

例如:

```
int * p = new int[20];
```

这个语句在内存中分配了可以存放 20 个整数的连续空间。

同样,用 new[] 分配出空间,当不再需要时,必须及时用 delete[] 来释放,否则会造成内存泄漏。

delete [] 的语法如下:

delete [] 指针变量;

例如:

```
//分配可以存放 1000 个 int 型数据的连续内存空间
int * p = new int[1000];
//然后使用这些空间
...
//最后不需要了,及时释放
delete [] p;
```

我们已经学习了三种动态内存管理的方式，它们分别是兼容C语言的malloc/free方式，单个变量的new/delete方式，多个变量的new[]/delete[]方式。它们三组必须配对出现，即由malloc申请的内存单元必须由free去释放，而不能由delete或delete[]去释放，其他亦然。

2.3.5 引用

引用是C++语言的新特性，是C++常用的一个重要内容之一，正确、灵活地使用引用，可以使程序简洁、高效。

简单地说，引用就是某一变量的别名，对引用的操作与对该变量直接操作完全一样。引用的声明方式：

类型标识符 & 引用名 = 目标变量名；

在这里又出现了"&"运算符，前面在指针部分遇到过"&"运算符，例如，"int x=100；int * p=&x；"，其中的 & 是取地址运算符；而这里在赋值运算符左侧的"&"是引用运算符。可以看到"&"运算符在不同的上下文环境具有不同的含义，称之为运算符功能重载。

【例2-12】 使用引用访问变量。

```
# include <iostream>
using namespace std;
int main( )
{    int x = 100;              //定义整型变量x
     int &rx = x;             //声明变量x的引用rx
     cout<<"rx = "<<rx<<endl;  //输出引用rx的内容
     rx = 200;                //给引用rx赋值
     cout<<"x = "<<x<<endl;   //输出变量x的内容
     return 0;
}
```

程序运行结果如下：

```
rx = 100
x = 200
```

main函数的第2行声明了变量x的引用rx，在第3行输出rx的内容，结果是"rx=100"，其实就是变量x的内容。第4行对引用rx赋值200，在程序的第5行输出变量x的值，结果"x=200"。可以看到引用rx和变量x访问的是同一个内存单元。

声明引用时，引用前面的类型标识符是指目标变量的类型，且必须同时对其进行初始化，即声明它代表哪一个变量。引用声明完毕后，相当于目标变量有两个名称，即该目标变量原名称和引用名，且不能再把该引用名作为其他变量名的别名。声明一个引用，不是新定义了一个变量，它只表示该引用名是目标变量名的一个别名，它本身不是一种数据类型，因此引用本身不占存储单元，系统也不给引用分配存储单元。

【例2-13】 编写一个函数，交换两个整型变量的值。

程序1：

```
# include <iostream>
using namespace std;
void Change(int x, int y)          //定义Change函数用来交换两个变量的值
```

```
{    int tmp;
     tmp = x;   x = y;   y = tmp;
}
int main( )
{   int x = 10, y = 20;
    cout<<"交换前:x = "<<x<<", y = "<<y<<endl;
    Change(x, y);              //调用 Change 函数进行交换
    cout<<"交换后:x = "<<x<<", y = "<<y<<endl;
    return 0;
}
```

程序运行结果如下：

交换前:x = 10, y = 20

交换后:x = 10, y = 20

程序 2：

```
# include <iostream>
using namespace std;
void Change(int * x, int * y)     //定义 Change 函数用来交换两个变量的值
{    int tmp;
     tmp = * x;   * x = * y;   * y = tmp;
}
int main( )
{   int x = 10, y = 20;
    cout<<"交换前:x = "<<x<<", y = "<<y<<endl;
    Change(&x, &y);   //调用 Change 函数进行交换
    cout<<"交换后:x = "<<x<<", y = "<<y<<endl;
    return 0;
}
```

程序运行结果如下：

交换前:x = 10, y = 20

交换后:x = 20, y = 10

程序 3：

```
# include <iostream>
using namespace std;
void Change(int &x, int &y)     //定义 Change 函数用来交换两个变量
{    int tmp;
     tmp = x;   x = y;   y = tmp;
}
int main( )
{   int x = 10, y = 20;
    cout<<"交换前:x = "<<x<<", y = "<<y<<endl;
    Change(x, y);            //调用 Change 函数进行交换
    cout<<"交换后:x = "<<x<<", y = "<<y<<endl;
    return 0;
}
```

程序运行结果如下：

交换前:x=10,y=20

交换后:x=20,y=10

通过程序运行的结果,可以很清楚地看到,程序1没有实现预期的目的,程序2和程序3成功地实现了交换两个变量的值。

在程序1中,当Change函数被调用时,系统首先创建两个临时变量x和y,这两个临时变量虽然和main函数里的变量名相同,但是它们却和main函数里的x和y完全没有关系,它们是在内存的另外的区域申请的,属于Change函数的局部变量。当Change函数被调用进行参数传递时,是将main函数中x的值传递给Change函数中的临时变量x,将main函数中y的值传递给Change函数中的临时变量y,在Change函数中交换的是Change的临时变量x和y的值,和main函数中的x和y没有关系,因此,这种参数传递(称为值传递)无法实现交换两个变量的值的目的。

程序2将形参的数据类型从整型变量变为整型指针,这种参数传递方式称之为指针传递或地址传递。在这种参数传递的方式中,形参x和y是两个整型指针,函数调用时实参是main函数中变量x和y的地址,因此,在Change函数中操作*x和*y实际上就是在操作main函数中的变量x和y。这种方式可以实现交换两个变量的值的目的。但是从Change函数的书写形式上看,指针传递相对于值传递要麻烦很多。

程序3将形参的数据类型从整型变量变为整型引用,这种参数传递方式称为引用传递。在这种参数传递的方式中,形参x和y是两个整型引用,Change函数被调用时通过参数传递将Change的x和y初始化为main函数的变量x和y的别名,访问Change的x和y与访问main函数的x和y效果是完全一样的。这种方式也可以实现交换两个变量的值的目的。但是相对于指针传递要简单、易于理解,而且可以提高程序的执行效率,在许多情况下能代替指针的操作。C++之所以提供引用机制,主要是利用它作为函数参数,以扩充函数传递数据的功能。

对于引用的进一步说明如下。

(1)不能建立void类型的引用。

```
void &a=9;                    //错误
```

因为任何实际存在的变量都是属于非void类型的,void的含义是无类型或空类型,void只是在语法上相当于一个类型而已。

(2)不能建立数组的引用。

"引用"只能是变量或对象的引用。数组是具有某种类型的数据的集合,其名字表示该数组的起始地址而不是一个变量,所以不能建立数组的引用。

```
char c[6]="hello";
char &rc=c;                   //错误
```

(3)可以将变量的引用的地址赋给一个指针,此时指针指向的是原来的变量,例如:

```
int a=3;                      //定义整型变量a
int &b=a;                     //声明b是整型变量a的引用
int *p=&b;                    //指针变量p指向变量a的引用b,相当于指向a,合法
```

(4)可以建立指针变量的引用。

```
int a=3;                      //定义整型变量a
int *p=&a;                    //定义指针变量p,并使p指向a
int * &rp=p;                  //rp是一个指向整型变量的指针变量的引用,初始化为p
```

33

由于引用不是一种独立的数据类型，不能建立指向引用类型的指针变量，语句"int & *p＝&a;"是错误的。

（5）常引用。

可以用 const 对引用加以限制，常引用声明方式：

const 类型标识符 & 引用名 = 目标变量名；

用这种方式声明的引用，不能通过引用对目标变量的值进行修改，从而使引用的目标成为 const，达到了引用的安全性。

```
int a = 3;

const int &ra = a;

ra = 1;                    //错误，不能通过引用对目标变量的值进行修改

a = 1;                     //正确
```

由于引用 ra 是变量 a 的常引用，所以通过常引用 ra 修改变量 a 的语句是非法的。而变量 a 是一个普通变量，所以通过变量名修改变量 a 的值是合法的。

常引用作为函数形参时是有用的，看下面的 Show 函数：

```
void Show(const string &s)
{    s = "Welcome";        //错误，不能修改常引用形参的值
     cout<<s<<endl;        //正确，只能访问常引用形参的值
}
```

利用常引用作为函数形参，既能提高程序的执行效率，又能保护传递给函数的数据不在函数中被改变，达到保护实参的目的。

再看看下面的程序段：

```
string StrFunc( );         //返回值为 string 类型的函数 StrFunc

void Show(string &s);      //形参为 string 类型的引用
```

下面的表达式将是非法的：

```
Show(StrFunc( ));

Show("hello world");
```

原因在于 StrFunc( )和"hello world"串都会产生一个临时变量，而在 C++中，这些临时变量都是 const 类型的。因此上面的表达式都是试图将一个 const 类型的变量转换为非 const 类型，这是非法的。

如果将 Show 函数的原型改为如下形式：

```
void Show(const string &s);
```

则刚才那两个对 Show 函数调用的表达式就都是正确的了。

> 引用型形参应该在能被定义为 const 的情况下，尽量定义为 const。这样函数调用时的实参既可以是 const 型，也可以是非 const 型。

（6）可以用常量或表达式对引用进行初始化，但此时必须用 const 作声明。例如：

```
int a = 3;

const int &b = a + 3;      //正确
```

此时编译系统将"const int &b=a+3;"转换为：

```
int temp = a + 3;          //先将表达式的值存放到临时变量 temp 中

const int &b = temp;       //声明 b 是 temp 的别名
```

临时变量是内部实现的，用户无法访问临时变量。

用这种方式不仅可以用表达式对引用进行初始化,还可以用不同类型的变量对之初始化。

```
double d = 3.14159;              //d 是 double 类型变量
const int & a = d;               //用 d 初始化 a
```

编译系统将"const int &a＝d;"转换为:

```
int temp = d;                    //先将 double 类型变量转换为 int 型,存放在 temp 中
const int &a = temp;             //声明 a 是 temp 的别名,temp 和 a 是同类型的
```

注意:此时如果输出引用 a 的值,将是 3 而不是 3.14159。因为从根本上说,只能对变量建立引用。

如果在上面声明引用时不用 const,则会发生错误,为什么呢?

如果允许这样的话,若修改了引用 a,如 "a＝6.28;",则临时变量 temp 的值也变为 6.28,即修改了临时变量 temp 的值,但不能修改变量 d 的值,这往往不是用户所希望的,即存在二义性。与其允许修改引用的值而不能实现用户的目的,还不如不允许修改引用的值。这就是C++规定对这类引用必须加 const 的原因。

(7) 引用作为函数的返回值。

函数的返回值为引用表示该函数的返回值是一个内存变量的别名。可以将函数调用作为一个变量来使用,可以为其赋值。

【例 2-14】　引用作为函数的返回值。

```
#include ＜iostream＞
using namespace std;
int &Max(int &x, int &y)   //此函数的返回值为对参数 x 和 y 中大的那个变量的引用
{   return (x ＞ y) ? x : y;   }
int main( )
{    int a = 2, b = 3;
     cout<<"a = "<<a<<"  b = "<<b<<endl;
     Max(a, b) = 4;
     //由于函数的返回值为引用,所以可以为函数赋值,
     //为函数赋的值为两个参数中的大者,所以 a 的值为 2,b 的值为 4
     cout<<"a = "<<a<<"  b = "<<b<<endl;
     return 0;
}
```

程序运行结果如下:

```
a = 2   b = 3
a = 2   b = 4
```

定义返回引用的函数时,注意不要返回对该函数内的自动变量的引用。否则,因为自动变量的生存期仅局限于函数内部,当函数返回时,自动变量就消失了,函数就会返回一个无效的引用。函数返回的引用是对某一个函数参数的引用,而且这个参数本身也是引用类型,如例 2-14 中的 x,y,因为这样才能保证函数返回的引用有意义。

2.3.6　函数

在前面已经遇到不少函数的例子,在 C 语言中也离不开函数的概念,所以我们对函数并不陌生。面向过程的 C++程序也是以函数作为程序的基础,一个程序包含一个或多个函数,在一个程序中只能有一个 main 函数,无论 main 函数在什么位置,程序都从 main 函数开始执

行,在程序执行过程中,main 函数调用其他子函数,其他子函数之间也可以相互调用。程序的最小单位是语句,程序的最基本单位是函数。

在多数情况下函数是有参函数,即主调函数和被调函数之间通过参数有数据传递。在定义函数时函数名后面的括号中的变量名为形参,如果形参有多个,则将它们依次放在括号中,用逗号分隔,称为形参表。在主调函数调用被调函数时,主调函数名后面的括号中的变量或表达式形式的参数称为实际参数,简称实参。

按函数在语句中的地位分类,可以有以下 3 种函数调用方式。

(1) 函数语句,即把函数调用单独作为一个语句,并不要求函数带回一个值,或者不关心函数带回的值,只是需要函数完成的操作。比如 C 语言中的输出库函数"printf("hello");"的调用形式。

(2) 函数表达式,即函数出现在一个表达式中,这时需要函数的返回值参加表达式的运算。如"float s = 2 * sin(2.78);"。

(3) 函数参数,即函数调用作为一个函数的实参,这时需要函数的返回值作为函数调用的实参。如"int m = Max(3, Max(4, 5));"。

需要注意的是,C 语言中没有类和对象的概念,函数是直接在程序中定义的。面向过程的C++程序设计具有 C 语言的函数风格,而在面向对象的 C++程序设计中,main 函数之外绝大部分的函数被封装到了类中,调用函数时一般是通过类的对象来调用类里的函数的。

有了这些基础知识以后,再来具体讨论 C++函数的一些具体问题。

1. 函数原型声明

所谓函数原型声明是指在函数尚未定义的情况下,先将函数的形式告诉编译系统,以便编译能够正常进行。

函数原型声明的语法形式有两种:

(1) 返回值类型 函数名(参数类型1,参数类型2,…);

(2) 返回值类型 函数名(参数类型1 参数名1,参数类型2 参数名2,…);

其中,第 1 种形式是基本形式,第 2 种形式是为了便于阅读,在参数类型的后面加上了参数名,虽然在这里加上了参数名,但是编译系统并不检查参数名,因此这里的参数名并不一定要和后面函数定义中的参数名完全一样。

【例 2-15】 利用函数求两个整数的和。

程序 1:

```
# include <iostream>
using namespace std;
int main( )
{   int x = 3, y = 5;
    int s;
    s = Add(x, y);                    //调用 Add 函数
    cout<<"s = "<<s<<endl;
    return 0;
}
int Add( int a, int b) {   return a + b;   }     //定义 Add 函数
```

程序编译出错,结果如下:

error C2065:´Add´:undeclared identifier

错误提示的意思就是 main 函数的第 3 行中的 Add 是一个未声明的标识符。程序编译时

总是从上向下进行编译,显然,在上面的例子中,编译器会首先编译到调用函数 Add 的语句,而这时在程序的前面并没有任何关于 Add 的信息,所以编译器就会给出如上的错误提示。在C++中,如果函数调用的位置在函数定义之前,则要求在函数调用之前必须对所调用的函数作函数原型声明,这不是建议性的,而是强制性的。这样做的目的是使编译系统对函数调用的合法性进行严格的检查,尽量保证程序的正确性。修改后的程序如下。

程序 2:

```
# include <iostream>
using namespace std;
int main( )
{    int x = 3, y = 5;
     int s;
     int Add(int a, int b);                 //Add 函数原型声明
     s = Add(x, y);                         //调用 Add 函数
     cout<<"s = "<<s<<endl;
     return 0;
}
int Add(int a, int b) {    return a + b;  }    //定义 Add 函数
```

程序运行结果如下:

```
s = 8
```

在程序 2 中,虽然 Add 函数定义放在调用之后,但是在调用之前有"int Add(int a, int b);"函数原型声明。编译器在遇到函数原型声明时,就会知道 Add 函数的基本信息,包括函数的名字,函数需要什么类型的参数,需要几个参数,函数返回什么类型的值等。这样,在编译到函数调用时就可以根据这些信息对函数调用的合法性进行检查。另外,如下的两种函数原型在本例中也可以运行通过,可以自己上机试一试。

```
int Add(int, int);
int Add(int x, int y);
```

函数原型声明和函数定义是不同的。函数原型声明不是一个独立的完整的函数单位,它仅仅是一条语句,因此在函数原型声明后面一定要加上分号。

对函数进行原型声明的语句,可以放在程序中对该函数进行调用的语句之前的任何一个位置。

为什么在这里特别提出函数原型声明的相关知识?这是因为在书写C++程序时,我们一般要把 main 函数写在其他自定义函数的定义位置的前面。因为 main 函数是程序使用者最关心的。大家以后也要慢慢养成这样的程序书写习惯。

2. 函数默认参数

有时可能会有这样的情况,在多次调用一个函数将实参传递给形参时,其中可能有一个或几个参数,它们传递进来的实参值多次都是相同的。

针对上述情况C++提供了一种机制,就是在定义或声明函数时,给形参一个默认值,如果在调用时没有给该形参传递实参值,则使用默认值作为该形参的值;如果调用时给该形参传递了实参值,则使用实参的值作为该形参的值。

【例 2-16】 求两个或三个正整数中的最大值,使用带有默认参数的函数实现。

```
# include <iostream>
```

```
using namespace std;
int main( )
{    int Max(int, int, int = 0);    //带有默认参数的 Max 函数原型声明
     int a = 5, b = 8, c = 10;
     cout<<"Max of a and b is: "<<Max(a, b)<<endl;        //调用 Max 函数
     cout<<"Max of a, b and c is: "<<Max(a, b, c)<<endl; //调用 Max 函数
     return 0;
}
int Max(int a, int b, int c = 0)    //定义带有默认参数的 Max 函数
{    if ( a < b )  a = b;
     if ( a < c )  a = c;
     return a;
}
```

程序运行结果如下：

Max of a and b is: 8

Max of a, b and c is: 10

在 main 函数的第 3 行使用两个实参调用函数 Max，系统就默认第 3 个参数的值使用默认值，程序执行时该函数调用相当于 Max(5, 8, 0)，所以返回的结果当然是 8。第 4 行使用 3 个实参调用函数 Max，其第 3 个参数就用第 3 个实参来代替，执行时函数调用为 Max(5, 8, 10)，返回值当然是 10。

另外 main 函数的第 1 行中对 Max 函数的原型声明，可以使用以下三种声明方式。

```
int Max(int a, int b, int c = 0);
int Max(int x, int y, int z = 0);
int Max(int, int, int = 0);
```

注意：

（1）如果函数定义在函数调用之前，则应在函数定义中给出默认值。如果函数定义在函数调用之后，则应在函数调用之前的函数原型声明中给出默认值，此时，在函数定义中给不给默认值，不同的 C++编译系统有不同的处理规则。

如果在函数原型里已经给出了形参的默认值，而在函数定义中又给出了函数的默认值，有些编译系统会报错，给出"重复指定默认值"的错误提示。但有的编译系统不报错，甚至还允许声明和定义中给出的默认值不同，此时编译系统以先遇到的为准。为了避免混淆，最好只在函数原型声明时指定默认值。

（2）如果函数有多个形参，可以给每个形参指定一个默认值，也可以只给一部分形参指定默认值，另一部分形参不指定默认值。注意：实参与形参的结合方式是从左向右的，第 1 个实参和第 1 个形参结合，第 2 个实参和第 2 个形参结合……因此，带有默认值的参数必须放在形参表的右端，否则出错。如"int Max(int, int = 0, int);"的原型就是错误的。

（3）当一个函数既是重载函数，又是带有默认参数的函数时，要注意不要出现二义性的问题，如果出现了二义性，系统将无法执行。如在上例中再定义一个具有两个参数的 Max 函数"int Max(int, int);"，这时如果有这样的函数调用："Max(a, b);"，此时由于这两个函数都符合调用时实参的形式，产生了二义性，导致系统也不知道到底应该调用哪一个函数，此时系统会给出如下的错误提示：

```
error C2668: 'Max': ambiguous call to overloaded function
```

意思就是模糊调用重载函数 Max。

> 调用带有默认参数的函数时,实参的个数可以与形参的个数不同,对于实参未给出的,可以从形参的默认值中获得,利用这一特性,可以使函数的使用更加灵活。

3. 函数与引用

关于函数与引用的使用,在前面的引用部分已有讨论,总结一下,函数与引用联合使用主要有两种方式:一是函数的参数是引用;二是函数的返回值是引用。

在函数调用进行参数传递时,传递的方式有三种:值传递、地址传递和引用传递,而实际上值传递和地址传递都是值传递,因为在函数的形参是指针变量时(称为地址传递),传递给形参的是实参的地址,所以说地址传递的实质也是值传递。在地址传递中,自定义函数通过形参(指针变量)访问主调函数中的变量,并可以在自定义函数中修改主调函数中的变量的值,这样做不但在概念上绕了一个圈子,而且使用不方便,容易出错误。而在 C++ 中把引用作为函数的参数就弥补了这一不足。这也是 C++ 中引入引用的主要目的。

在前面的例 2-13 中要求在函数中交换两个整型变量的值,可以看到通过引用传递可以实现,而且使用起来更方便、高效。下面再看一个关于函数与引用的例子。

【例 2-17】 子函数中通过引用传递访问 main 函数中的数组。

```cpp
#include <iostream>
using namespace std;
typedef int arr[8];          //利用 typedef 定义类型
int a[8] = {1, 2, 3, 4, 5, 6, 7, 8};
int main( )
{   void Func(arr &);        //Func 函数原型声明
    Func(a);                 //调用 Func 函数
    return 0;
}
void Func(arr &x)            //定义 Func 函数
{    for (int i = 0; i < 8; i++) {  cout<<x[i]<<"  ";  }
    cout<<endl;
}
```

程序运行结果如下:

1 2 3 4 5 6 7 8

在例 2-17 中可以看到,在自定义函数中也可以通过引用传递访问 main 函数中的数组。不过要实现该功能要注意几个步骤:先用类型定义语句定义一个 int 型的数组类型,然后使用自定义的类型来定义引用。在 Func 函数中,使用了引用作形参,调用时所对应的实参应该是一个数组名。在 C++ 中这种调用方式也比较常用。

总之,当使用引用作为函数的形参时,引用变量不是一个单独的变量,不需要在内存中分配存储单元,实参向形参传递的是变量的名字,而不是变量的地址。使用引用作为函数的形参可以部分代替指针的操作,降低了程序的复杂度,节省了内存空间,提高了程序的执行效率,同时也提高了程序的可读性。

4. 函数与 const

在一个函数声明中,const 可以修饰函数的返回值,可以修饰函数的参数;对于面向对象中的成员函数,还可以修饰整个函数。下面分情况讨论 const 在函数中的应用。

（1）const 修饰函数的参数。

如在"void Func(const int ＊a）;"或"void Func(const int &a);"语句所示的情况中,在调用函数时,用相应的变量初始化 const 型形参,则在函数体中,按照 const 所修饰的部分进行常量化,如形参为"const int ＊a",则不能通过指针形参对传递进来的指针的内容进行改变,保护了原指针所指向的内容;如形参为"const int &a",则不能通过引用形参对传递进来的变量的值进行改变,保护了原变量的值。不仅如此,在函数调用时,const 修饰的函数参数所对应的实参既可以是 const 型,也可以是非 const 型。一般做法,函数形参在能声明为 const 型的情况下,应尽量声明为 const 型。

（2）const 修饰函数的返回值。

如"const T Func( );"或"const T ＊Func( );"语句所示的情况,其中 T 表示某种数据类型,可以是预定义的,也可以是自定义的。这样声明了返回值后,const 按照"修饰原则"进行修饰,起到相应的保护作用。这种应用一般用于二目操作符重载函数并产生新对象的时候,在学习了类和对象及运算符重载之后将有更深刻的理解。

例如:

```
const Fraction operator ＊(const Fraction &left, const Fraction &right)
{    return Fraction(left.numerator( ) ＊ right.numerator( ),
        left.denominator( ) ＊ right.denominator( ));
}
```

返回值用 const 修饰可以防止允许这样的操作发生:

```
Fraction a,b;
Fraction c;
(a ＊ b) = c;
```

（3）const 修饰整个函数。

这种情况发生在类的成员函数的情况下,由于我们还没有对类和对象概念进行详细地讨论,因此这里只先介绍一下 const 修饰整个函数的语法及它的作用,详细情况等学到了 const 对象的时候再详细讨论。

const 修饰整个函数时,const 的位置放在函数参数表的后面,形如:

```
void Func( ) const;
```

如果在 const 成员函数的函数体内,不慎修改了数据成员,或者调用了其他非 const 成员函数,编译器将报错,这大大提高了程序的健壮性。任何不会修改数据成员的函数都应该声明为 const 类型。

注意:如果一个对象被声明为 const 对象,则只能访问该对象的 const 修饰的成员函数。

5. 函数重载

一般情况下,一个函数对应一种功能。但有时会发现有些函数功能是非常类似的,只是它们所处理的数据的类型不同。比如求两个整数的和与求两个浮点数的和。按照原来的程序设计,一般要写出两个不同名的函数:

```
int AddInt(int a, int b){    return a + b;    }
float AddFloat(float a, float b) {    return a + b;    }
```

但是,上面两个函数的函数体是一样的。如果在一个程序中这类情况较多,则程序中的功能类似而名字不同的函数会很多,这样很不方便。能不能将 2 个或多个函数名统一成一个函数名呢? C++允许在同一个作用域中使用同一函数名定义多个函数,这些函数的参数个数或参数类型不同,这些同名的函数用来实现同一类的操作,这就是函数重载。即对一个函数名重新赋予它新的操作,使一个函数名可以多用。其实运算符里已经多次出现过重载,如">>"、"<<"、"+"、"-"、"*"等运算符,它们在不同的上下文环境里表示不同的运算。

【例 2-18】 使用 Add 作为函数名定义两个整数的加法函数和两个浮点数的加法函数。

```
#include <iostream>
using namespace std;
int main( )
{   int x = 3, y = 5, s;
    int Add(int x, int y);        //实现整数加法的 Add 函数的原型声明
    s = Add(x, y);                //实参为整数变量,调用整型形参的 Add 函数
    cout<<"s = "<<s<<endl;
    float m = 3.1, n = 4.2, sf;
    float Add(float, float);      //实现浮点数加法的 Add 函数的原型声明
    sf = Add(m, n);               //实参为浮点型变量,调用浮点型形参的 Add 函数
    cout<<"sf = "<<sf<<endl;
    return 0;
}
int Add(int a, int b)            //定义实现整数加法的 Add 函数
{   cout<<"Call integer add function."<<endl;
    return a + b;
}
float Add(float a, float b)      //定义实现浮点数加法的 Add 函数
{   cout<<"Call float add function."<<endl;
    return a + b;
}
```

程序运行结果如下:

```
Call integer add function.
s = 8
Call float add function.
sf = 7.3
```

在程序中,两个加法函数的名字都是 Add,但第 1 个 Add 函数用来处理两个整型数据的加法,第 2 个 Add 函数用来处理两个浮点型数据的加法。在函数调用时,编译系统会根据实参的数据类型自动选择合适的 Add 函数的版本。例 2-18 是重载函数参数的数据类型不同。下面再来看一个函数参数的个数不同的例子。

【例 2-19】 使用 Add 作为函数名定义两个整数的加法函数和三个整数的加法函数。

```
#include <iostream>
using namespace std;
int main( )
{   int Add(int, int);           //带有 2 个参数的 Add 函数原型声明
    int Add(int, int, int);      //带有 3 个参数的 Add 函数原型声明
    int x = 4, y = 5;
```

```
    int a = 1, b = 2, c = 3;
    int sum1, sum2;
    sum1 = Add(x, y);          //调用 2 个参数的 Add 函数
    sum2 = Add(a, b, c);       //调用 3 个参数的 Add 函数
    cout<<″sum1 = ″<<sum1<<endl<<″sum2 = ″<<sum2<<endl;
    return 0;
}
int Add(int a, int b) {   return a + b;   }       //定义带有 2 个参数的 Add 函数
int Add(int a, int b, int c) {   return a + b + c;   }   //定义带有 3 个参数的 Add 函数
```

程序运行结果如下：

```
sum1 = 9
sum2 = 6
```

在例 2-19 中，调用函数时参数的个数不同，编译器会根据参数的个数去寻找与之匹配的函数并调用它。

函数重载需要函数参数的类型或个数必须至少有其中之一不同，函数返回值类型可以相同也可以不同。但是，不允许参数的个数和类型都相同而只有返回值类型不同。从语法上来说，可以让两个或多个完全不相干的函数使用相同的函数名，进行重载，但是这样做使得程序的可读性下降，不建议这样做。使用同名函数进行重载时，重载函数在功能上应该相近或属于同一类函数。

6. 内置函数

调用函数时系统需要一定的时间和空间的开销（保护现场、恢复现场、参数传递等）。当函数体很小而又需要频繁调用时，运行效率与代码重用的矛盾变得很突出。这时函数的运行时间相对比较少，而函数调用所需的栈操作等却要花费比较多的时间。

C++解决这个问题的方法就是内置函数（inline function），也称为内联函数或内嵌函数。系统在编译时将所调用函数的代码直接嵌入到主调函数中，这样在程序执行时就不会发生函数调用，而是顺序执行了。

指定内置函数的方法很简单，只需要在函数首行最左端加上一个关键字"inline"即可。

【例 2-20】 将例 2-15 中的函数声明为内置函数。

```
# include <iostream>
using namespace std;
int main( )
{
    int x = 3, y = 5;
    int s;
    inline int Add(int a, int b);              //内置函数原型声明
    s = Add(x, y);                             //调用函数 Add
    cout<<″s = ″<<s<<endl;
    return 0;
}
inline int Add(int a, int b) {   return a + b;   }   //定义内置函数 Add
```

程序运行结果如下：

```
s = 8
```

在例 2-20 中将 Add 函数声明成了内置函数，因此当编译器遇到函数调用"Add(x,y)"时，就用 Add 的函数体代码代替"Add(x,y)"，同时将实参代替形参。这样编译后的程序的目标代码在"s = Add(x,y);处就变成了"s = x + y;"。这样，当程序执行时，执行到此处就不存在函数调用了，而是直接向下执行，提高了程序的执行效率。

使用内置函数时需要注意以下几个问题：

（1）在声明内置函数时，可以在函数声明和函数定义的前面都写上关键字 inline，也可以只在其中一处写上关键字 inline，效果都是相同的。

（2）因为内置函数在编译时将函数的代码直接嵌入到调用处，所以在提高程序执行效率的同时也会增加目标程序的长度。可以看出，这种策略是一种"以空间换时间"的策略。

（3）对函数进行内置声明，只是程序员对编译系统的一个建议而非命令，并不一定只要声明为内置函数，C++编译系统就一定会按内置函数去处理，系统会根据实际情况决定是否这样做。C++规定以下 3 种函数不能作为内置函数：递归函数，函数体内包含循环、switch、goto 语句之类的复杂结构的函数，具有较多程序代码的大函数。如果将一个含有 1 000 行代码的函数声明为内置函数，系统不会将函数的代码嵌入到主调函数中，因为被调函数的代码太长了。

总之，内置函数的机制适用于被调函数规模较小（最好只有 1～5 行）而又被频繁调用的情况，是一种以空间换时间的策略。

2.3.7　名字空间

在前面的程序中，在 ♯include 预处理命令之后，紧跟着是一个"using namespace std;"语句，其中的 std 就是名字空间，下面就来详细介绍一下为什么要用名字空间，什么是名字空间，如何使用名字空间。

1. 为什么需要名字空间

简单地说，引用名字空间的概念就是为了解决程序中名字冲突的问题。即在程序运行过程中遇到相同名字的变量，系统能不能正确地区分它们。

在 C 语言中，规定了程序、函数、复合语句三个级别的作用域，用来解决变量同名的问题。在 C++中又增加了作用域运算符，在不同的类中可以定义相同的变量名，系统可以正确的辨认。

在小型的系统中，只要程序员稍加注意，利用以上的规则可以避免同名变量冲突的问题。但是，一个大型的系统往往不是一个程序员能够开发完成的，需要团队合作完成，系统被分成若干部分由多人去做，不同的人完成不同的部分，最后组合成一个完成的程序。假如，不同的人定义了不同的类，放在不同的头文件中，在主文件中需要用到该类时只需用 ♯include 命令将该头文件包含进来即可。此时，由于不同的头文件是由不同的人设计的，就可能出现不同的头文件中使用了相同的名字来定义类或函数，这样名字冲突的问题就出现了。

此外，在程序中经常还需要引入一些系统库，如果在这些库中包含有与程序的全局标识符同名的标识符，或者不同的库中有相同的标识符，则在编译时就会出现名字冲突。有人将这种情况称之为全局名字空间污染。

为了避免这类问题，人们提出了许多方法：比如将标识符写得长一些；起一些特殊的标识符；由编译系统提供的内部全局标识符都用下画线开头；定义标识符时以开发商的名字开头等。但是这些方法的效果并不理想，仍然出现名字冲突的现象，而且使得写程序时更麻烦，降低了程序的可读性等。

C语言和早期的C＋＋都没有提供有效的机制解决该问题，所以希望在ANSI C＋＋中能够解决这个问题，提供一套机制，可以使库的设计者命名的全局标识符能够和程序设计者命名的全局标识符及其他库的全局标识符区别开来。这就是我们这里所提到的名字空间。

2．什么是名字空间

所谓名字空间就是一个由程序设计者命名的内存区域。程序设计者可以根据需要指定一些有名字的空间域，把一些全局标识符分别放在各个名字空间中，从而与其他全局标识符分隔开。

名字空间的作用类似于操作系统中的目录和文件的关系。如果文件很多时，不便管理，于是系统设立了若干子目录，把文件分别放到不同的子目录下面，不同的子目录中的文件可以同名。调用文件时应指明文件所在的目录。名字空间建立了一些相互分隔的作用域，把全局标识符分隔开，避免产生名字冲突。

3．如何使用名字空间

使用名字空间时可以根据需要设置名字空间，每个名字空间代表一个不同的域，不同的名字空间不能同名。不同的名字空间把不同的标识符给分隔开，使它们之间互相看不到。原来使用的全局变量可以理解为全局名字空间，它是特殊的独立于任何名字空间的，不需要声明，由系统隐式声明，在每个程序中都有。

使用名字空间时，语法如下：

```
namespace  名字空间名
{
        定义成员
}
```

其中，成员的类型包括：常量、变量、函数、结构体、类、模板等，还可以是名字空间，也就是说在一个名字空间内又定义另一个名字空间，实现嵌套的名字空间。

例如：

```
namespace ns
{
    const int RATE = 0.08;
    double money;
    double tax( )
    {   return money * RATE;   }
    namespace ns2
    {
        int count;
    }
}
```

如果要访问名字空间 ns 中的成员，可以采用名字空间::成员名的方法，如 ns::RATE、ns::money、ns::tax( )、ns::ns2::count 等。

可以看到，在访问名字空间的成员时通过名字空间名和作用域运算符对名字空间成员进行限定，可以区分不同名字空间中的同名标识符。但是如果名字空间的名字比较长，或在名字空间嵌套的情况下,为访问一个成员可能需要写很长的一串名字,尤其在一段程序中多次访问该名字空间中的成员时就会不太方便,为此 C++提供了一些简化机制。

(1) 使用名字空间的别名。

可以为名字空间起一个别名来代替较长的名字空间名。例如:

```
namespace Information
{ ··· }
```

可以用一个较短的缩写作为别名来代替它。例如:

```
namespace Info = Information;
```

通过这样一个语句使得别名 Info 与原名 Information 等价,在原来可以使用 Information 的位置都可以无条件的换成 Info。

(2) 使用"using 名字空间的成员名;"。

可以在程序中使用"using 名字空间中的成员名;"来简化名字空间的成员访问,using 后面必须是由名字空间限定的成员。例如:

```
using ns::tax;
```

后面访问 tax( )时就相当于 ns::tax( ),这样可以避免在每一次访问名字空间的成员时都用名字空间限定,简化名字空间的使用。但是要注意不能在同一作用域中用 using 声明的不同名字空间的成员名字相同,如果这样就会编译出错。

(3) 使用"using namespace 名字空间名;"。

第二种方式"using 名字空间的成员名;",一次只能声明一个名字空间的成员,如果在一段程序中经常访问一个名字空间中的多个成员,就要多次使用"using 名字空间成员名;",同样带来不便。C++提供了 using namespace 语句,一次就能声明一个名字空间中的全部成员。一般的格式为:

```
using namespace 名字空间名;
```

例如:

```
using namespace ns;
```

这样在 using namespace 声明的作用域中,名字空间 ns 中的成员就好像在全局域声明一样,可以直接使用而不必加名字空间名限定。

注意:如果同时使用 using namespace 引入多个名字空间,要保证在这些引入的名字空间中不能有同名的成员,否则同样会引起同名冲突。

4. 无名的名字空间

前面介绍的名字空间都有名字,C++还允许没有名字的名字空间,称为无名的名字空间。

如在某文件 A 中声明了以下的无名名字空间:

```
namespace
{
    void Func( )
    {    cout<<"Func in noname namespace!"<<endl;  }
}
```

由于没有名字空间名,在别的文件中无法访问,它只能在本文件的作用域内有效。在文件

A 中使用无名名字空间的成员，不必用名字空间名去限定。这就相当于将无名名字空间的成员的作用域限制在本文件内。该功能类似于 C 语言中 static 成员，其作用也是将该成员的作用域限于本文件。

5. 标准名字空间 std

C++系统将标准 C++库中的所有标识符都放在名为 std 的名字空间中定义，即系统预定义的头文件中的函数、类、对象和类模板都是在名字空间 std 中定义的。所以，可以看到前面的程序的第 2 行都有一个"using namespace std;"的语句。这样在名字空间 std 中定义和声明的所有标识符在本文件中都可以看作是全局量来使用。注意，一旦使用了名字空间 std，就必须保证在程序中不再定义与名字空间中已经出现的标识符同名的量。例如在程序中不能再定义名为 cin 或 cout 的对象。由于名字空间 std 中定义的标识符很多，有时程序员也记不清哪些标识符在名字空间 std 中定义过，为减少出错，有的程序员喜欢用"using 名字空间的成员名;"的声明代替"using namespace 名字空间名;"的声明。

2.3.8 字符串变量

在 C 语言中处理字符串的方法是用字符数组存储，在字符数组的基础上进行字符串运算。但是这种方法并不是很方便，因为为了存储字符串必须要定义字符数组，定义字符数组就要计算字符串的长度来确定字符数组的长度，如果无法确定字符串的长度，一般的做法是定义一个较长的字符数组，以尽量避免字符串太长存储不下而造成的内存溢出，但这样做又经常会浪费内存空间，而且不能确保内存不会溢出。因此，使用字符数组存储字符串并不是最理想最安全的方法。

在 C++中除了保留了 C 语言的方法来处理字符串外，还提供了一种更方便、更安全的方法，那就是在 C++中提供了一种新的数据类型——字符串类，用它定义的变量称为字符串变量。字符串变量可以代表一个字符串，而不必去关心字符串的内存分配问题。

实际上字符串类并不是 C++的基本数据类型，它是 C++标准库中声明的一个字符串类，每个字符串变量其实是一个字符串类的对象，由于还没有详细介绍类和对象的概念，在这里主要是介绍字符串变量的使用，即字符串变量的定义、赋值、输入/输出及运算等。

1. 字符串变量的定义

定义字符串变量和定义普通变量一样，也是先定义后使用，定义时前面是字符串类型名，后面是字符串变量名，例如：

```
string str1;                //定义名字为 str1 的字符串变量
string str2 = "Hello C++";  //定义名字为 str2 的字符串变量并初始化
```

可以看出，这和定义 int、float、char 型普通变量是一样的。唯一有区别的一点是，由于 string 不是基本数据类型，所以在使用时需要在文件的开头包含 C++标准库中的 string.h 头文件，即在文件的开头加上"#include <string>"。

2. 字符串变量的赋值

使用字符串变量时，可以直接使用赋值运算符给字符串变量赋值，如刚才定义的 str1 和 str2 两个字符串变量，下列操作都是正确的：

```
str1 = "Hello!";            //使用字符串常量给字符串变量赋值
```

```
str1 = str2;                    //使用另一个字符串变量 str2 给字符串变量 str1 赋值
```

这种操作在 C++中是正确的,并且在赋值的过程中不必关心赋值的两个字符串的长度是否一致,字符串变量的长度随字符串的长度改变而改变,这一点既保证了系统安全,又给使用者带来了极大的方便。

另外,在字符数组中为掌握字符串的结束,将字符'\0'作为字符串结束标志,放在字符串的后面,所以字符数组的长度要比字符串本身的长度至少大一个字节。在字符串变量中,字符串变量只存储字符串本身的字符,而不包括结束符'\0'。这是和 C 语言的字符数组方式的一个不同。

除了字符串变量的整体赋值操作之外,字符串变量还可以像字符数组那样用数组的方式对字符串变量中的某个字符进行操作,例如:

```
string str1 = "These";
str1[2] = 'o';
```

第 1 行定义了字符串变量 str1,并初始化为"These",第 2 行将字符串变量中序号为 2 的字符修改为'o',执行后字符串变量变为"Those"。

3. 字符串变量的输入/输出

字符串变量可以像普通变量那样使用输入/输出流进行输入/输出,例如:

```
string str1;
cin >> str1;
cout << str1;
```

在后面还将看到关于字符串变量的一个完整的例子。

4. 字符串运算

在 C 语言中进行字符串的运算需要用到字符串库函数,如 strcat、strcmp、strcpy 等,而在 C++中使用字符串变量可以直接使用简单的运算符。

字符串复制用赋值号(=),例如:

```
str1 = str2;
```

字符串连接用加号(+),例如:

```
string str1 = "Hello ";
string str2 = "C++";
string str3 = str1 + str2;
```

执行后 str3 的值为:

```
Hello C++
```

字符串的比较可以直接使用关系运算符,即使用==、>、<、! =、>=、<=等关系运算符来进行字符串的比较。

5. 字符串数组

使用 string 类型还可以定义字符串数组,例如:

```
string strArray[5] = {"Hello", "this", "is", "C++", "program"};
```

定义了一个字符串数组 strArray 并初始化,此时数组的状况如图 2-2 所示。可以看出:

(1) 字符串数组中包含若干个元素,每个元素相当于一个字符串变量。

(2) 字符串数组并不要求每个字符串元素具有相同的长度,即使对同一个元素而言,它的长度也是可以变化的,当向某一个元素重新赋值时,其长度就可能发生变化。

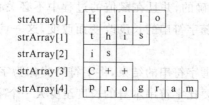

图 2-2　字符串数组 strArray 的内存状况

（3）字符串数组的每一个元素中存放一个字符串,而不是一个字符,这是字符串数组与字符数组的区别。如果用字符数组存放字符串,一个元素只能存放一个字符,用一个一维字符数组存放一个字符串。

（4）每一个字符串元素中只包含字符串本身的字符而不包括'\0'。

大家可能会有这样的疑问:数组中的每一个元素都应该是同类型且长度相同,而现在字符串数组中每一个元素的长度并不相同,那么,在定义字符串数组时怎样给数组分配存储空间呢？实际上,编译系统为每一个字符串数组元素分配固定的字节数(Visual C++6.0 为 4 个字节),在这个存储单元中,并不是直接存放字符串本身,而是存放字符串的地址。在上面的例子中,就是把字符串"Hello"的地址存放在 strArray[0],把字符串"this"的地址存放在 strArray[1],把字符串"is"的地址存放在 strArray[2]……。在字符串数组元素中存放的是字符串的指针(字符串的地址)。

大家可以上机试一下,输出 sizeof(string) 和 sizeof(strArray) 的大小,观察它们的值。可以看到前者的值是 4,后者的值为 20(因为 strArray 数组中有 5 个 string 类型的元素)。

6. 字符串变量综合举例

【例 2-21】　使用字符串数组实现简易的英汉词典的功能。

```cpp
# include <string>
# include <iostream>
using namespace std;
int main( )
{   //定义二维字符串数组 dict 作为英汉词典的数据结构
    string dict[100][2] = {{"address","地址"},{"back","后面的"},{"code","代码"},{"design","设计"},{"execute","执行"},{"file","文件"},{"go","走"},{"help","帮助"}, {"integer","整数"},{"join","加入"},{"kill","杀死"},{"label","标签"},{"make","制造"},{"name","姓名"},{"operate","操作"}, {"plus","加"},{"zoo","动物园"}};
    string word;
    while (1)
    {  cout<<"请输入英文单词:";
        cin >> word;                //输入字符串至字符串变量 word
        for ( int i = 0; i < 100; i++ )
        {  if ( word ==dict[i][0] )     //使用==运算符进行两个字符串变量比较
            {  cout<<dict[i][0]<<":"<<dict[i][1]<<endl;
                break;
```

```
                }
            }
            if（i>=100）｛  cout<<  ″单词未找到!″<<endl;  ｝
            cout<<″继续查找?（Y/N）″<<endl;
            char next;
            cin>>next;
        if（next=='N' || next=='n'）  break;
        }
        return 0;
    }
```

程序运行结果如下：

请输入英文单词:zoo↙

zoo:动物园

继续查找?（Y/N）

y↙

请输入英文单词:hello↙

单词未找到!

继续查找?（Y/N）

y↙

请输入英文单词:operate↙

operate:操作

继续查找?（Y/N）

n↙

在例2-21中首先使用二维字符串数组作为英汉词典的数据结构,使用它存储单词和相对应的中文,程序运行后进入死循环,每次循环先提示输入英文单词,然后等待用户从键盘输入,输入后暂存到字符串变量word中,然后进入内层循环,从二维数组的第0行元素的第0个字符串开始进行比较,如果比较结果相同,则输出该行的两个元素,即输出单词和中文意思,并退出内层循环。如果把所有行都比较一遍仍未发现相同的,则输出单词未找到,退出内层循环。退出内层循环后提示"继续查找?（Y/N）",输入"Y"或"y"将继续下一个外层循环,输入"N"或"n"则结束外层循环,程序结束。在这个例子中可以看到二维字符串数组的定义和初始化、字符串变量的定义、输入和输出、字符串的比较等与字符串相关的定义和操作。

通过例子可以看出用string定义字符串变量简化了字符串的操作,今后在遇到字符串的相关问题时我们可以首先考虑使用字符串变量。

2.3.9 复数变量

复数运算在数学领域非常重要,由于C++语言提供的基本数据类型中并没有复数类型,在C++标准库中提供了一个complex类模板(复数类模板),利用该类模板可以在程序中轻松处理复数。关于类模板将在第8章8.3节介绍,在这里不必深究,只要按下面的书写形式定义复数变量就可以了。

复数的一般表示如下：

5＋6i

这里5代表实数部分,而6i表示虚数部分。这两部分合起来表示一个复数。

1. 复数变量的定义

复数变量的定义一般可以使用以下形式：

```
complex<double> complex1(0, 5);        //纯虚数：0 + 5i
complex<float> real_num(2);            //虚数部分默认为0：2 + 0i
complex<long double> zero;             //实部和虚部均默认为0：0 + 0i
complex<double> complex2(complex1);    //用另一个复数变量来初始化一个复数变量
```

这里，复数变量有 float、double 或 long double 三种表示。我们也可以声明复数数组、复数指针或引用。

```
//声明复数数组
complex<double> arr[2] = { complex<double>(2, 3), complex<double>(2, -3) };
complex<double> * ptr = &arr[0];       //声明复数指针
complex<double> &ref = arr[0];         //声明复数引用
```

要使用 complex 类模板，必须在程序的开头加上"＃include ＜complex＞"，并在 std 命名空间内引用。

2. 复数运算

C++标准库完备地实现了关于复数的几乎所有运算，包括四则运算（＋、－、＊、/）、符号运算（＋、－）、逻辑运算（＝＝、！＝）、赋值运算（＋＝、－＝、＊＝、/＝）、三角运算（sin、cos、tan）、双曲运算（sinh、cosh、tanh）、指数运算（exp、pow）、幂运算（log、log10）等。通过对这些基本数据类型都有的操作定义，可以把 complex 类当做基本的数据类型来使用。看下面的例子。

【例 2-22】 复数运算。

```
# include <complex>
# include <iostream>
using namespace std;
int main( )
{    complex<double> a(10, 20);
     complex<double> b(30, 40);
     complex<double> c = a + b;                    //两个复数相加
     cout<<a<<" + "<<b<<" = "<< c<<endl;

     complex<double> complex_obj = a + 3.14159;    //一个复数和一个实数相加
     cout<<a<<" + "<<3.14159<<" = "<< complex_obj<<endl;

     double dval = 3.14159;
     complex_obj = dval;                           //用一个实数对复数赋值
     cout<<"complex_obj = "<<complex_obj<<endl;

     cout<<complex_obj;
     complex_obj += a;                             //复数复合赋值(加赋值),右操作数为复数
     cout<<" + = "<<a<<" : "<<complex_obj<<endl;
     cout<<complex_obj;
     complex_obj *= 2;                             //复数复合赋值(乘赋值),右操作数为实数
```

```
        cout<<" * = 2 : "<<complex_obj<<endl;

        complex<double> d;
        cout<<"Please input a complex:";
        cin >> d;                          //复数输入
        cout<<"d = "<<d<<endl;             //复数输出

        cout<<d;
        d += 1;                            //复数递增操作,把复数的实部加1
        cout<<" += 1 : "<<d<<endl;

        return 0;
}
```

程序运行结果如下：

```
(10,20) + (30,40) = (40,60)
(10,20) + 3.14159 = (13.1416,20)
complex_obj = (3.14159,0)
(3.14159,0) += (10,20) : (13.1416,20)
(13.1416,20) * = 2 : (26.2832,40)
Please input a complex: (1,2)↙
d = (1,2)
(1,2) += 1 : (2,2)
```

例 2-22 演示了两个复数相加、一个复数和一个实数相加、复数赋值、复数的输入/输出、复数递增运算。

（1）算术运算。

两个复数可以进行加、减、乘、除等算术运算,而且复数类型和内置算术数据类型也可以进行混合运算。

（2）复数初始化。

对于复数的初始化,既可以用复数类型数据,也可以用内置算术数据类型数据,例如：

```
complex<double> complex_obj1(2, 3);
complex<double> complex_obj2(complex_obj1);      //复数初始化,使用复数类型数据
complex<double> complex_obj3(4);                 //复数初始化,使用内置算术数据类型数据
```

（3）复数赋值。

对于复数的赋值,同样既可以用复数类型数据,也可以用内置算术数据类型数据,例如：

```
complex_obj3 = complex_obj1;       //复数赋值,使用复数类型数据
complex_obj3 = 5 ;                 //复数赋值,使用内置算术数据类型数据
```

但是,相反的情形并不被支持,也就是说,内置算术数据类型不能直接被一个复数初始化或赋值。下面代码将导致编译错误：

```
double dval = complex_obj3;     //错误,从复数到算术数据类型之间并没有隐式转换支持
```

如果真想这样做,必须显示地指明要用复数的哪部分来赋值。complex 类支持一对操作,可用来读取实部或者虚部,读取实部用成员函数 real,读取虚部用成员函数 imag：

```
double re = complex_obj3.real( );
```

```
double im = complex_obj3.imag( );
```
或者用等价的非成员函数：
```
double re = real(complex_obj3);
```
```
double im = imag(complex_obj3);
```
complex 类支持 4 种复合赋值操作符：加赋值（+=）、减赋值（-=）、乘赋值（*=）以及除赋值（/=）。

（4）复数的输入/输出。

复数的输入/输出和基本数据类型数据的输入/输出一样，使用 cin、cout 对象完成。例如：
```
cin >> a >> b >> c;                          //复数输入,这里 a、b、c 为复数变量
```
下列任何一种数值表示格式都可以被读作复数：
```
3.14159               //复数的有效输入格式,3.14159→complex(3.14159)
(3.14159)             //复数的有效输入格式,(3.14159)→complex(3.14159)
(3.14,-1.0)           //复数的有效输入格式,(3.14,-1.0)→complex(3.14,-1.0)
```
复数的输出格式是一个由逗号分隔的序列对，它们由括号括起，第 1 个是实部，第 2 个值是虚部，如例 2-22 的程序运行结果所示。

complex 类支持的其他复数运算包括 sqrt()、abs( )、sin( )、cos()、tan( )、exp( )、pow( ) 、log( )、log10( )等。

特别提醒：对于复数运算来说还有一类很重要的反三角函数、反双曲函数，C++标准库并未实现，可以从网上下载 Boost 库，在 Boost 库的 boost\math\complex 目录下可以找到实现。Boost 库是为 C++语言标准库提供扩展的一些 C++程序库的总称，由 Boost 社区组织开发、维护，可以与 C++标准库完美共同工作，并且为其提供扩展功能。

2.4　C++程序的编写和实现

C++程序的实现与 C 语言程序实现的过程是一样的，程序从编写到最终调试运行、输出结果要经历以下步骤。

1. 用 C++语言编写程序

用 C++语言编写的程序称为"源程序"，源程序文件的后缀是".cpp"。C++源程序文件是纯文本的文件，可以使用任何的文本编辑器进行编辑。但是为了提高编写程序的效率和降低出错的机率，还是建议使用较好的源程序编辑软件或集成开发环境。

2. 对源程序进行编译

C++源程序是符合 C++语言的语法的，用符号代表了操作和运算，程序员可以很直观地理解程序要实现什么功能。可是计算机只能识别二进制的机器指令，而不能识别 C++语言的符号和指令，这样就必须使用 C++编译器将 C++源程序"翻译"成二进制的形式，和 C语言中一样，这样的二进制形式的程序称为"目标程序"，这个过程称为编译。

编译是以源程序文件为单位进行的，如果一个大型的系统有多个源程序文件，则编译后生成多个目标程序。目标程序的后缀是".obj"。编译过程主要是对源程序进行词法检查和语法检查，词法检查主要是检查源程序中单词的拼写是否有错，语法检查主要是根据源程序的上下文检查程序的语法是否有错。编译结束后如果有错误编译就不成功，并给出出错信息。编译

出错的信息有两种,一种是警告,另一种是错误。警告是不影响程序运行的轻微错误或违反某些惯例的用法,系统在编译时给指出警告的代码位置,同时生成目标文件。编译出现错误则不能生成目标程序,必须改正错误后再重新编译。

3. 对目标程序进行连接

编译通过后,得到一个或多个目标程序,此时再用系统提供的连接程序(linker)将程序的所有目标程序和系统用到的库文件及系统的其他信息连接起来,最终形成可执行的二进制文件,它的后缀是".exe",在 Windows 下是可以直接执行的。

4. 运行调试程序

生成可执行文件后可以执行它,得到运行结果。这个时候需要对结果的正确性进行分析、验证,来保证程序的正确性。虽然程序经过了词法检查和语法检查,但是并不能检查出程序的逻辑错误,即程序的语义错误。通过运行程序输入一些数据检查输出结果是否正确。如果输出结果与预期不同,则需要调试程序,调试的手段有设置断点、单步执行、观察内存单元的值等手段。发现错误并修改源程序后,重复对源程序进行编译、连接与执行的过程。

可以使用不同的 C++编译系统,在不同的环境下编译和运行一个 C++程序,如 GCC、Visual C++、C++ Builder 和 Dev-C++等。这些集成开发环境都将程序的编译、连接和执行集成到了一起,使用起来非常方便。建议大家不要只会使用一种 C++编译系统,只能在一种环境下工作,而应当能在不同的 C++环境下运行自己的程序,并且了解不同的 C++编译系统的特点和使用方法,在需要时能将自己的程序方便地移植到不同的平台上。

习　题

一、简答题

1. 直接常量与常变量有什么区别？使用常变量有哪些好处？

2. 读下面的程序,分析程序能不能执行,如有错误将错误行注释后再执行,结果是什么？为什么？

```cpp
#include <iostream>
using namespace std;
int main( )
{   int x = 100;
    void * p = &x;
    cout<<" * p = "<< * p<<endl;
    cout<<" * p = "<< * (char * )p<<endl;
    cout<<" * p = "<< * (int * )p<<endl;
    cout<<" * p = "<< * (float * )p<<endl;
    cout<<" * p = "<< * (double * )p<<endl;
    return 0;
}
```

3. 什么是名字空间？名字空间的作用是什么？如何使用名字空间？

4. 简述 C++程序的编写与实现过程。

二、编程题

1. 编写程序，分别使用库函数 scanf、输入流对象 cin 完成从键盘读入一个字符送给变量 c，使用库函数 printf、输出流对象 cout 完成将变量 c 输出到屏幕上。要求写出：

（1）变量 c 的类型为 char 型时的程序；

（2）变量 c 的类型为 int 型时的程序；

（3）输出 c 的 ASCII 值的程序。

2. 编写程序输出自己所用 C++系统中各数据类型所占用的字节数。

3. 编写一个函数求 n 个整数中的最大数和最小数。要求分别使用下面两种形式的形参实现：

（1）使用指针形参；

（2）使用引用形参。

4. 编写程序，实现一组数的升序排序，分别考虑整数、单精度浮点数、字符型数据、字符串数据。要求用重载函数实现。

5. 使用指针实现如下功能：从键盘接收一个字符串，然后将字符串中的字符按照从小到大的顺序输出。

6. 编写一个函数实现如下功能：通过函数的参数传递一个字符串，统计字符串中字母的个数、数字的个数和其他符号的个数。

第3章 类与对象

在本章我们将学习到 C＋＋中类与对象的概念与使用。类是 C＋＋的精髓,是进行封装和数据隐藏的工具,对象是类的实例。封装是面向对象程序设计的一个重要特征,在面向对象中封装就是把描述对象属性的数据和加工处理这些数据的操作放在同一对象中,并使得对数据的访问处理只能通过对象本身来进行,程序的其他部分不能直接访问和处理对象的私有数据。封装相对于 C 语言中的局部变量、结构体等更好地实现了信息隐藏,在程序设计时应充分、合理地运用面向对象的封装机制。

通过本章的学习,我们可以编写出基于对象的 C＋＋程序。基于对象的 C＋＋程序以类和对象为基础,程序的操作是围绕对象进行的。在此基础上利用继承机制和多态性,就成为面向对象的程序设计(有时不区分基于对象的程序设计和面向对象的程序设计,而把二者合称为面向对象的程序设计)。

3.1 类的声明和对象的定义

在基于对象的 C＋＋程序中是一个一个的对象在运行,而对象是由类实例化而得到的,在实际开发过程中是针对类进行编程的,因此首先要正确地理解类和对象的概念以及类和对象的关系。

3.1.1 类和对象的概念及其关系

在第 1 章 1.2 节中已经较详细地讨论了面向对象的基本概念,此处不再赘述。下面回顾一下对象和类的概念及其关系。

1. 对象

对象就是封装了数据及在这些数据之上的操作的封装体,这个封装体有一个名字标识它,而且可以向外界提供一组操作(或服务)。

2. 类

类是对具有相同属性和操作的一组对象的抽象描述。

3. 类和对象的关系

类代表了一组对象的共性和特征,类是对象的抽象,即类忽略对象中具体的属性值而只保留属性。而对象是对类的实例化,即将类中的属性赋以具体的属性值得到一个具体的对象。类和对象的关系就像图纸和房屋的关系,类就像图纸,而对象就好比按照图纸建造的房屋。

一般在介绍类和对象时都是从对象开始，先引入对象的概念然后再讨论类的概念。而在程序设计中需要程序员先设计好类，然后在程序中再定义这些类的对象。

总之，类是抽象的，在 C++中它是一种自定义的数据类型，而对象是具体的，在 C++中它是"类"类型的变量，定义后系统是要为对象分配内存空间的。在进行基于对象和面向对象的程序设计时一定要搞清楚类和对象的概念及它们之间的关系。

3.1.2 类的声明

在 C++中，类是一种用户自定义的数据类型，下面先来看声明类的一般形式：

```
class 类名
{public:
    公用成员
    …
protected:
    受保护成员
    …
private:
    私有成员
    …
};
```

在声明类的一般形式中，class 是声明类的关键字，后面跟着类名。花括号里是类的成员的声明，包括数据成员和成员函数。花括号后面要有分号，这个细节一定要注意。成员的可访问性分为 3 类：公用的（public）、受保护的（protected）和私有的（private）。其中关键字 public、protected 和 private 称为成员访问限定符，后面加上冒号。由访问限定符限定它后面的成员的访问属性，直到出现下一个访问限定符或者类声明结束为止。访问属性为公用的成员既可以被本类的成员函数访问，也可以在类的作用域内被其他函数访问。访问属性为受保护的成员可以被本类及本类的派生类的成员函数访问，但不能被类外访问。访问属性为私有的成员只能被本类的成员函数访问而不能被类外访问（类的友元例外）。

在声明类时，这 3 种访问属性的成员的声明次序是任意的，并且在一个类的声明中这 3 种访问属性不一定全部都出现，可能只出现两种或一种。某个成员访问限定符在一个类的声明中也可以出现多次，无论出现几次，成员的访问属性都是从一个成员访问限定符出现开始，到出现另一个成员访问限定符或类声明结束为止。如果在类声明的开始处没有写出成员访问限定符，则默认的成员访问属性是私有的。注意，为了使程序更清晰、更易读，应该养成这样的习惯：即每一种成员访问限定符在类的声明中只出现一次。

关于 3 种成员访问限定符出现的顺序问题，从语法上说无论谁在前谁在后效果都是完全一样的。但是传统的编程习惯是先出现私有成员，后出现公用成员。现在又提出新的顺序是先写公用成员，后写私有成员，这样做的好处是可以突出能被外界访问的公用成员。这只是习惯问题，也不必强求。

【例 3-1】 声明一个学生类，要求包括学生的学号、姓名、性别等信息，并且能够显示学生的信息。

```
class Student                    //声明学生类 Student
{public:                         //以下部分为学生类 Student 的公用成员函数
```

```
    void Show( )
    {   cout<<"No.："<<stuNo<<endl;
        cout<<"Name："<<stuName<<endl;
        cout<<"Sex："<<stuSex<<endl;
    }
private:                                //以下部分为学生类 Student 的私有数据成员
    string stuNo;
    string stuName;
    string stuSex;
};                                      //类声明结束,此处必须有分号
```

例 3-1 中的学生类的学号、姓名、性别等信息都声明为私有的,这些信息在类外是不能够直接访问的,这样就可以保证数据的安全性。Show 函数是公用成员函数,在类外可以通过该函数来显示学生的信息。这样,一方面外界可以实现显示学生信息的功能,另一方面显示学生信息的格式是统一的。

3.1.3　对象的定义

声明完类之后,就可以使用类来定义对象了,这个过程称为实例化。下面的语句:

```
Student zhang, wang;
```

定义了两个 Student 类对象 zhang 和 wang。zhang 和 wang 具有相同的属性和操作,只不过它们的数据成员的值不同而已。

除了这种定义对象的形式之外,C++还兼容 C 语言的定义形式:

```
class Student zhang, wang;
```

这种形式和第一种形式是完全等效的,显然第一种形式更加简便,所以将来遇到或使用最多的就是第一种形式。

除了这种先声明类,然后根据类名再定义对象的方式之外,还有在声明类的同时定义对象和定义无名类对象的形式。

1. 在声明类的同时定义对象

【例 3-2】　在声明例 3-1 的学生类的同时定义两个对象 zhang 和 wang。

```
class Student
{public:
    void Show( )
    {   cout<<"No.："<<stuNo<<endl;
        cout<<"Name："<<stuName<<endl;
        cout<<"Sex："<<stuSex<<endl;
    }
private:
    string stuNo;
    string stuName;
    string stuSex;
}zhang, wang;
```

其实这种形式的定义在 C 语言的结构体定义中也出现过,在实际的应用过程中并不太常用,只需要了解这种定义对象的形式即可。

2. 不出现类名，直接定义对象

【例 3-3】 直接定义无类名的类对象。

```
class
{public：
    void Show( )
    {   cout<<"No.："<<stuNo<<endl;
        cout<<"Name："<<stuName<<endl;
        cout<<"Sex："<<stuSex<<endl;
    }
private：
    string stuNo;
    string stuName;
    string stuSex;
}zhang, wang;
```

可以看到，它和例 3-2 的区别就是去掉了类名，这样 zhang 和 wang 两个对象是同一个类的对象，但是不知道它们所属类的名字。这种方式也不常用，只需知道有这种定义对象的形式就可以了。

> 声明类时系统并不分配内存单元，而定义对象时系统会给每个对象分配内存单元，以存储对象的成员。

3.2　类的成员函数

类中有两类成员，一类是数据成员，用来描述对象的静态属性；另一类是成员函数，用来描述对象的动态行为。下面讨论类的成员函数的相关问题。

3.2.1　成员函数的性质

类的成员函数是引入类和对象之后出现的新的函数，原来的函数是不属于任何类的，可以称之为普通函数（或一般函数）。成员函数的定义和用法与普通函数的定义与用法基本一样，定义形式也是：

```
返回值类型 函数名(参数表)
{
    函数体
}
```

它与普通函数的区别在于：成员函数是属于某个类的，是类的一个成员，它定义在类的内部。成员函数可以被指定为公用的、受保护的或私有的。在类外调用成员函数时要注意它的访问属性，公用的成员函数才可以被类外任意的调用，私有成员函数在类外是看不到的。成员函数可以访问本类的任何成员，不管它的访问属性是公用的、私有的，还是受保护的，可以访问本类的数据成员，也可以调用本类的其他成员函数。

对于类的成员函数，一般的做法是将需要被类外调用的成员函数声明为公用的，不需要被类外调用的成员函数声明为私有的。有的成员函数并不是为外界调用而设计的，而是为本类中的其他成员函数所调用的,就应该把它们指定为私有的。

类中的公用的成员函数是类的很重要的部分,这些成员函数称为是类的对外接口。如果一个类的数据成员都是私有的,而类中又没有公用的成员函数,这种类是没有办法和外界进行交流的,这种类也是没有意义的。如果类的数据成员都是公用的,则类就失去了信息隐藏的功能,退变成类似结构体的功能,体现不出面向对象的思想。例 3-1 的 Student 类的 Show 函数就是一个公用成员函数,是类的对外接口。

3.2.2 在类外定义成员函数

例 3-1 的 Student 类的 Show 函数是在类体中定义的。但在实际的应用中,一般在类的声明中只给出成员函数的原型声明,而成员函数的定义则在类外进行。

C++要求成员函数在类外定义时,在函数名的前面要加上类名和作用域运算符进行限定。

【例 3-4】 将例 3-1 中的 Student 类的成员函数改为在类外定义的形式。

```
class Student                          //声明学生类 Student 类型
{public:                               //以下部分为学生类 Student 的公用成员函数
    void Show( );
private:                               //以下部分学生类 Student 的私有数据成员
    string stuNo;
    string stuName;
    string stuSex;
};                                     //类声明结束
void Student::Show( )                  //在类的声明之外定义学生类 Student 的 Show 成员函数
{   cout<<"No. :"<<stuNo<<endl;
    cout<<"Name:"<<stuName<<endl;
    cout<<"Sex :"<<stuSex<<endl;
}
```

如果成员函数放在类内进行定义,这时是不需要加上类名进行限定的,因为在类内的成员函数属于哪个类是很显然,不会出现歧义。

注意:

(1)成员函数在类内定义或是在类外定义,对程序执行的效果基本一样。只是对于较长的成员函数放在类外更有利于读程序;

(2)在类外定义成员函数时,必须首先在类内写出成员函数的原型声明,然后再在类外定义,这就要求类的声明必须在成员函数定义之前;

(3)如果在类外有函数定义,但是在函数名前没有类名和作用域运算符进行限定,则该函数被认为是普通函数;

(4)如果成员函数的函数体很短,如只有两三行,也可以将其定义在类内;

(5)在类内声明成员函数,在类外定义成员函数,是软件工程中要求的良好的编程风格,因为这样做不仅可以减少类体的长度,而且有利于把类的接口和类的实现细节分离。

3.2.3 inline 成员函数

要理解什么是 inline 成员函数,先看看什么是 inline 函数。inline 函数又称为内置函数或内联函数,该方法的思想是在编译时将被调用函数的代码直接嵌入到调用函数处。

由于 inline 函数的机制是在编译时将被调用函数的代码嵌入到主调用函数的调用语句处,所以程序员在读程序时仍可以感觉到函数带来的模块性、可读性及代码重用等函数的优点,而在编译之后,在目标程序中就不再存在被调用函数了,被调用函数的代码已经被插入到了调用语句处,提高了程序的执行效率。可以看到,inline 函数的机制兼顾了函数和效率两个方面的优点。

同理,inline 成员函数就是将类中的成员函数声明为内置的。在类中有不少成员函数的函数体都很小,只有几行代码,这时函数调用的时间开销是非常明显的。为了降低函数调用的时间开销,C++采用内置成员函数的机制,即在函数调用时并不是真正的函数调用,而是将函数的代码嵌入到程序中的函数调用处。

当类中的成员函数是在类内定义时,C++系统会默认该成员函数是 inline 成员函数,此时不必在函数定义前面加上 inline 关键字,如果写上 inline 也是可以的。如前面的例 3-1 中的 Show 函数的定义就在 Student 类的内部,虽然 Show 函数前面没有 inline 关键字,系统也会使用 inline 成员函数的机制去处理。

如果成员函数定义在类的外部,类内只有成员函数的声明,则在成员函数声明或成员函数定义前必须要有 inline 关键字。成员函数声明和成员函数定义这两处只要有一处声明为 inline 即可,都写上 inline 关键字也可以。但是这时要注意,如果在类外定义 inline 成员函数,则必须将类的声明和 inline 成员函数的定义写在同一个文件里,否则编译时无法进行 inline 成员函数代码的嵌入。这样的话就使得类的接口与类的实现无法分离,不利于信息隐藏。

inline 成员函数同样要求成员函数体要简单且调用频繁,如果成员函数体中含有循环或复杂的嵌套的选择结构时,不能声明为 inline 成员函数。

3.2.4 成员函数的存储方式

在实例化类得到对象时,系统要给对象分配存储空间,数据和函数都是需要存储空间的。一个类的不同对象其数据成员的值是不一样的,因此必须为每一个对象的数据成员分配存储空间,但是同一个类的不同对象的函数的代码却是相同的,这时再对每一个对象的函数代码分配内存空间,则会造成存储空间的浪费,是没有必要的。所以 C++为类的对象分配内存空间时只为对象的数据成员分配内存空间,而将对象的成员函数放在另外一个公共的区域,无论这个类声明多少个对象,这些对象的成员函数在内存中只保存一份。

可以通过如下程序验证上述观点。

【例 3-5】 类的对象占用内存空间情况实验。

```
#include <iostream>
using namespace std;
class Test
{public:
    void Show( ){  cout<<"char in Test is: "<<c<<endl;  }
private:
    char c;
};
int main( )
```

```
{   Test test;
    cout<<"Size of Test is "<<sizeof(test)<<endl;
    return 0;
}
```

程序运行结果如下：

Size of Test is 1

程序中的 sizeof 是长度运算符，用来获得数据类型或变量的长度。可以看到程序运行后的输出结果是1，这个长度刚好是 Test 类中字符型数据成员 c 所需空间的大小，这也就验证了对象所占空间大小取决于对象的数据成员，与成员函数无关。

既然同一个类的不同对象所用的成员函数是公共的，也就是执行的代码是相同的，为什么执行的结果会不同呢？

【例 3-6】 相同类的不同对象执行相同成员函数输出不同结果。

```
#include <iostream>
using namespace std;
class Test
{public:
    void Set(char ch) {   c = ch;   }
    void Show( ){   cout<<"char in Test is："<<c<<endl;   }
private:
    char c;
};
int main( )
{   Test test1, test2;
    test1.Set('a');
    test2.Set('b');
    test1.Show( );
    test2.Show( );
    return 0;
}
```

程序运行结果如下：

char in Test is：a

char in Test is：b

从程序中可以看到，对象 test1 和 test2 都执行了 Show 成员函数，两个对象执行的代码都是"cout<<"char in Test is："<<c<<endl;"，为什么输出结果却是不同的呢？其实，两个对象执行的代码中访问的数据成员是不一样的，不同对象成员函数中访问的数据成员都是对象自己的，那么又怎么实现不同对象的相同的代码访问不同的对象的数据成员呢？C++利用隐藏的 this 指针，this 指针隐藏的指向调用该成员函数的对象的地址，而代码中的访问数据成员的变量名前面实际上是有 this 指针的，只不过没有显式的写出来，即代码行"cout<<"char in Test is："<<c<<endl;"实际上是"cout<<"char in Test is："<<this->c<<endl;"。当用 test1 对象调用 Show 函数时，this 指针就指向 test1 对象；当用 test2 对象调用 Show 函数时，this 指针就指向 test2 对象。关于 this 指针在后面还会有详细的讨论。

3.3　对象成员的访问

如何在类外对对象中的公用成员进行访问？方法主要有 3 种：

（1）通过对象名和成员运算符访问对象中的成员。

（2）通过指向对象的指针访问对象中的成员。

（3）通过对象的引用访问对象中的成员。

3.3.1　通过对象名和成员运算符访问对象中的成员

通过对象名和成员运算符访问对象中的成员的一般形式为：

对象名.成员名

其中的"."是成员运算符，作用是对成员进行限定，指明成员是属于哪个对象的成员。因此，在使用对象的成员时一定要写清楚成员所属的对象，如果只写成员名，系统则会误认为是一个普通的变量或函数。例如，在例 3-6 中 main 函数里的"test1. Show( );"语句就是访问 test1 对象的公用成员函数 Show。

> 通过对象名和成员运算符访问对象中的成员可以是公用的数据成员，也可以是公用的成员函数，无论是数据成员还是成员函数，要求其访问属性必须是公用的。

3.3.2　通过指向对象的指针访问对象中的成员

通过指向对象的指针访问对象中的成员可以通过 C++的"－＞"运算符方便直观地进行，"－＞"称为指向运算符，该运算符可以通过指向对象的指针访问对象的成员。

【例 3-7】　通过指向对象的指针访问对象中的成员。

```cpp
#include <iostream>
using namespace std;
class Test
{public:
    void Set(char ch) {  c = ch;  }
    void Show( ){  cout<<"char in Test is:"<<c<<endl;  }
private:
    char c;
};

int main( )
{   Test test1;
    test1.Set('a');
    Test * pTest = &test1;
    test1.Show( );
    pTest ->Show( );
    return 0;
}
```

程序运行结果如下：

char in Test is：a

char in Test is：a

从例 3-7 中可以看到"test1.Show( )；"的效果和"pTest－＞Show( )"的效果完全一样，pTest－＞Show( )表示调用 pTest 指针当前指向对象(例子中是 test1 对象)中的成员函数 Show。另外，除这种形式外，(＊pTest).Show( )是另外一种通过指针访问其所指向对象成员的形式，因为(＊pTest)就是指针所指向的对象，针对本例，(＊pTest)就是 test1 对象，(＊pTest).Show( )就等价于 test1.Show( )。总之，在 pTest 指向 test1 对象的情况下，pTest－＞Show( )、(＊pTest).Show( )和 test1.Show( )三种形式是等价的。

3.3.3 通过对象的引用访问对象中的成员

对象的引用和普通变量的引用在本质上是一样的，对象的引用就是给对象起了一个别名，使用引用名和使用对象名访问的都是同一个对象。因此，通过引用访问对象中的成员的概念和方法与通过对象名来访问对象中的成员是完全相同的。

【例 3-8】 通过对象的引用访问对象中的成员。

```
# include ＜iostream＞
using namespace std;
class Test
{public：
    void Set(char ch) {  c = ch；  }
    void Show( ) {   cout＜＜"char in Test is："＜＜c＜＜endl；   }
private：
    char c；
};
int main( )
{   Test test1；
    test1.Set('a')；
    Test &refTest = test1；
    test1.Show( )；
    refTest.Show( )；
    return 0；
}
```

程序运行结果如下：

char in Test is：a

char in Test is：a

3.4 构造函数与析构函数

3.4.1 构造函数

1. 构造函数的作用

构造函数是类的一个特殊的成员函数，构造函数的作用是在创建对象时对对象的数据成员进行初始化。看下面的例子。

【例 3-9】 构造函数举例。

```cpp
#include<iostream>
using namespace std;
class Box                        //声明长方体类 Box
{public:
    Box()                        //定义 Box 类构造函数,构造函数名与类名相同
    {
        length = 1; width = 1; height = 1;   //利用构造函数对数据成员赋初值
        cout<<"Box's constructor is executed!"<<endl;
    }
    void Show()
    {   cout<<"length:"<<length<<endl;
        cout<<"width:"<<width<<endl;
        cout<<"height:"<<height<<endl;
    }
private:
    float length, width, height;
};
int main()
{   Box box1;                    //创建 Box 类对象 box1
    cout<<"The information of box1 is:"<<endl;
    box1.Show()
    Box box2;                    //创建 Box 类对象 box2
    cout<<"The information of box2 is:"<<endl;
    box2.Show()
    return 0;
}
```

程序运行结果如下：

```
Box's constructor is executed!
The information of box1 is:
length:1
width:1
height:1
Box's constructor is executed!
The information of box2 is:
length:1
width:1
height:1
```

由于在 main 函数中创建了类 Box 的两个对象 box1、box2,因此类 Box 的构造函数被调用了两次。

构造函数不仅具有成员函数的特性,而且还具有它自身的特点。对构造函数总结如下。

（1）构造函数与类名相同,且没有返回值,在定义构造函数时在函数名前什么也不能加

（加 void 也不可以）。

（2）构造函数不需要用户调用，它是由系统在创建对象时自动调用的。鉴于此，构造函数要声明为 public 访问属性的。

（3）构造函数的作用是在创建对象时对对象的数据成员进行初始化，一般在构造函数的函数体里写对类对象的数据成员初始化的语句，但是也可以在其中加上和初始化无关的其他语句。这虽然在语法上没有错误，但是在实际编程中不提倡这样做。例 3-9 中的构造函数的函数体中的输出语句只是为了演示构造函数的执行时机，除此之外，没有其他任何用途。

（4）C++系统在创建对象时必须执行一个构造函数，否则系统无法创建对象。如果用户自己没有定义构造函数，则 C++系统会自动提供一个构造函数，称之为默认的构造函数，这个构造函数没有函数体，没有参数，不能进行初始化操作。鉴于此，为了能在创建类对象时能对对象的数据成员进行正确的初始化，都应该自己定义构造函数。但是，只要定义了一个构造函数，系统就不会再自动提供上述默认构造函数。

注意：类是一种抽象的自定义数据类型，它并不占用内存空间，所以不能在类内对数据成员进行初始化。如下的初始化形式是错误的：

```
class Box
{  ...
private:
    int length = 0;   //错误，不能在类内对数据成员进行初始化
    ...
};
```

2. 带参数的构造函数

前面的例 3-9 中构造函数是不带参数的，在函数体里使用直接常量给类对象的数据成员初始化，这样使得该类的所有对象都得到相同的一组初值。有时可能希望对不同的对象赋予不同的初值，这就需要使用带参数的构造函数，在调用不同对象的构造函数创建对象时，从外面将不同的数据传递给构造函数，实现不同的初始化。

带参数的构造函数声明的一般格式为：

构造函数名（参数表）；

这里的参数表和普通函数的参数表是一样的，由参数类型和形参名组成，多个形参之间通过","分隔。

实参是在定义对象时给出的，一般格式如下：

类名 对象名（实参表）；

这里的实参表的参数的类型和个数要和形参表里的对应起来。

【例 3-10】 定义两个长方体，分别求出它们的体积。这两个长方体的长宽高分别是 4、2、3 和 5、1、2。

```
# include <iostream>
using namespace std;
class Box                          //声明长方体类 Box
{public:
    Box(float L, float W, float H)      //带有 3 个形参的构造函数
    {  length = L;   width = W;    height = H;  }
    float Volume( ) {   return length * width * height;  }
```

```
private:
    float length, width, height;
};
int main( )
{   Box box1(4, 2, 3);                    //创建对象时给出实参
    Box box2(5, 1, 2);
    cout<<"The volume of box1 is "<<box1.Volume( )<<endl;
    cout<<"The volume of box2 is "<<box2.Volume( )<<endl;
    return 0;
}
```

程序运行结果如下：

The volume of box1 is 24

The volume of box2 is 10

在例 3-10 程序中，创建了两个 Box 类的对象 box1 和 box2，在创建这两个对象时都提供了实参，不同的实参值创建了两个数据成员值不同的 Box 类对象，执行这两个对象的 Volume 函数输出结果也不一样。这种带参数的构造函数形式可以方便地实现对不同对象进行不同的初始化。

3. 构造函数与参数初始化表

在例 3-10 程序中，在构造函数的函数体内通过赋值语句对数据成员实现初始化，除这种方式之外，C++还提供了另一种初始化数据成员的方法——参数初始化表。这种方法不在构造函数的函数体内对数据成员初始化，而是在函数的首部实现。

【例 3-11】 将例 3-10 中在构造函数的函数体内通过赋值语句对数据成员进行初始化，改为使用参数初始化表的方式。

```
#include <iostream>
using namespace std;
class Box
{public:
    //使用参数初始化表的构造函数
    Box(float L, float W, float H): length(L), width(W), height(H){ }
    float Volume( ){   return length * width * height;   }
private:
    float length, width, height;
};
```

用参数初始化表初始化数据成员的方法方便、简练，尤其当需要初始化的数据成员较多时更显其优越性。甚至可以直接在类体中（而不是在类外）定义构造函数。

4. 构造函数重载

构造函数作为一种特殊的成员函数，它也是函数，可以对构造函数进行重载。在类中定义多个构造函数，这些构造函数具有相同的函数名（都与类名同名），而参数表中参数的个数或类型不同，这样就相当于给类实例化对象时提供了不同的初始化方法，这种现象称为构造函数重载。

【例 3-12】 构造函数重载。

```
#include <iostream>
using namespace std;
class Box
{public:
    Box( )                          //无参数的构造函数
    {   length = 1;  width = 1;  height = 1;   }
    Box(float L, float W, float H)      //带有 3 个形参的构造函数
    {   length = L;  width = W;  height = H;   }
    float Volume( ){   return length * width * height;   }
private:
    float length, width, height;
};
int main( )
{   Box box1(4, 2, 3);              //调用带有 3 个形参的构造函数创建对象
    Box box2;                       //调用没有参数的构造函数创建对象
    cout<<"The volume of box1 is "<<box1.Volume( )<<endl;
    cout<<"The volume of box2 is "<<box2.Volume( )<<endl;
    return 0;
}
```

程序运行结果如下：

The volume of box1 is 24

The volume of box2 is 1

在类 Box 中定义了两个构造函数，一个带有 3 个参数，另一个则没有参数。创建对象 box1 时给出了 3 个实参，系统会自动调用带有 3 个参数的构造函数创建对象；创建对象 box2 时没有给出实参，系统自动调用没有参数的构造函数创建对象。这样就可以很方便地创建具有不同数据成员值的类对象。

注意：

（1）前面曾提到：如果在类的声明中没有书写构造函数，系统会自动生成一个无参的、函数体为空的默认构造函数。系统自动生成的默认构造函数起不到初始化的作用，只是在形式上保证创建对象时必须有构造函数。例 3-12 中自己写的无参的构造函数也称为默认构造函数，和系统自动生成的默认构造函数不同的是自己写的默认构造函数是可以有函数体的，可以使用固定的值去初始化对象的数据成员。

（2）一旦写了一个构造函数，系统就不会再生成默认构造函数，因此在程序中定义对象时一定要注意类中有几个构造函数，它们要求的参数分别是什么样的，如果创建对象时给出的参数表和所有的构造函数的参数表都不符合，则系统无法创建对象。在设计类时，应尽可能考虑将来创建对象的各种情况，写出多个构造函数。虽然构造函数有多个，但是在创建一个对象时，系统只调用其中的一个。

（3）使用参数实例化对象时的格式是"类名 对象名（实参表）；"，而使用默认构造函数实例化对象时的格式是"类名 对象名；"，这时若在对象名后加括号则是错误的。如例 3-12 中对 box2 对象的定义时，如果写成"Box box2( )；"，则是错误的。

3.4.2　析构函数

析构函数是和构造函数相对的另一个类的特殊成员函数，它的作用与构造函数正好相反。

析构函数的作用是在系统释放对象占用的内存之前进行一些清理工作。

析构函数的函数名是固定的，由"～"加上"类名"组成。析构函数没有返回值，即使 void 类型的返回值也不行。析构函数没有参数，因此析构函数无法重载。一个类可以有多个构造函数，但是只能有一个析构函数。如果没有自己写出析构函数，系统会自动生成一个析构函数，自动生成的析构函数没有函数体，不执行任何实际意义的清理工作，只是在形式上满足析构函数的要求。

析构函数在对象生命周期结束时由系统自动调用。对象结束生命周期主要有两种情况，一种是通过类定义的对象，程序执行已经达到对象的生命周期的最后，系统会自动的释放该对象，在释放对象之前自动执行析构函数；另一种情况是在程序中使用 new 运算符动态建立的对象，当遇到 delete 运算符释放该对象之前由系统自动执行析构函数。

注意，析构函数的作用不是释放对象，释放对象是由系统来进行的，而是在系统释放对象之前进行一些清理工作，把对象所占用的额外内存空间归还给系统，但实际上析构函数里可以写任何的代码，可以执行用户在系统释放对象之前所希望执行的任何操作，比如常见的输出被释放对象的相关信息等。

【例 3-13】 带有析构函数的长方体类。

```cpp
# include <iostream>
using namespace std;
class Box
{public:
    Box( )                          //无参数的构造函数
    {   length = 1;   width = 1;   height = 1;   }
    Box(float L, float W, float H)   //带有 3 个形参的构造函数
    {   length = L;   width = W;   height = H;   }
    float Volume( ){   return length * width * height;   }
    ～Box( )                          //析构函数
    {   //在析构函数中增加输出，当释放对象时会输出所释放对象的相关信息
        cout<<" Box("<<length<<","<<width<<","<<height<<")";
        cout<<" is destructed!"<<endl;
    }
private:
    float length, width, height;
};
int main( )
{   Box box1(4, 2, 3);               //调用带有 3 个参数的构造函数创建对象
    Box box2;                        //调用没有参数的构造函数创建对象
    cout<<"The volume of box1 is "<<box1.Volume( )<<endl;
    cout<<"The volume of box2 is "<<box2.Volume( )<<endl;
    return 0;
}
```

程序运行结果如下：

```
The volume of box1 is 24
The volume of box2 is 1
```

```
Box(1, 1, 1) is destructed!!
Box(4, 2, 3) is destructed!
```

例 3-13 相对于例 3-12 而言增加了析构函数,析构函数的函数体很简单,是输出被释放对象的相关信息。程序运行的结果前面两行和例 3-12 的结果完全相同,只是多了两行,显然,这是因为调用了两次析构函数。在 main 函数里创建了两个对象 box1 和 box2,当 main 函数执行完毕时,系统会自动释放这两个对象,在释放它们之前系统自动调用这两个对象的析构函数。从运行结果看,box2 对象的析构函数首先被执行,box1 对象的析构函数后被执行,由此可以断定系统首先释放的是 box2 对象,后释放的是 box1 对象。下面详细讨论构造函数和析构函数的调用次序问题。

3.4.3 构造函数和析构函数的调用次序

构造函数和析构函数在面向对象的程序设计中是相当重要的,搞清楚相关的概念及调用的时间及顺序是非常必要的。那么 C++调用构造函数和析构函数的次序是什么样的呢? 先来看一个例子。

【例 3-14】 验证构造函数和析构函数的调用次序。

```cpp
#include <iostream>
using namespace std;
class Box
{public:
    Box( )                            //无参数的构造函数
    {  length = 1;  width = 1;  height = 1;
        cout<<"Box("<<length<<","<<width<<","<<height<<")";
        cout<<" is constructed!"<<endl;
    }
    Box(float L, float W, float H)    //带有参数的构造函数
    {  length = L;  width = W;  height = H;
        //在构造函数中增加输出,当创建对象时会输出所创建对象的相关信息
        cout<<"Box("<<length<<","<<width<<","<<height<<")";
        cout<<" is constructed!"<<endl;
    }
    float Volume( ){  return length * width * height;  }
    ~Box( )
    {  //在析构函数中增加输出,当释放对象时会输出所释放对象的相关信息
        cout<<" Box("<<length<<","<<width<<","<<height<<")";
        cout<<" is destructed!"<<endl;
    }
private:
    float length, width, height;
};
int main( )
{  Box box1(4, 2, 3);                 //调用带有 3 个形参的构造函数创建对象
    Box box2;                         //调用没有参数的构造函数创建对象
    cout<<"The volume of box1 is "<< box1.Volume( )<<endl;
```

```
        cout<<"The volume of box2 is "<<box2.Volume( )<<endl;
        return 0;
}
```

程序运行结果如下：

Box(4，2，3) is constructed!

Box(1，1，1) is constructed!

The volume of box1 is 24

The volume of box2 is 1

Box(1，1，1) is destructed!!

Box(4，2，3) is destructed!

构造函数和析构函数的执行都是由系统自动完成的，当创建对象时系统自动调用构造函数，当释放对象时系统自动调用析构函数。程序的 main 函数中首先定义了长、宽、高分别为4、2、3 的长方体对象 box1，创建 box1 对象时系统自动调用带有 3 个形参的构造函数，输出"Box(4，2，3) is constructed!"信息。然后又创建了长方体对象 box2，由于没有实参，所以系统会调用无形参的构造函数，输出"Box(1，1，1) is constructed!"信息。接着是调用 box1 和 box2 对象的 Show 函数，输出"The volume of box1 is 24"和"The volume of box1 is 1"信息。main 函数运行完毕时，系统会自动释放前面声明的对象，这时系统会调用对象的析构函数。从运行结果可以看出析构函数的调用顺序，和调用构造函数的顺序刚好相反，后创建的 box2 对象的析构函数先被执行，先创建的 box1 对象的析构函数后被执行。所以，在同一作用域范围内，构造函数和析构函数的调用顺序可以简单地记为：先构造的后析构，后构造的先析构，和栈处理数据的过程一样。

上述调用构造函数和析构函数的顺序适用于同一作用域范围内的对象，总的原则就当创建对象时调用构造函数，当释放对象时调用析构函数。创建对象是当程序执行到了非静态对象的定义语句或第一次执行到静态对象的定义语句。释放对象则是对象到了生命周期的最后时系统释放对象或通过 delete 运算符动态释放 new 运算符动态申请的对象。所以最终确定何时调用构造函数和析构函数要综合考虑对象的作用域、存储类别等因素，系统对对象这些因素的处理和普通变量是一样的。

下面对何时调用构造函数和析构函数的问题进行小结。

（1）在全局范围中定义的对象（即在所有函数之外定义的对象），它的构造函数在文件中的所有函数（包括 main 函数）执行之前调用。但如果一个程序中有多个文件，而不同的文件中都定义了全局对象，则这些对象的构造函数的执行顺序是不确定的。当 main 函数执行完毕或调用 exit 函数时（此时程序终止），调用析构函数。

（2）如果定义的是局部自动对象（如在函数中定义对象），则在创建对象时调用其构造函数。如果函数被多次调用，则在每次创建对象时都要调用构造函数。在函数调用结束、对象释放时先调用析构函数。

（3）如果在函数中定义静态（static）局部对象，则只在程序第一次调用此函数创建对象时调用构造函数一次，在调用结束时对象并不释放，因此也不调用析构函数，只在 main 函数结束或调用 exit 函数结束程序时，才调用析构函数。

构造函数和析构函数是类的两个特殊的且非常重要的成员函数，在设计一个类时，应尽可能考虑将来创建对象的各种情况，写出多个构造函数，而对于类的析构函数，如果该类不包含指向动态分配的内存的指针数据成员，则可以不写析构函数，如果该类包含指向动态分配的内存的指针数据成员,则必须写析构函数,在析构函数的函数体写出释放指针所指向内存空间的语句,否则会造成内存泄漏。

看下面的自定义字符串类 String。关于析构函数的其他注意事项,在本书第 5 章 5.4.2 节会继续将介绍。

```
class String                        //自定义字符串类
{public：
    String( )；                      //默认构造函数
    String(unsigned int)；           //带一个无符号整型形参的构造函数,传递字符串的长度
    String(char)；                   //带一个字符形参的构造函数,传递一个字符
    String(const char * src)；       //带一个字符指针形参的构造函数,传递一个字符串
    ～String( )；                     //析构函数
    char * ToString( ){  return str；}      //到普通字符串的转换
    unsigned int length( ){  return len；}   //求字符串的长度
private：
    char * str；                     //字符指针 str,将来指向动态申请到的存储字符串的内存空间
    unsigned int len；               //字符串的长度
}；
String：：String( )
{  len = 0；
    str = new char[len + 1]；         //指针 str 指向动态申请到的内存空间
    assert(str ! = NULL)；            //如果括号内表达式的值为假,则终止程序执行
    str[0] = '\0'；
}
//带一个无符号整型形参的构造函数,传递字符串的长度
String：： String(unsigned int size)
{  assert(size > = 0)；
    len = size；
    str = new char[len + 1]；
    assert(str ! = NULL)；
    for (unsigned int i = 0； i < len； i + +)   str[i] = '\0'；
}

String：：String(char c)            //带一个字符形参的构造函数,传递一个字符
{  len = 1；
    str = new char[len + 1]；
    assert(str ! = NULL)；
    str[0] = c；
    str[1] = '\0'；
}
String：： String(const char * src)   //带一个字符指针的构造函数,传递一个字符串
{  len = strlen(src)；
    str = new char[len + 1]；
    assert(str ! = NULL)；
    strcpy(str, src)；
}
```

在使用对象时系统会自动的调用构造函数和析构函数,可能在一般的情况下我们不会注

意到系统对它们的调用,但是如果在构造函数和析构函数中要实现比较重要的操作,这时就需要特别注意它们的调用时间和调用顺序,因为搞不清楚调用时间和调用顺序会无法确定程序运行的结果。

3.5　对象数组

对象数组和普通的数组没有本质的区别,只不过普通的数组的元素是简单变量,而对象数组的元素是对象而已。

对象数组在实际中主要用于系统需要一个类的多个对象的情况。比如学生信息管理系统中定义了学生类,则由学生类创建的一个对象只能代表学校里的一个学生。学校的学生很多,如果给每一个对象都起名字,则需要起很多的名字,程序实现起来非常麻烦。此时可以定义学生类对象数组,数组中的每一个元素都是学生类对象。假设已经声明了学生类 Student,现在要定义一个包含 100 个学生的数组,则声明的格式如下:

```
Student students[100];
```

从格式上可以看出声明对象数组和声明普通数组是相似的,只需要把普通数组的类型名换成类类型的名字即可。

在建立数组时,系统会自动调用每一个对象元素的构造函数,像上面声明了 100 个学生的学生数组,系统会调用 100 次学生类对象的构造函数。

【例 3-15】　创建含有 3 个长方体对象的对象数组,并显示长方体对象构造函数的调用情况。

```cpp
#include <iostream>
using namespace std;
class Box
{public:
    Box( )                          //无参数的构造函数
    {   length = 1;  width = 1;  height = 1;
        cout<<"Box("<<length<<","<<width<<","<<height<<")";
        cout<<" is constructed!"<<endl;
    }
    Box(float L, float W, float H)     //带有 3 个形参的构造函数
    {   length = L;  width = W;  height = H;
        cout<<"Box("<<length<<","<<width<<","<<height<<")";
        cout<<" is constructed!"<<endl;
    }
    float Volume( ){   return length * width * height;   }
    ~Box( )
    {   cout<<" Box("<<length<<","<<width<<","<<height<<")";
        cout<<" is destructed!"<<endl;
    }
private:
    float length, width, height;
```

```
};
int main( )
{    Box boxs[3];                      //创建含有 3 个元素的对象数组 boxs
     return 0；
}
```

程序运行结果如下：

```
Box(1, 1, 1) is constructed!
Box(1, 1, 1) is constructed!
Box(1, 1, 1) is constructed!
Box(1, 1, 1) is destructed!
Box(1, 1, 1) is destructed!
Box(1, 1, 1) is destructed!
```

　　从程序运行的结果分析，main 函数建立了长度为 3 的对象数组，因此系统调用了 3 次 Box 类的构造函数，创建对象数组的 3 个元素。由于在创建对象数组时没有给出初始值，则系统调用 Box 类的默认构造函数初始化数组中的对象元素。所以程序运行的结果为首先输出 3 行"Box(1, 1, 1) is constructed!"信息。main 函数建立好对象数组后接着就执行"return 0；"结束，此时系统会自动释放对象数组，同时释放对象数组的每个对象元素，在释放对象之前会调用对象的析构函数。所以系统会输出 3 行"Box(1, 1, 1) is destructed!"信息。

　　对象数组在建立时还可以给出实参以实现对数组元素进行不同的初始化。如果数组中的对象的构造函数只需要一个参数，则在定义数组的后面加上等号，然后再加上花括号括起来的实参表。假如 Student 类有只有一个整型参数的构造函数，这时可以使用如下形式的数组初始化形式：

```
Student students[3] = {100, 200, 300};
```

　　花括号里的 3 个实参分别传给数组的 3 个对象元素的构造函数作为实参，初始化 3 个不同的对象数组元素。

　　如果对象的构造函数需要多个参数，如 Box 类，则在初始化的花括号里要分别写明构造函数，并指定实参。

【例 3-16】　定义对象数组并初始化，观察对象数组建立的情况。

```
# include <iostream>
using namespace std;
class Box
{public：
    Box( )                            //无参数的构造函数
    {    length = 1；  width = 1；  height = 1；
         cout<<"Box("<<length<<", "<<width<<", "<<height<<")";
         cout<<" is constructed!"<<endl;
    }
    Box(float L, float W, float H)      //带有 3 个形参的构造函数
    {    length = L；  width = W；  height = H；
         cout<<"Box("<<length<<", "<<width<<", "<<height<<")";
         cout<<" is constructed!"<<endl;
    }
```

```
        float Volume( ){    return length * width * height;    }
        ~Box( )
        {    cout<<"Box("<<length<<","<<width<<","<<height<<")";
             cout<<" is destructed!"<<endl;
        }
private:
        float length, width, height;
};
int main( )
{    Box boxs[3] = {
        Box(1, 3, 5),
        Box(2, 4, 6),
        Box(3, 6, 9)
     };                              //创建含有 3 个元素的对象数组并初始化
     return 0;
}
```

程序运行结果如下：

```
Box(1, 3, 5) is constructed!
Box(2, 4, 6) is constructed!
Box(3, 6, 9) is constructed!
Box(3, 6, 9) is destructed!
Box(2, 4, 6) is destructed!
Box(1, 3, 5) is destructed!
```

从程序运行的结果可以很明显地看出，利用这种形式成功地建立了包含有 3 个对象元素的数组，并调用带有 3 个形参的构造函数实现对对象元素的初始化。调用构造函数和析构函数的顺序也与本章 3.4.3 节中讨论的顺序一致。本例中的 3 个对象元素都是调用的具有 3 个参数的构造函数，下面将定义数组并初始化的形式再修改如下：

```
int main( )
{    //创建含有 3 个元素的对象数组并初始化
     //其中第 1 个和第 2 个使用带有 3 个形参的构造函数
     //第 2 个使用默认构造函数进行初始化
     Box boxs[3] = {
        Box(1, 3, 5),
        Box( ),
        Box(3, 6, 9)
     };
     return 0;
}
```

类的定义保持不变，则程序运行结果如下：

```
Box(1, 3, 5) is constructed!
Box(1, 1, 1) is constructed!
Box(3, 6, 9) is constructed!
Box(3, 6, 9) is destructed!
Box(1, 1, 1) is destructed!
```

Box(1, 3, 5) is destructed!

从结果可以看到,这种形式的初始化也是可以的。

3.6　对象指针

在本节中主要讨论和对象有关的指针的一些概念,这些概念以指针的概念为基础,同时又加入了对象的特点,因此要从指针和类与对象两方面同时去理解,这样更容易掌握。

3.6.1　指向对象的指针

指向对象的指针的概念比较容易理解,和前面讨论的普通的指针类似,只不过现在指针指向的是内存中对象所占用空间的首地址。即对象在内存中的首地址称为对象的指针,用来保存对象指针的指针变量称为指向对象的指针变量,简称指向对象的指针。

定义指向对象的指针的一般形式是:

类名 *指针名;

有了指向对象的指针之后,访问对象的方式又增加了一种,访问对象主要就是访问对象的公用成员,原来的方式是通过"对象名.公用成员名"形式进行的,现在则有了新的形式。

对于例 3-16 程序中声明的 Box 类,看下面的语句。

```
Box * p = NULL;                   //定义一个指向 Box 类对象指针 p,并初始化为空指针
Box box;                          //定义一个 Box 类对象 box
p = &box;                         //将对象 box 的地址赋给指针 p,即让指针 p 指向对象 box
//通过指针 p 和"->"运算符访问对象 box 的公用成员函数 Volume
cout<<p->Volume( )<<endl;
//通过指针 p 和"*"运算符访问对象 box 的公用成员函数 Volume
cout<<(*p).Volume( )<<endl;
```

　　记住一点,通过指向对象的指针访问其公用成员是使用"->"运算符,通过对象名访问其公用成员是使用"."运算符。

3.6.2　指向对象成员的指针

对象在内存中有首地址,可以使用指针保存和访问;对象中的成员也有地址,也可以使用指针保存和访问。对象的成员分为两大类,一类是数据成员,另一类是成员函数,无论是哪一类成员,通过指针只能访问公用的成员。

1. 指向对象数据成员的指针

指向对象数据成员的指针和前面讨论的普通的指针是完全相同的,其声明格式如下:

数据类型名 *指针名;

而使指针指向对象的公用数据成员使用如下语句:

指针 =& 对象名.数据成员名;

设类 A 有公用整型数据成员 data,并已经定义了一个整型指针 p 和 A 类对象 a,则

```
p = &a.data;                      //使整型指针 p 指向对象 a 的数据成员 data
cout<< *p<<endl;                  //输出指针 p 指向单元的内容,即输出 a.data 的值
```

2. 指向对象成员函数的指针

指向对象成员函数的指针和指向普通函数的指针是有区别的，区别在于：

（1）定义指向对象成员函数的指针时需要在指针名前面加上成员函数所属的类名及域运算符"::"；

（2）指向对象成员函数的指针不但要匹配将要指向函数的参数类型、个数和返回值类型，还要匹配将要指向函数所属的类。

指向普通函数的指针变量定义如下：

$$返回值类型（*指针名）（参数表）；$$

而指向成员函数的指针变量定义如下：

$$返回值类型（类名::*指针名）（参数表）；$$

使用指向成员函数的指针指向一个类的公用成员函数时，格式如下：

$$指针名=&类名::成员函数名；$$

使用指向成员函数的指针调用对象的成员函数时，格式如下：

$$（对象名.*指针名）（实参表）；$$

【例 3-17】　使用指向对象成员函数的指针调用对象的成员函数，类 Box 的定义见例3-16，本例中只给出 main 函数。

```cpp
int main( )
{   Box box(2, 2, 2);                //创建 Box 的对象 box
    float (Box::*p)( );              //定义指向 Box 类的成员函数 Volume 的指针 p
    p = &Box::Volume;               //给指针 p 赋值，使其指向 Box 类的成员函数 Volume
    //调用指针 p 指向的函数
    cout<<"The volume of box is "<<(box.*p)( ) << endl;
    return 0;
}
```

程序运行结果如下：

```
Box(2, 2, 2) is constructed!
The volume of box is 8
Box(2, 2, 2) is destructed!
```

从程序的运行结果看出：上述的指针形式已经成功地调用了对象的成员函数。

注意：

（1）在给指向对象成员函数的指针进行赋值时要把类的函数名赋值给指针，而不是对象的函数名，即在程序中若有语句：

```
p = &box::Volume;
```

则是错误的，因为虽然从逻辑上成员函数是属于对象的，但是在物理上成员函数是独立于对象独立存在的。

（2）调用指向对象成员函数的指针指向的成员函数时，要通过"（对象名.*指针名）（实参表）"的形式，而不是"（类名.*指针名）（实参表）"的形式。

（3）定义指向对象成员函数的指针时可以同时进行初始化操作，形式为：

$$返回值类型（类名::*指针名）（形参表）=&类名::成员函数名；$$

在本例中指针 p 定义并初始化的形式如下：

$$float（Box::*p）（ ）=&Box::Volume；$$

3.6.3 this 指针

前面曾经讨论过,C++为类的对象分配内存空间时只为对象的数据成员分配内存空间,而将对象的成员函数放在另外一个公共的区域,同一个类的多个对象共享它们的成员函数。那么,同一个类的多个对象的成员函数在访问对象的数据成员时怎么确保访问的是正确的对象的数据成员呢?例如前面声明的长方体类 Box,定义了两个对象 box1 和 box2,对于调用"box1. Volume( )",应该访问 box1 中的 height、width 和 length 计算长方体 box1 的体积,对于调用"box2. Volume( )"应该访问 box2 中的 height、width 和 length 计算长方体 box2 的体积。现在 box1 和 box2 其实调用的都是同一段代码,系统是怎么区分出到底访问的是 box1 的数据成员还是 box2 的数据成员呢?

其实在每一个成员函数中都包含了一个特殊指针,这个指针的名字是固定的,称为 this 指针。this 指针是指向本类对象的指针,它的指向是被调用成员函数所在的对象,即调用哪个对象的该成员函数,this 指针就指向哪个对象。在成员函数内部访问数据成员的前面隐藏着 this 指针。如前面提到的 Box 类中的 Volume 函数,其中的 height width length 实际上是 (this->height) (this->width) (this->length)。如果是调用 box1 对象的 Volume 函数,则 this 指针就指向对象 box1,所以(this->height) (this->width) (this->length)就相当于(box1.height) (box1.width) (box1.length),这样求出的就是 box1 的体积。

下面进一步讨论 this 指针是怎么样指向调用成员函数的对象的。this 指针是由系统通过参数隐式传递给成员函数的。如成员函数 Volume 的定义如下:

```
float Box::Volume( )
{   return length * width * height;   }
```

C++系统把它处理为:

```
float Box::Volume(Box * this)
{   return this->length * this->width * this->height;   }
```

即在成员函数的形参表中增加一个 this 指针,而在调用时隐藏增加一个实参,即用如下形式进行调用:

```
box1.Volume(&box1);
```

这样就把调用成员函数的对象的地址传给了 this 指针。

需要注意的是,以上的说明只是为了帮助理解 this 指针的作用和它的工作原理,这些操作都是由系统自动完成的,在使用的时候不需要在数据成员前面加上 this 指针,更不必在调用的时候写出调用成员函数的对象的地址作为实参。

大部分情况下是不需要显式使用 this 指针的,但是有的时候就必须要显式使用 this 指针。比如原来 Box 类的构造函数如下:

```
Box::Box(float L, float W, float H)
{   length = L;   width = W;   height = H;   }
```

这个构造函数有个缺点,就是形参的名字不够直观,使用者在初始化对象时给出数据不能够很清楚地搞明白第 1 个实参代表什么,第 2 个实参代表什么。如果将形参的名字改为数据成员的名字就可以较好地表明该形参代表什么数据。如下:

```
Box::Box(float length, float width, float height)
{   length = length;
    width = width;
    height = height;
}
```

这时又出现了新问题，上面形式的构造函数里，系统又分不清哪个 length 是数据成员，哪个 length 是形参，因为它们的名字是完全一样的。为了解决这个问题，就可以通过显式使用 this 指针，将构造函数改为如下形式：

```
Box::Box(float length, float width, float height)
{  this->length = length;
   this->width = width;
   this->height = height;
}
```

这样系统就可以很清楚地知道赋值号（＝）左边的是数据成员，而赋值右边的是形参。

3.7　对象与 const

在程序设计的过程中需要考虑的一个非常重要的因素就是数据的安全性，因为如果数据被意外的修改，那么无论程序有多么正确，设计有多么巧妙，最终都得不到正确的结果。既要在程序中让数据在一定范围内共享，又要保证数据的安全，这时就可以使用 const，把对象或对象相关成员定义成 const 型。

3.7.1　常对象

常对象中的数据成员为常变量且必须要有初值。声明常对象的一般形式为：

const 类名 对象名[(实参表)];

或者也可以写成：

类名 const 对象名[(实参表)];

以上两种形式是完全等价的，也就是说 const 在最左面和在对象名前面是一样的。其中的"[]"表示实参表可以省略，如果省略的话则调用默认构造函数初始化对象。

对于例 3-16 程序中声明的 Box 类，下面的语句声明 box 为常对象。

const Box box(3, 2, 1);　　//定义常对象 box，在定义的同时初始化对象

这样，在所有的场合中，对象 box1 中的所有数据成员的值都不能被修改。凡希望保证数据成员不被改变的对象，就可以声明为常对象。

如果一个对象被声明为常对象，则不能调用该对象的非 const 型的成员函数（除了由系统自动调用的隐式的构造函数和析构函数）。对于上面声明的常对象 box，调用其 Volume( ) 函数是错误的。

cout<<"The volume of box is "<<box.Volume( )<<endl;　//错误

大家可能会有这样的疑问：Volume 函数并没有修改数据成员的值，为什么也不能调用呢？因为不能仅依靠编程者的细心来保证程序不出错，编译系统充分考虑到可能出现的情况，对不安全的因素予以拦截。

现在，编译系统只检查函数的声明，只要发现调用了常对象的成员函数，而且该函数未被声明为 const 就报错，使程序编译无法完成。

那么如何将一个成员函数声明成 const 型成员函数呢？其实很简单，只需要在成员函数声明的后面加上 const 即可。如下所示将 Box 类的 Volume 成员函数声明成 const 型成员函数：

float Volume( ) const;

这样 Box 类的 Volume 成员函数就成为 const 型成员函数，又称为只读成员函数。const 型成员函数只能访问而不能修改类对象的任何数据成员的值，常对象可以放心调用。const 型

成员函数在本章 3.7.2 节会详细介绍。

> 有时在编程时有要求，一定要修改常对象中的某个数据成员的值，ANSI C++考虑到实际编程时的需要，对此作了特殊的处理，将该数据成员声明为 mutable，例如：
>
> mutable int count;
>
> 把 count 声明为可变的数据成员，这样就可以用声明为 const 的成员函数来修改它的值。

3.7.2 常对象成员

常对象成员是指对象的成员被声明为 const 型，对象的成员分为数据成员和成员函数，所以常对象成员也分为常数据成员和常成员函数。

1. 常数据成员

常数据成员的声明和作用与普通的常变量类似，也是使用 const 来声明，也是在程序运行过程中数据成员的值不能修改。常变量在声明的同时必须初始化，常数据成员在声明的同时也必须初始化，只是要注意常数据成员在初始化时必须使用构造函数的参数初始化表。例如，将 Box 类中的数据成员 length 声明成常数据成员，则如下的构造函数：

```
Box::Box(float L, float W, float H)
{    length = L;    //错误，不使用这种形式进行初始化
     width = W;
     height = H;
}
```

是非法的，原因是上述的数据成员中 length 是 const 型的，对 length 的初始化必须使用构造函数的参数初始化表进行。构造函数需要修改成如下：

```
Box::Box(float L, float W, float H): length(L)
{    width = W;    height = H;    }
```

2. 常成员函数

常成员函数就是将类中的成员函数声明为 const 型，这样的成员函数不能修改类对象的数据成员的值，如果在常成员函数中出现了修改数据成员的语句，系统编译是通不过的。如果将一个对象声明为常对象，则为保证常对象的数据成员不被修改，通过常对象名只能访问该对象的常成员函数。

声明常成员函数的一般形式：

返回值类型 成员函数名(形参表) const；   //函数声明

返回类型   所属类名::成员函数(形参表)const   //函数定义

注意：关键字 const 是函数的一部分，在函数声明和定义部分都必须包含，但在调用时则不必加 const。

关于数据成员与成员函数之间的是否可以访问的关系见表 3-1。

表 3-1   不同类型的成员函数与数据成员之间的访问关系

成员函数分类 数据成员分类	const 型成员函数	非 const 型成员函数
const 型数据成员	可以访问，但不可修改值	可以访问，但不可修改值
非 const 型数据成员	可以访问，但不可修改值	可以访问，也可以修改值
常对象的数据成员	可以访问，但不可修改值	不可以访问，不可以修改值

关于常对象成员最后提出几点注意事项：

（1）在一个类中可以根据需要将部分数据成员声明为 const 型数据成员，另一部分数据成员为非 const 型数据成员。const 型成员函数和非 const 型成员函数都可以访问这些数据成员，const 型成员函数不能修改任何的数据成员，非 const 型成员函数可以访问但不能修改 const 型数据成员，但可以修改非 const 型数据成员。

（2）如果一个类的所有数据成员都不允许修改，可以将这个类中的所有数据成员都声明成 const 型数据成员，或者定义对象时声明为 const 对象，两者都可以保证对象的数据成员的安全。

（3）常对象中的数据成员都是 const 型数据成员，但是常对象中的成员函数不一定都是 const 型成员函数，只有在成员函数的声明和定义部分有 const 关键字的才是 const 型成员函数。

（4）如果已定义了一个常对象，只能调用其中的 const 型成员函数。如果一个成员函数没有修改数据成员，但是没有声明为 const 型成员函数，也不能通过常对象名调用。因此，如果在使用一个类的对象时可能会声明 const 对象，则在定义类时应该将那些不会修改数据成员的成员函数声明为 const 型，否则如果该类中没有公用的 const 型成员函数，则声明了该类的 const 对象之后将无法调用任何一个成员函数。

（5）在类的定义中，const 型成员函数不能调用非 const 型成员函数。

3.7.3　指向对象的常指针

指向对象的常指针是指将指向对象的指针变量声明为 const 型，这样指针在定义并同时初始化后在程序执行的过程中不能再发生改变，即这个指针不能再指向其他的对象。定义指向对象的常指针的一般形式：

```
类名 * const 指针名 = & 类的对象；
Box box(2，2，2)；
Box * const pbox = &box；
```

上面 2 行语句定义了 Box 类对象 box，以及指向 Box 类对象 box 的常指针 pbox，在给 pbox 赋初值后 pbox 的值不能再修改，即指针 pbox 不能再指向其他对象。

一般情况下指向对象的 const 指针用作函数的形参，这样该指针在函数的执行过程中就不会改变指针的指向，因此可以防止误操作，增加系统的安全性。

3.7.4　指向常对象的指针

指向常对象的指针和指向常变量的指针的概念和用法非常接近。定义指向常对象的指针的一般形式：

```
const 类名 * 指针名；
```

说明：

（1）如果一个对象已被声明为常对象，只能用指向常对象的指针指向它，而不能用一般的（指向非 const 型对象的）指针去指向它。看下面的程序：

```
# include <iostream>
using namespace std;
class Clock                              //声明时钟类 Clock
```

```
{public:
    Clock(int h, int m, int s)          //带有 3 个形参的构造函数
    {  hour = h; minute = m; second = s;  }
    void Display( )                     //公用成员函数 Display 显示时间
    {  cout<<hour<<":"<<minute<<":"<<second<<endl;  }
    int hour, minute, second;           //公用数据成员
};
int main( )
{   const Clock clock1(1, 1, 1);        //定义 Clock 类对象 clock1,它是常对象
    const Clock * p1 = &clock1;         //正确,clock1 是常对象,p1 是指向常对象的指针
    //Clock * p2 = &clock1;             //错误,clock1 是常对象,而 p2 是普通指针
    ...
    return 0;
}
```

（2）如果定义了一个指向常对象的指针,并使它指向一个非 const 型的对象,则其指向的对象是不能通过指针来改变的。例如：

```
Clock clock2(2, 2, 2);
const Clock * p2 = &clock2;             //正确
cout<<p2->hour<<endl;                   //正确,通过 p2 可以访问 clock2 对象的数据成员的值
p2->hour = 2;                           //错误,不能通过 p2 修改 clock2 对象的数据成员的值
p2->Display( );                         //错误,Display 是非 const 型成员函数
```

虽然 clock2 对象是非 const 型的对象,但是指向常对象的指针 p2 还是可以指向它,只不过通过 p2 是无法修改 clock2 对象的数据成员的值的,而且通过 p2 指针还无法调用 clock2 对象的非 const 成员函数。

如果希望在任何情况下 clock2 对象的值都不能改变,则应把它定义为 const 型。

（3）如果定义了一个指向常对象的指针,虽然不能通过它改变它所指向的对象的值,但是指针变量本身的值是可以改变的。

```
Clock clock3(3, 3, 3);
Clock clock4(4, 4, 4);
const Clock * p3 = &clock3;             // 定义指向常对象的指针变量 p3,并指向对象 clock3
p3 = &clock4;                           // p3 改为指向对象 clock4,正确
```

（4）指向常对象的指针最常用于函数的形参,目的是在保护形参指针所指向的对象,使它在函数执行过程中不被修改。看下面的程序：

```
#include <iostream>
using namespace std;
class Clock                             //声明时钟类 Clock
{public:
    Clock(int h, int m, int s)          //带有参数的构造函数
    {  hour = h; minute = m; second = s;  }
    void Display( )                     //公用成员函数显示时间
    {  cout<<hour<<":"<<minute<<":"<<second<<endl;  }
    int hour, minute, second;           //公用数据成员
};
```

```
int main( )
{    void Func(const Clock * p);          //函数 Func 的形参为指向常对象的指针
     Clock clock(10, 10, 10);             //定义 Clock 类对象 clock,它不是常对象
     Func(&clock);                        //实参为对象 clock 的地址
     return 0;
}
void Func(const Clock * p)
{    p - >hour = 12;                       //错误
     cout<<p - >hour<<endl;               //正确
}
```

请记住这样一条规则：当希望在调用函数时对象的值不被修改,就应当把形参定义为指向常对象的指针,同时用对象的地址作实参(对象可以是 const 或非 const 型)。如果要求该对象不仅在调用函数过程中不被改变,而且要求它在程序执行过程中都不改变,则应把它定义为 const 型。

3.7.5　对象的常引用

对象的引用就是对象的别名,对象的引用名和对象名其实都是内存的同一个空间的名字。可以通过引用使用对象,就和通过对象名使用对象一样。引用的一个特点是定义引用时就要给引用初始化,在程序运行过程中引用不可能再成为另外对象的别名。对象的常引用表示一个对象的别名,通过常引用只能调用对象的 const 型成员函数。在这方面对象的常引用和指向常对象的指针作用是一样的。

声明对象的常引用的一般形式：

const 类名 & 引用名 = 对象名;

例如：

```
Clock clock(12, 12, 12);
const Clock &refclock = clock;
//若 Display 函数是 const 型成员函数,则合法
//若 Display 函数是非 const 型成员函数,则调用是非法的
refclock.Display( );
```

常引用的应用和指向常对象的指针相似,也是主要用在函数的形参中,保证函数调用时实参对象的安全性。

3.8　对象的动态创建和释放

用前面介绍的方法定义的对象都由 C++系统负责对象的创建与释放,但有时人们希望能在程序运行的过程中由自己控制对象的创建与释放,在需要用到对象时创建对象,在不需要用该对象时就撤销它,释放它所占的内存空间以供别的数据使用。这样可提高内存空间的利用率。

在第 2 章 2.3.4 节中已经学习过 new 和 delete 运算符的用法,这两个运算符就是实现对内存的动态申请与释放的。对于动态地创建和释放对象也是使用这两个运算符。

对于例 3-16 程序中声明的长方体类 Box,可以使用如下语句动态地创建一个 Box 类的对象：

new Box；

当该语句被执行时，系统会从内存堆中分配一块内存空间，存放 Box 类的对象，调用构造函数初始化对象。如果内存分配成功，new 运算符会返回分配的内存的首地址；如果分配内存失败，则会返回一个 NULL。但是通过 new 运算符动态创建的对象没有名字，所以在使用 new 运算符创建动态对象时都要声明一个指针变量来保存对象的首地址，例如：

Box ＊p＝new Box；　//动态创建一个 Box 类的对象，并用指针 p 保存对象首地址

另外还可以在使用 new 运算符创建对象时给出实参，调用带有参数的构造函数初始化对象，例如：

//动态创建 Box 类的对象，同时初始化，用指针 p 保存对象首地址

Box ＊p＝new Box(2，2，2)；

动态创建对象之后，就可以通过指针像访问普通对象一样访问对象的公用成员了，例如：

p－＞Volume( )；

前面提到，使用 new 运算符创建动态对象时，如果创建成功，则返回创建对象的首地址，如果创建失败，则返回 NULL 指针值。所以为了保险起见，在使用对象指针之前一般先判断指针的值是否为 NULL。如下所示：

Box ＊p＝new Box(2，2，2)；

if (p！＝NULL) //在使用指针之前先判断指针是否为 NULL

｛ p－＞Volume( )； ｝

当不再需要使用动态创建的对象时，可以使用 delete 运算符释放该对象。delete 运算符的使用格式是：

delete 指针名；

例如对于指针 p 所指向的对象，释放该对象的语句为：

delete p；

这样就可以释放 p 所指向的对象，将对象占用内存归还给堆。需要注意的是，通过 new 运算符动态创建的对象只能通过 delete 运算符动态的释放，这些对象不并会随着程序的结束而自动地释放，如果在程序中只用 new 申请了内存，而没有用 delete 释放内存，则系统的堆内存会被逐渐消耗，直到没有空闲内存。另外，指针一旦指向了动态创建的对象，在释放对象之前不要随意的修改指针变量的值，一方面，如果在没有保存指针变量的值的情况下就修改它，则无法知道动态创建对象的首地址，这样就无法释放该对象；另一方面，指针指向一个新的对象，使用 delete 释放对象时可能会删错对象。

3.9 对象的赋值和复制

3.9.1 对象的赋值

相同类型的变量之间是可以相互赋值的，那么相同类的对象之间可不可以相互赋值呢？答案是肯定的，一个对象的值可以赋给另外一个同类的对象，这种赋值运算也是通过"＝"赋值运算符实现的。下面先来看一个例子。

【例3-18】 将一个 Box 对象的值赋给另外一个 Box 对象。

```
＃include ＜iostream＞
using namespace std；
class Box
｛public：
```

```
    Box( )                          //无参数的构造函数
    {   length = 1;  width = 1;  height = 1;
        cout<<"Box("<<length<<","<<width<<","<<height<<")";
        cout<<" is constructed!"<<endl;
    }
    Box(float L, float W, float H)        //带有 3 个形参的构造函数
    {   length = L;  width = W;  height = H;
        //在构造函数中增加输出，当创建对象时会输出所创建对象的相关信息
        cout<<"Box("<<length<<","<<width<<","<<height<<")";
        cout<<" is constructed!"<<endl;
    }
    float Volume( ) const {   return length * width * height;   }
    ~Box( )
    {   //在析构函数中增加输出，当释放对象时会输出所释放的对象的相关信息
        cout<<"Box("<<length<<","<<width<<","<<height<<")";
        cout<<" is destructed!"<<endl;
    }
private:
    float length, width, height;
};
int main( )
{   Box box1(4, 2, 3);                  //调用带有 3 个参数的构造函数创建对象
    Box box2;                           //调用没有参数的构造函数创建对象
    cout<<"The original volume of box1 and box2 is:"<<endl;
    cout<<"The volume of box1 is "<<box1.Volume( )<<endl;
    cout<<"The volume of box2 is "<<box2.Volume( )<<endl;
    box2 = box1;
    cout<<"After box2 = box1, the volume of box1 and box2 is:"<<endl;
    cout<<"The volume of box1 is "<<box1.Volume( )<<endl;
    cout<<"The volume of box2 is "<<box2.Volume( )<<endl;
    return 0;
}
```

程序运行结果如下：

Box(4, 2, 3) is constructed!

Box(1, 1, 1) is constructed!

The original volume of box1 and box2 is:

The volume of box1 is 24

The volume of box2 is 1

After box2 = box1, the volume of box1 and box2 is:

The volume of box1 is 24

The volume of box2 is 24

Box(4 , 2, 3) is destructed!

Box(4, 2, 3) is destructed!

从程序运行的结果可以看出赋值运算符的确将 box1 的值赋给了 box2。

对象赋值的一般形式为：

对象名 1 = 对象名 2；

其中,对象名 1 和对象名 2 是同一个类的两个对象。对象赋值就是把对象 2 的数据成员的值复制给对象 1 对应的数据成员,这个操作通过对赋值运算符的重载来实现。一个类如果不重载赋值运算符,系统会自动给类生成一个重载赋值运算符的代码,可以称之为默认的赋值运算符重载函数。对于例 3-18 中的 Box 类,系统提供的默认赋值运算符重载函数代码如下:

```
Box& Box::operator = (const Box &source)
{   length = source.length;
    width = source.width;
    height = source.height;
    return * this;
}
```

对于程序中的赋值语句"box2＝box1;",C＋＋系统实际上处理成如下的函数调用:

```
box2.operator = (box1);
```

注意:

(1) 同类对象之间的赋值操作只对其中的数据成员赋值,而不对成员函数赋值,因为不同对象的数据成员占用不同的内存空间,而不同对象的成员函数是共享同一段函数代码的,因此不需要也无法对成员函数进行赋值操作。

(2) 默认的赋值运算符重载函数实现的功能只是相应数据成员之间的简单的赋值,如果类的数据成员中不包含指向动态分配的内存的指针数据成员,则使用默认的赋值运算符重载函数就足够解决类对象之间的赋值问题了,如例 3-18 的类 Box。但是,如果类的数据成员中有指针,则不能使用默认的赋值运算符重载函数,必须亲自去写赋值运算符重载函数,否则就会引起指针悬挂问题。

【例 3-19】 默认赋值运算符重载函数引起的指针悬挂问题。

```cpp
# include <iostream>
# include <string>
using namespace std;
class String                        //自定义字符串类
{public:
    String( )                       //默认构造函数
    {   len = 0;
        str = new char[len + 1];    //指针 str 指向动态申请到的内存空间
        str[0] = '\0';
    }
    String(const char * src)        //带参数的构造函数
    {   len = strlen(src);
        str = new char[len + 1];
        if(! str)
        {   cerr<<"Allocation Error! \n"; exit(1);   }
        strcpy(str, src);
    }
    const char * ToString( ) const {   return str;   }    //到普通字符串的转换
    unsigned int length( ) const {   return len;   }
    ~String( )                      //析构函数
    {   delete str; str = NULL;   } //动态释放指针 str 所指向的内存空间
private:
    char * str;                     //字符指针 str,将来指向动态申请到的存储字符串的内存空间
```

```
        unsigned int len;                    //存放字符串的长度
};
int main( )
{   String str1("Hi!"), str2("Hello!");
    cout<<"str1："<<str1.ToString( )<<endl;
    cout<<"str2："<<str2.ToString( )<<endl;
    //str1 = str2;
    return 0;
}
```

程序运行结果如下：

str1：Hi!

str2：Hello!

如果将 main 函数中注释掉的语句"str1＝str2；"加上，再执行程序，则系统出现如图 3-1 所示的提示。

图 3-1　含有指针数据成员的类对象进行赋值时出现的错误提示

出现错误的原因如图 3-2 所示。

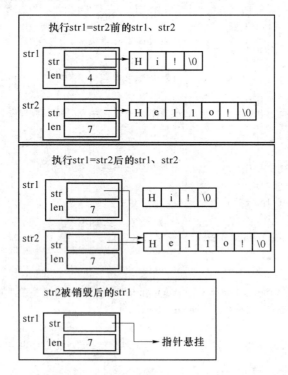

图 3-2　默认赋值运算符重载函数引起的指针悬挂问题

从图 3-2 可以看出,当执行"str1 = str2;"语句时,系统调用默认的赋值运算符重载函数,将 str2.str 的值赋给 str1.str,这样 str1.str 原来指向的单元地址丢失,造成原来 str1.str 指向的单元无法释放;而当程序运行结束时,系统会自动的释放 str1 和 str2 对象,先释放 str2 对象,再释放 str1 对象。在释放 str2 对象之前,先调用 str2 的析构函数将 str2.str 所指向的内存单元释放;在释放 str1 对象之前,也要先调用 str1 的析构函数将 str1.str 所指向的内存单元释放,由于 str1.str 和 str2.str 实际指向的是内存中的同一个单元,刚才调用 str2 的析构函数时已经释放过该单元了,现在再释放该内存单元,它已不可用,因此产生指针悬挂,系统出现错误。

在设计类似例 3-19 中用户自定义类 String 这样的含有指向动态分配的内存的指针数据成员的类时,如果需要进行类对象之间的赋值操作,就应该重载该类的赋值运算符。关于赋值运算符重载请看本书第 7 章 7.5 节。

3.9.2　对象的复制

对象的复制是指在创建对象时使用已有对象快速复制出完全相同的对象。在 C++中对象复制的一般形式为:

类名 对象 2(对象 1);

或

类名 对象 2 = 对象 1;

其中,对象 1 是和对象 2 同类的已经存在的对象。上面语句的作用就是使用已经存在的对象 1"克隆"出新的对象 2。在这种情况下创建对象 2 时系统会调用一个称为"复制构造函数"的特殊的构造函数,复制构造函数的作用就是将对象 1 的各数据成员的值——赋给对象 2 中相应的数据成员。复制构造函数只有一个形参,这个形参就是本类对象的引用。复制构造函数的代码主要是将形参中对象引用的各数据成员值赋给自己的数据成员。为了在调用过程中保护实参对象的数据安全,大部分情况下将形参对象的引用加 const 声明。下面以 Box 类为例,看看复制构造函数的形式:

```
Box::Box(const Box &c) //Box 类的复制构造函数
{  length = c.length;  width = c.width;  height = c.height;  }
```

即使在程序中没有定义复制构造函数,也可以执行使用已有对象初始化新建对象的操作,这是因为如果没有定义复制构造函数,系统会自动生成一个默认的复制构造函数,它的作用只是简单的复制实参对象中的数据成员到新建对象相应的数据成员中。

那么普通构造函数和复制构造函数有哪些区别呢?

(1) 在形式上普通构造函数一般是形参列表,创建对象时通过实参列表给出初始化对象所需的各个数据成员的值。而复制构造函数的形参则只有一个,即同类对象的引用。

(2) 在调用时系统会根据实参类型来自动地选择调用普通构造函数还是复制构造函数。

(3) 调用的情况不同,普通构造函数是在创建对象时由系统自动调用;而复制构造函数是在使用已有对象复制一个新对象时由系统自动调用,在以下 3 种情况下需要复制对象:① 程序中需要新创建一个对象,并用另一个同类的对象对它初始化,如前面介绍的那样。② 函数的参数是类的对象。③ 函数的返回值是类的对象。

在没有涉及指针类型的数据成员时,默认复制构造函数能够很好地工作。但当一个类有指针类型的数据成员时,默认复制构造函数常会产生指针悬挂问题。

【例 3-20】　默认复制构造函数引起的指针悬挂问题。

```
#include <iostream>
```

```cpp
# include<string>
using namespace std;
class Person
{public:
    Person(char * Name, int Age);

    ~Person( );

    void SetAge(int x){ age = x; }

    void Print( );

private:
    char * name;

    int age;

};
Person::Person(char * Name, int Age)
{   name = new char[strlen(Name) + 1];

    strcpy(name, Name);

    age = Age;

    cout<<"The constructor of Person is called!"<<endl;

}
Person::~Person( )
{   cout<<" The destructor of Person is called!"<<endl;

    delete name;

}
void Person::Print( )
{   cout<<"name: "<<name<<"  age: "<<age<<endl;  }
int main( )
{   Person p1("张三", 21);

    Person p2 = p1;        //调用默认复制构造函数

    p1.SetAge(1);

    p2.SetAge(2);

    p1.Print( );

    p2.Print( );

    return 0;

}
```

　　本程序在 VC++ 6.0 环境下运行时，结果如图 3-3 所示。该程序在屏幕上产生输出之后又弹出一个错误信息对话框。

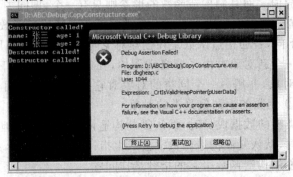

图 3-3　默认复制构造函数引起的指针悬挂问题

从这个输出结果可以看出,程序只调用了一次构造函数,但调用了两次析构函数。构造函数的这次调用发生在定义 p1 对象时,p2 对象的定义语句“Person p2＝p1;”并没有调用普通构造函数,这就是问题的根源。

输出结果的第 2,3 行分别是 p1.Print( )和 p2.Print( )函数调用产生的,这个输出表明 p1 和 p2 的 name 成员指向了同一个内存地址。

由于 p2 的定义方式,“Person p2＝p1”是用已存在的 p1 对象创建一个新对象 p2,系统将调用复制构造函数来完成 p2 的初始化。

程序中的 Person 类并没有定义复制构造函数,所以 C＋＋系统会自动生成一个默认的复制构造函数,将 p1 对象各数据成员的值复制到新建对象 p2 相应的数据成员中。对于非指针类型的数据成员 age 而言,这样的复制并没有什么问题。但在复制指针成员 name 时就出问题了,系统会将 p1.name 的值复制到 p2.name 中,致使 p2 和 p1 的 name 成员指向了同一个内存地址,如图 3-4 所示。

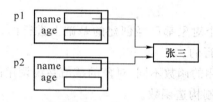

图 3-4　p1 和 p2 对象的指针成员 name 指向了同一个内存地址

当 main 函数结束时,系统首先调用 p2 的析构函数,该函数中的语句“delete name;”将把 p2.name 所指向的内存单元释放掉,但问题是 p1.name 此时仍指向此内存单元,产生指针悬挂问题,如图 3-5 所示。

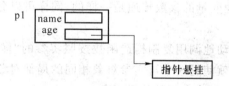

图 3-5　p1 的 name 指针指向了已被 p2 释放掉的内存地址

接下来系统将调用 p1 的析构函数,这次语句“delete name;”就出问题了。原因是 p1.name 所指向的内存单元已被 p2 的析构函数释放掉,不能再次被释放。

解决上述问题的方法是为类提供复制构造函数。

【例 3-21】　为例 3-20 中的 Person 类定义复制构造函数。

在本例中增加如下代码,其中…表示与例 3-20 中的代码相同。

```
...
class Person{
public:
    ...
    Person(const Person &p);         //复制构造函数原型声明
    ...
};
Person::Person(const Person &p)      //复制构造函数的类外定义
{    name = new char[strlen(p.name) + 1];
```

```
    strcpy(name, p.name);
    age = p.age;
    cout<<"Copy constructor called!"<<endl;
}
...
```

3.9.3　对象的赋值与复制的比较

对象的赋值和对象的复制既有相同点，又有不同点。相同点主要有：

（1）对象的赋值和复制大部分情况下都是把一个对象的数据成员依次赋给另外一个同类对象的相应数据成员。

（2）如果不重载赋值运算符或不提供复制构造函数，系统都可以提供默认的代码。

（3）系统会根据情况自动地调用对象的赋值运算符重载函数或对象的复制构造函数。

不同点主要有：

（1）对象的赋值是在两个对象都已经创建的基础上进行的；而对象的复制则在用一个已有对象复制一个新对象时进行的。

（2）它们两个所对应调用的函数不同，对象的赋值系统调用的是赋值运算符重载函数；而对象的复制系统调用的是复制构造函数。

3.10　向函数传递对象

向函数传递对象与普通变量的参数传递是一样的，同样可以分为值传递、地址传递和引用传递 3 种。

在值传递中，系统会自动地调用复制构造函数按照实参的"样子"以形参的名字为对象名创建局部对象，在函数内部就使用这个与实参对象相同的局部对象。

【例 3-22】　以值传递的方式向函数传递对象。

```cpp
# include <iostream>
# include <string>
using namespace std;
class String                        //自定义字符串类
{public:
    String()                        //默认构造函数
    {   len = 0;
        str = new char[len + 1];    //指针 str 指向动态申请到的内存空间
        str[0] = '\0';
        //增加输出信息,当构造函数被调用时输出
        cout<<"The constructor of String is called!";
        cout<<"Initialized with empty string."<<endl;
    }
    String(const char * src)        //带参数的构造函数
    {   len = strlen(src);
        str = new char[len + 1];
```

```
            if(! str)
            {   cerr<<"Allocation Error! \n"; exit(1);   }
            strcpy(str, src);
            //增加输出信息,当构造函数被调用时输出
            cout<<"The constructor of String is called! ";
            cout<<"Initialized with "<<str<<endl;
        }
        String(const String &rs)            //复制构造函数
        {   len = rs.length( );
            str = new char[len + 1];
            for(int i = 0; i < len; i + + )
                str[i] = rs.str[i];
            str[len] = '\0';
            //增加输出信息,当复制构造函数被调用时输出
            cout<<"The copy constructor of String is called!"<<endl;
        }
        const char * ToString( ) const {   return str;   }        //到普通字符串的转换
        unsigned int length( ) const {   return len;   }
        ~String( )                          //析构函数
        {   delete str; str = NULL;   }        //动态释放指针 str 所指向的内存空间
private:
        char * str;                         //字符指针 str,将来指向动态申请到的存储字符串的内存空间
        unsigned int len;                   //存放字符串的长度
};
//公共函数,用来输出 String 类对象的数据成员的值
void ShowString(const String str)
{    cout<<"The string is "<<str.ToString( )<<endl;
     cout<<"The length of the string is "<<str.length( )<<endl;
}
int main( )
{   String str("How are you?");            //创建 String 类对象 str
    ShowString(str);                        //函数调用,以值传递的方式向函数传递 String 类对象 str
    return 0;
}
```

程序执行后运行结果如下:

The constructor of String is called! Initialized with How are you?

The copy constructor of String is called!

The string is How are you?

The length of the string is 12

通过结果可以看到在以值传递方式进行函数调用时系统调用了复制构造函数,利用实参 str 对象"克隆"了局部对象 str。

地址传递的方式是将实参的地址传递给形参,系统并没有再创建和实参一样的局部对象,在函数中访问的对象就是实参对象。这样需要修改函数的形参与调用时的实参,以及在函数

内部访问对象的成员的形式。

【例 3-23】 以地址传递的方式向函数传递对象（String 类的定义不变）。

```
void ShowString(const String * p)          //公共函数,用来输出 String 类对象的数据成员的值
{   cout<<"The string is "<<p->ToString( )<<endl; //以指针方式访问对象的成员
    cout<<"The length of the string is "<<p->length( )<<endl;
}

int main( )
{   String str("How are you?");        //创建 String 类对象 str
    ShowString(&str);                   //函数调用,以地址传递的方式向函数传递 String 类对象 str
    return 0;
}
```

程序运行结果如下：

The constructor of String is called! Initialized with How are you?

The string is How are you?

The length of the string is 12

可以看到,系统只在创建 str 对象时调用构造函数,而在函数调用时没有再调用复制构造函数。

引用传递的方式是将实参的名字传递给形参,使形参成为实参的别名,系统并没有再创建和实参一样的局部对象,在函数中访问的对象就是实参对象。

【例 3-24】 以引用传递的方式向函数传递对象（String 类的定义不变）。

```
void ShowString(const String& ref)
{   cout<<"The string is "<<ref.ToString( )<<endl; //以引用方式访问对象的成员
    cout<<"The length of the string is "<<ref.length( )<<endl;
}

int main( )
{   String str("How are you?");        //创建 String 类对象 str
    ShowString(str);                    //以引用传递的方式向函数传递对象,形式上与值传递一样
    return 0;
}
```

程序运行结果如下：

The constructor of String is called! Initialized with How are you?

The string is How are you?

The length of the string is 12

可以看到,系统只在创建 str 对象时调用构造函数,而在函数调用时没有再调用复制构造函数。

3.11　学生信息管理系统中类的声明和对象的定义

通过本章的学习,相信大家已经对类和对象的概念非常熟悉,也掌握了 C++中类的声明方法及对象的定义和使用方法。在此基础上我们来做学生信息管理系统中类的声明及对象的定义工作。

在本书第 1 章 1.4 节已经找出了学生信息管理系统中的所有对象,并抽象出了所有这些对象所属的类。它们是:学生对象和学生类、顺序表对象和顺序表类、日期对象和日期类、主菜单对象和主菜单类、多个子菜单对象及其所属的子菜单类。其中日期类与学生类之间、学生类与顺序表类之间都是组合关系,所以把学生类、顺序表类的声明及对象的定义工作放在第 4 章 4.8 节来做。虽然主菜单类与子菜单类之间是一种继承关系,但是由于运用了多态机制,故把主菜单类、多个子菜单类的声明及对象的定义工作放在第 5 章 5.6 节来做。

在这里所要做的,只是按照 C++规定的声明类的格式对系统中的日期类进行声明。

日期类的声明代码放在名为 date.h 的头文件中,具体内容如下:

```
//date.h: interface for the Date class.
# if ! defined DATE_H
# define DATE_H
class Date
{public:
    Date( );                        //默认构造函数
    Date(int Y, int M, int D);      //带有 3 个参数的构造函数
    virtual ~Date( );               //析构函数
    void SetDate(int Y, int M, int D);   //设置年、月、日的成员函数
    int GetYear( );                 //单独获取年的成员函数
    int GetMonth( );                //单独获取月的成员函数
    int GetDay( );                  //单独获取日的成员函数
    char * Show( );                 //显示日期的成员函数
private:
    int year, month, day;
};
# endif
```

上述 Date 类各成员函数的类外实现代码放在名为 date.cpp 的源文件中,具体内容如下:

```
// date.cpp: implementation of the Date class.
# include "date.h"
# include <string>
char *  IntToChar(int n)            //把整数 0~9 转换成字符串
{    switch(n){
    case 0: return "0"; break;
    case 1: return "1"; break;
    case 2: return "2"; break;
    case 3: return "3"; break;
    case 4: return "4"; break;
    case 5: return "5"; break;
    case 6: return "6"; break;
    case 7: return "7"; break;
    case 8: return "8"; break;
    case 9: return "9"; break;
    }
}
```

```
char * IntToStr(int n)                //将整数 n 转换成字符串
{    char ptr[20] = "";
     if( n < 10) {    strcpy(ptr, IntToChar(n) );    return ptr;    }
     else
     {    strcpy(ptr, IntToStr(n/10) );
          strcat(ptr, IntToChar(n % 10) );
          return ptr;
     }
}
Date::Date( ){    year = 0;    month = 1;    day = 1;        }
Date::Date(int Y, int M, int D){    year = Y;    month = M;    day = D;        }
Date::~Date( ){ }
void Date::SetDate(int Y, int M, int D){    year = Y;    month = M;    day = D;    }
int Date::GetYear( ){    return year;    }
int Date::GetMonth( ){    return month;    }
int Date::GetDay( ){    return day;    }
char * Date::Show( )
{    char Date[40];
     strcpy(Date, IntToStr(day) );
     strcat(Date, ":");
     strcat(Date, IntToStr(month) );
     strcat(Date, ":");
     strcat(Date, IntToStr(year) );
     return Date;
}
```

为了测试一下设计的 Date 类，可以写出如下的 main 函数，并存放在名为 main.cpp 的源文件中，具体内容如下：

```
//main.cpp
# include "date.h"
# include <iostream>
using namespace std;
int main( )
{    char str[10];
     Date d1;                          //定义 Date 类对象 d1,测试无参构造函数
     cout<<"Date d1 is: ";
     strcpy(str, d1.Show( ));          //测试成员函数 Show
     cout<<str<<endl;
     d1.SetDate(2009, 1, 1);           //测试成员函数 SetDate
     cout<<"After modify, Date d1 is: ";
     strcpy(str, d1.Show( ));
     cout<<str<<endl;
     Date d2(2009, 5, 1);              //定义 Date 类对象 d2,测试有参构造函数
     cout<<"Date d2 is: ";
     strcpy(str, d2.Show( ));
```

```
cout<<str<<endl;
cout<<"Date d2 is: ";
//测试成员函数 GetYear( )、GetMonth( )、GetDay( )
cout<<d2.GetDay( )<<":";
cout<<d2.GetMonth( )<<":";
cout<<d2.GetYear( )<<endl;
return 0;
}
```

<h1 style="text-align:center">习 题</h1>

一、简答题

1. 什么是对象？什么是类？类和对象的关系是怎样的？

2. 类中的成员有哪几种？它们的访问属性有哪几种？

3. 什么是构造函数？什么是析构函数？它们的调用顺序是怎么样的？

4. 对象的赋值操作的过程是怎样的？对象的复制操作的过程是怎样的？对象的赋值与复制有什么区别？

二、程序分析题

阅读下面的程序,给出程序运行的结果。

```
#include <iostream>
using namespace std;
class Rectangle
{public:
    Rectangle( )
    {   length = 1;   width = 1;
        cout<<"Box("<<length<<","<<width<<")";
        cout<<" is constructed!"<<endl;
    }
    Rectangle( float L, float W )
        {   length = L;   width = W;
            cout<<"Box("<<length<<","<<width<<")";
            cout<<" is constructed!"<< endl;
        }
    float SurfaceArea( ){   return length * width;   }
    ~Rectangle( ){
        cout<<"Box("<<length<<","<<width<<")";
        cout<<" is destructed!"<< endl;
    }
private:
    float length, width;
};
```

```
int main( )
{   Rectangle rect[3];
    return 0;
}
```

三、编程题

1. 声明一个长方体类，该类有长（length）、宽（width）、高（length）三个数据成员，类中有获取及修改长、宽、高的函数，还有计算长方体表面积和体积的函数。请按上述要求声明长方体类并在 main 函数中定义该类的一个对象，调用对象的各函数进行测试。

2. 在第 1 题类的声明中加上默认的构造函数和带有 3 个参数的构造函数，然后在 main 函数中进行测试。

3. 在第 2 题中的 main 函数中动态创建一个长方体对象并初始化为 length＝4，width＝3，height＝2，并输出该对象的表面积和体积。

4. 创建一个对象数组，数组的元素是学生对象，学生的信息包括学号、姓名和成绩，在 main 函数中将数组中所有成绩大于 80 分的学生的信息显示出来。

5. 创建一个对象数组，数组的元素是学生对象，学生的信息包括学号、姓名和成绩，在 main 函数中将数组按成绩从小到大的顺序进行排序并显示。

第4章 继承与组合

面向对象的程序设计有 4 个重要特征:抽象、封装、继承和多态性。在第 3 章中学习了类和对象,了解了面向对象程序设计的两个重要特征——抽象与封装,已经能够设计出基于对象的程序,这是面向对象程序设计的基础。要较好地进行面向对象程序设计,还必须了解面向对象程序设计的另外两个重要特征——继承性和多态性。本章主要介绍有关继承的知识,在第 5 章中将介绍多态性。

4.1 继承与派生的概念

继承的思想来源于现实世界中实体之间的联系。在现实世界中,许多事物之间并不是孤立的,它们具有共同的特征,也有各自的特点。这使得人们可以使用一种层次性的结构来描述它们之间的相同点和不同点。例如,生物学上对生物种类的分类法——门、纲、目、科、属、种——是最典型的层次结构分类法之一。在这种层次性的结构中,最高层次的类具有最普遍、最一般的含义,而其下层完全具备上一层次的各种特性,同时又添加了属于自己的新特性。比如老虎是猫科动物,也就是说老虎继承了猫科动物的特性,但是老虎又有自己的特性。因此,在这个层次结构中,从猫科动物到老虎,是一个具体化的过程,而从老虎到猫科动物则是一个抽象化的过程。于是将这种具体化的过程运用到面向对象程序设计中就称之为类的继承与派生。

类的继承性使得程序员可以很方便地利用一个或多个已有的类建立一个新的类。这就是常说的"软件重用"(software reusability) 的思想。面向对象技术强调软件的可重用性。C++语言提供了类的继承机制,解决了软件重用问题。

在 C++中,所谓"继承"就是在一个或多个已存在的类的基础上建立一个新的类。已存在的类称为"基类"、"父类"或"一般类"。新建立的类称为"派生类"、"子类"或"特殊类"。

一个新类从已有的类那里获得其已有特性,这种现象称为类的继承。通过继承,一个新建子类从已有的父类那里获得父类的特性。从另一角度说,从已有的父类产生一个新的子类,称为类的派生。类的继承是用已有的类来建立专用类的编程技术。派生类继承了基类的所有数据成员和成员函数(不包括基类的构造函数和析构函数),并可以增加自己的新成员,同时也可以调整继承于基类的数据成员和成员函数。

基类和派生类是相对而言的。一个基类可以派生出多个派生类,每一个派生类又可以作为基类再派生出新的派生类。一代一代地派生下去,就形成了类的继承层次结构,如图 4-1 所示为继承关系的一个示例。

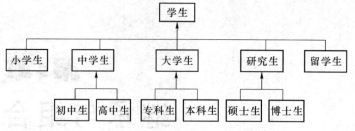

图 4-1　单继承

在图 4-1 中，每个派生类只从一个基类派生，这称为单继承（single inheritance），这种继承关系所形成的层次是一个树形结构。

一个派生类不仅可以从一个基类派生，也可以从多个基类派生。一个派生类有两个或多个基类的称为多重继承（multiple inheritance），如图 4-2 所示的派生类"销售经理"的基类有两个："经理"类和"销售人员"类。

基类和派生类的关系，可以表述为：派生类是基类的具体化，而基类是派生类的抽象。从图 4-1 可以看到：小学生、中学生、大学生、研究生、留学生都是学生的具体化，他们是在学生共性基础上加上某些特征形成的派生类。而学生则是对各类学生共性的综合，是对各类具体学生特征的抽象。

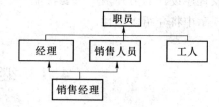

图 4-2　多继承

在学生信息管理系统中，假如要加入对函授生信息的管理，函授生除了具有一般学生的信息外，还具有自己特有的信息：工作时间和工作地点。在 C＋＋中，对"函授生"类的声明不必从零开始，可以利用已经声明的"学生"类作为基础，再加上新的内容即可。那么，又该怎样在 C＋＋中通过继承来声明派生类呢？

4.2　派生类的声明方式

从最简单的单继承开始说起。单继承派生类的声明格式如下：

```
class 派生类名：［继承方式］基类名
{
    派生类新增加的成员
};
```

其中，继承方式可以是 public（公用的）、private（私有的）、protected（受保护的），分别对应公用继承、私有继承、保护继承。此项是可选的，如果不写此项，则默认为 private（私有的）。

举例如下：

```
class Circle                        //声明基类 Circle——圆类
{public：                           //Circle 类公用成员函数
    void SetRadius(int r){  radius = r;  }    //设置圆半径的值
    int GetRadius( ){  return radius;  }      //获取圆半径的值
    void ShowRadius( )                        //显示圆半径的值
    {  cout<<" Base class Circle：radius = "<<radius<<endl;  }
```

```
private:                                      //Circle 类私有数据成员
    int radius;                               //圆半径
};
class Cylinder: public Circle                 //以 public 方式声明派生类 Cylinder——圆柱体类
{public:                                      //Cylinder 类公用成员函数
    void SetHeight(int h){   height = h;   }  //设置圆柱体的高度值
    int GetHeight( ){   return height;   }    //获取圆柱体的高度值
    void ShowHeight( )                        //显示圆柱体的高度值
    {   cout<<"Derived class Cylinder: height = "<<height<<endl;   }
private:                                      //Cylinder 类私有数据成员
    int height;                               //圆柱体高度
};
```

4.3　派生类的构成

　　派生类中的成员包括从基类继承过来的成员和自己新增加的成员两大部分,从基类继承过来的成员体现了派生类从基类继承而获得的共性,而新增加的成员体现了派生类的个性,体现了派生类与基类的不同,体现了不同派生类的区别。图4-3为本章4.2节中的基类 Circle 及其派生类 Cylinder 的成员示意图。

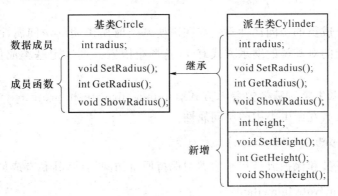

图 4-3　基类 Circle 及其派生类 Cylinder 的成员示意图

　　实际上,并不是把基类的成员和派生类自己新增加的成员简单地加在一起就成为派生类。构造一个派生类一般经历3个步骤:从基类接收成员、调整从基类接收的成员和增加新成员。

1. 从基类接收成员

　　派生类要接收基类全部的成员(不包括基类的构造函数和析构函数),也就是说是没有选择的,不能选择接收其中一部分成员,而舍弃另一部分成员。

　　这样就可能出现一种情况:有些基类的成员在派生类中是用不到的,但是也必须继承过来。这样就会造成数据的冗余,尤其是在多次派生之后,会在许多派生类对象中存在大量无用的数据,不仅浪费了大量的空间,而且在对象的创建、赋值、复制和参数的传递中,花费了许多无谓的时间,从而降低了效率。这在目前的 C++标准中是无法解决的,要求程序员根据派生类的需要慎重选择基类。不要随意地从已有的类中找一个作为基类去构造派生类,应当考虑怎样能使派生类有更合理的结构。实际开发中，根据派生类的实际要求，可以考虑设计一些专门的基类。

2．调整从基类接收的成员

虽然派生类对基类成员的继承是没有选择的全部继承，但是程序员可以对这些成员作某些调整。调整包括两个方面：一方面，可以改变基类成员在派生类中的访问属性，这是通过指定继承方式来实现的，如果在声明派生类时指定继承方式为私有的，则基类中的公用成员和保护成员在派生类中的访问属性就成了私有的，在派生类外不能访问；另一方面，可以在派生类中声明一个与基类成员同名的成员，则派生类的新成员会屏蔽与其同名的基类成员，使同名的基类成员成为"不可见"的，即基类成员的名字被隐藏。关于基类成员在派生类中的访问属性问题和名字隐藏问题，稍后会作详细介绍。

3．增加新成员

这部分内容是很重要的，它体现了派生类对基类功能的扩展。程序员要根据实际情况的需要，仔细考虑应该给派生类增加哪些数据成员和成员函数。

特别提醒，在声明派生类时，一般还应当定义派生类的构造函数和析构函数，因为构造函数和析构函数是不能从基类继承的。

4.4　派生类中基类成员的访问属性

派生类中基类成员的访问属性不仅与在声明基类时所声明的访问属性有关，而且与在声明派生类时所指定的对基类的继承方式有关，这两个因素共同决定基类成员在派生类中的访问属性。

前面已提到：派生类对基类的继承方式有 public、private 和 protected 3 种。不同的继承方式决定了基类成员在派生类中的访问属性。

1．公用继承（public inheritance）

基类的公用成员和保护成员在派生类中保持原有访问属性，其私有成员仍为基类私有。

2．私有继承（private inheritance）

基类的公用成员和保护成员在派生类中成了私有成员。其私有成员仍为基类私有。

3．受保护的继承（protected inheritance）

基类的公用成员和保护成员在派生类中成了保护成员，其私有成员仍为基类私有。

保护成员的意思是：不能被外界访问，但可以被派生类的成员访问。

4.4.1　公用继承

在声明一个派生类时将基类的继承方式指定为 public 的，称为公用继承。用公用继承方式建立的派生类称为公用派生类（public derived class），其基类称为公用基类（public base class）。

采用公用继承方式时，基类的公用成员和保护成员在派生类中仍然保持其公用成员和保护成员的属性，而基类的私有成员在派生类中并没有成为派生类的私有成员，它仍然是基类的私有成员，只有基类的成员函数可以访问它，而不能被派生类的成员函数访问，因此就成为派生类中的不可访问的成员。公用基类的成员在派生类中的访问属性见表 4-1。

表 4-1 公用基类成员在派生类中的访问属性

公用基类的成员	在公用派生类中的访问属性
公用成员	公用
保护成员	保护
私有成员	不可访问

【例 4-1】 公用继承。

```cpp
# include <iostream>
using namespace std;
class Circle                                    //声明基类 Circle——圆类
{public:                                        //Circle 类公用成员函数
    void SetRadius(int r){  radius = r;  }      //设置圆半径的值
    int GetRadius( ){  return radius;  }        //获取圆半径的值
    void ShowRadius( )                          //显示圆半径的值
    {  cout<<" Base class Circle: radius ="<<radius<<endl;  }
private:                                         //Circle 类私有数据成员
    int radius;                                 //圆半径
};
class Cylinder: public Circle              //以 public 方式声明公用派生类 Cylinder——圆柱体类
{public:                                        //Cylinder 类公用成员函数
    void SetHeight(int h){  height = h;  }      //设置圆柱体的高度值
    int GetHeight( ){  return height;  }        //获取圆柱体的高度值
    void ShowHeight( )                          //显示圆柱体的高度值
    {  cout<<"Derived class Cylinder: height ="<<height<<endl;  }
    void Set(int r, int h)
    {  /*下行被注释掉的语句有错误,在公用派生类 Cylinder 中不可直接访问 radius,只能通过基
类 Circle 中提供的公用成员函数 SetRadius 进行间接访问 */
        //radius = r;
        //下行语句正确,SetRadius 从基类 Circle 继承,成为派生类的 public 成员
        SetRadius(r);
        height = h;
    }
    void Show( )
    {  /*下行被注释掉的语句有错误,在公用派生 Cylinder 中不可直接访问 radius,只能通过基类
Circle 中提供的对外接口 GetRadius 进行间接访问 */
        //cout<<"radius ="<<radius<<endl;
        //下行语句正确,GetRadius 从基类 Circle 继承,成为派生类的 public 成员
        cout<<"radius ="<<GetRadius( )<<endl;
        //ShowRadius( );                        //该语句与上句作用类似
        cout<<"height ="<<height<<endl;
    }
private:                                         //Cylinder 类私有数据成员
```

```
        int height;                              //圆柱体高度
    };
    int main( )
    {   Cylinder obj;
        obj.SetRadius(10); //SetRadius 从基类 Circle 继承,成为派生类的 public 成员
        obj.ShowRadius( ); //ShowRadius 从基类 Circle 继承,成为派生类的 public 成员
        obj.SetHeight(20);
        obj.ShowHeight( );
        obj.Set(30, 40);
        obj.Show( );
        return 0;
    }
```

程序运行结果如下：

Base class Circle:radius = 10

Derived class Cylinder:height = 20

radius = 30

height = 40

在例 4-1 中,派生类 Cylinder 公用继承基类 Circle,派生类 Cylinder 的数据成员有两个：radius 和 height,height 是它自己新增加的,访问属性为 private,radius 则继承于 Circle,在 Cylinder 中不可访问,Cylinder 的新增成员函数 Show 要想访问 radius,必须通过 Circle 提供的对外接口 GetRadius 进行间接访问。派生类 Cylinder 的成员函数有 8 个：SetRadius、GetRadius、ShowRadius、SetHeight、GetHeight、ShowHeight、Set、Show。其中前 3 个继承于 Circle,后 5 个是它自己新增加的,它们在 Cylinder 中的访问属性皆为 public。SetRadius、GetRadius 和 ShowRadius 不仅可以被派生类新增的成员函数访问,如 Set 函数对 SetRadius 的访问,Show 函数对 GetRadius 和 ShowRadius 的访问,也可以在派生类外通过派生类对象名访问。如 main 函数中的语句：

```
    obj. SetRadius(10);
    obj. ShowRadius( );
```

4.4.2 私有继承

在声明一个派生类时将基类的继承方式指定为 private 的,称为私有继承,用私有继承方式建立的派生类称为私有派生类(private derived class),其基类称为私有基类(private base class)。

私有基类的公用成员和保护成员在派生类中的访问属性相当于派生类中的私有成员,即派生类的成员函数能访问它们,而在派生类外不能访问它们。私有基类的私有成员在派生类中成为不可访问的成员,只有基类的成员函数可以访问它们。一个基类成员在基类中的访问属性和在派生类中的访问属性可能是不同的。私有基类的成员在私有派生类中的访问属性见表 4-2。

表 4-2 私有基类成员在派生类中的访问属性

私有基类的成员	在私有派生类中的访问属性
公用成员	私有
保护成员	私有
私有成员	不可访问

对表 4-2 的规定不必死记,只需理解:既然声明为私有继承,就表示将原来能被外界访问的成员隐藏起来,不让外界访问,因此私有基类的公用成员和保护成员理所当然地成为派生类中的私有成员。按规定私有基类的私有成员只能被基类的成员函数访问,在基类外当然不能访问它们,因此它们在派生类中是不可访问的。

对于不需要再往下继承的类的功能可以用私有继承方式把它隐蔽起来,这样,下一层的派生类无法访问它的任何成员。

可以知道:一个成员在不同的派生层次中的访问属性可能是不同的。它与继承方式有关。

【例 4-2】 将例 4-1 中的公用继承方式改为用私有继承方式(基类 Circle 不变)。

私有派生类如下:

```
class Cylinder: private Circle              //以 private 方式声明私有派生类 Cylinder
{public:                                    //Cylinder 类公用成员函数
    void SetHeight(int h){  height = h;  }  //设置圆柱体的高度值
    int GetHeight( ){  return height;  }    //获取圆柱体的高度值
    void ShowHeight( )                      //显示圆柱体的高度值
    {  cout<<"Derived class Cylinder: height = "<<height<<endl;  }
    void Set(int r, int h){  SetRadius(r); height = h;  }
    void Show( )
    {  cout<<"radius = "<<GetRadius( )<<endl;
        cout<<"height = "<<height<<endl;
    }
private:                                    //Cylinder 类私有数据成员
    int height;                             //圆柱体高度
};
```

派生类 Cylinder 私有继承基类 Circle。在这种继承方式下,基类的公用成员 SetRadius、GetRadius、ShowRadius 被派生类继承后,在派生类中的访问属性都变成了 private,它们可以被派生类的新增成员函数访问,但不能在派生类外通过派生类对象名访问,必须通过派生类提供的公用成员函数来间接访问,Cylinder 中的 Set 和 Show 就是其这种作用的成员函数。因此,要写如下的 main 函数:

```
int main( )
{   Derived obj;
    //obj.SetRadius(10); //错误,SetRadius 已成为派生类的 private 成员,不能在类外访问
    //obj.ShowRadius( ); //错误,ShowRadius 已成为派生类的 private 成员,不能在类外访问
    obj.SetHeight(20);     obj.ShowHeight( );
    obj.Set(30, 40);       obj.Show( );
    return 0;
}
```

由于私有派生类限制太多,使用不方便,一般不常用。

4.4.3 保护成员和保护继承

由 protected 声明的成员称为"受保护的成员",简称"保护成员"。从类的用户角度来看,保护成员等价于私有成员。但有一点与私有成员不同,保护成员可以被派生类的成员函数访问。

如果基类声明了私有成员，那么任何派生类都是不能访问它们的，若希望在派生类中能访问它们，应当把它们声明为保护成员。如果在一个类中声明了保护成员，就意味着该类可能要用作基类，在它的派生类中会访问这些成员。

在定义一个派生类时将基类的继承方式指定为 protected 的，称为保护继承，用保护继承方式建立的派生类称为保护派生类（protected derived class），其基类称为受保护的基类（protected base class），简称保护基类。

保护继承的特点是：保护基类的公用成员和保护成员在派生类中都成了保护成员，其私有成员仍为基类私有。也就是把基类原有的公用成员也保护起来，不让类外任意访问。

将表 4-1 和表 4-2 综合起来，并增加保护继承的内容，总结 3 种继承方式下基类成员在派生类中的访问属性，见表 4-3。

表 4-3　基类成员在派生类中的访问属性

基类中的成员	在公用派生类中的访问属性	在私有派生类中的访问属性	在保护派生类中的访问属性
公用成员	公用	私有	保护
保护成员	保护	私有	保护
私有成员	不可访问	不可访问	不可访问

保护基类的所有成员在派生类中都被保护起来，类外不能访问，其公用成员和保护成员可以被其派生类的成员函数访问。

从表 4-3 可知：基类的私有成员被派生类继承后变为不可访问的成员，派生类中的一切成员均无法直接访问它们。如果需要在派生类中直接访问基类的某些成员，应当将基类的这些成员声明为 protected，而不要声明为 private。

如果善于利用保护成员，可以在类的层次结构中找到数据共享与成员隐蔽之间的结合点。既可实现某些成员的隐蔽，又可方便地继承，能实现代码重用与扩充。

对以上的介绍，总结如下。

(1)在派生类中，成员有 4 种不同的访问属性。

① 公用的：派生类内和派生类外都可以访问。

② 受保护的：派生类内可以访问，派生类外不能访问，其下一层的派生类可以访问。

③ 私有的：派生类内可以访问，派生类外不能访问。

④ 不可访问的：派生类内和派生类外都不能访问。

派生类中的成员的访问属性可以用表 4-4 表示。

表 4-4　派生类中的成员的访问属性

派生类中的成员	在派生类中	在派生类外	在下层公用派生类中
派生类中访问属性为公用的成员	可以	可以	可以
派生类中访问属性为受保护的成员	可以	不可以	可以
派生类中访问属性为私有的成员	可以	不可以	不可以
在派生类中不可访问的成员	不可以	不可以	不可以

需要说明的是：

① 这里所列出的成员的访问属性是指在派生类中所获得的访问属性。

② 所谓在派生类外部，是指在建立派生类对象的模块中，在派生类范围之外。

③ 如果本派生类继续派生,则在不同的继承方式下,成员所获得的访问属性是不同的,在表 4-4 中只列出在下一层公用派生类中的情况,如果是私有继承或保护继承,可以从表 4-3 中找到答案。

(2) 类的成员在不同作用域中有不同的访问属性,对这一点要十分清楚。

在学习过派生类之后,再讨论一个类的某成员的访问属性,一定要指明是在哪一个作用域中。如基类 Circle 的成员函数 SetRadius,它在基类中的访问属性是公用的,在私有派生类 Cylinder 中的访问属性是私有的。

【例 4-3】　将例 4-1 中的公用继承方式改为用保护继承方式(基类 Circle 不变)。

保护派生类如下:

```
class Cylinder: protected Circle        //以 protected 方式声明保护派生类 Cylinder
{public:                                //Cylinder 类公用成员函数
    void SetHeight(int h){  height = h;  }  //设置圆柱体的高度值
    int GetHeight( ){  return height;  }     //获取圆柱体的高度值
    void ShowHeight( )                       //显示圆柱体的高度值
    {  cout<<"Derived class Cylinder: height = "<<height<<endl;  }
    void Set(int r, int h){   SetRadius(r); height = h;  }
    void Show( )
    {  cout<<"radius = "<<GetRadius( )<<endl;
       cout<<"height = "<<height<<endl;
    }
private:                                 //Cylinder 类私有数据成员
    int height;                          //圆柱体高度
};
```

派生类 Cylinder 保护继承基类 Circle。在这种继承方式下,基类的公用成员 SetRadius、GetRadius、ShowRadius 被派生类继承后,在派生类中的访问属性都变成了 protected,它们可以被派生类的新增成员函数访问,但不能在派生类外通过派生类对象名访问,必须通过派生类提供的公用成员函数来间接访问。因此,要写如下的 main 函数:

```
int main( )
{  Cylinder obj;
   //obj.SetRadius(10);  //错误,SetRadius 已成为派生类的 protected 成员,不能在类外访问
   //obj.ShowRadius( );  //错误,ShowRadius 已成为派生类的 protected 成员,不能在类外访问
   obj.SetHeight(20);     obj.ShowHeight( );
   obj.Set(30, 40);       obj.Show( );
   return 0;
}
```

比较私有继承和保护继承,可以发现,在直接派生类中,以上两种继承方式的作用实际上是相同的:在类外不能访问基类中的任何成员,而在派生类中可以通过成员函数访问基类中的公用成员和保护成员。但是如果继续派生,在新的派生类中,两种继承方式的作用就不同了。例如,如果以公用继承方式派生出一个新派生类,原来私有基类中的成员在新派生类中都成为不可访问的成员,无论在新派生类内或外都不能访问,而原来保护基类中的公用成员和保护成员在新派生类中为保护成员,可以被新派生类的成员函数访问。

在派生类对基类的 3 种继承方式中,公用继承方式使用最多。

4.4.4 成员同名问题

在前面介绍派生类的构成时曾提到:可以在派生类中声明一个与基类成员同名的成员,在这种情况下,派生类的新成员会屏蔽与其同名的基类成员,使同名的基类成员成为"不可见"的,即基类成员的名字被隐藏。看下面的例子。

【例4-4】 派生类成员函数与基类成员函数同名。

```cpp
#include <iostream>
using namespace std;
class Circle                            //声明基类 Circle
{public:                                //基类 Circle 的公用成员函数
    void Set(int r){   radius = r;   }
    void Show( ){   cout<<"Base class Circle: radius = "<<radius<<endl;   }
private:                                //基类 Circle 的私有数据成员
    int radius;                         //圆半径
};
class Cylinder: public Circle           //以 public 方式声明派生类 Cylinder
{public:
    void Set(int r, int h)
    {   Base::Set(r);                   //L1 访问从基类继承过来的同名成员函数 Set( )
        height = h;   }
    void Show( )
    {   Base::Show( );                  //L2 访问从基类继承过来的同名成员函数 Show( )
        cout<<"Derived class Cylinder: height = "<<height<<endl;
    }
private:
    int height;                         //圆柱体高度
};
int main( )
{   Cylinder obj;
    obj.Set(10, 20);                    //L3
    obj.Show( );                        //L4
    //obj.Set(10);                      //L5 错误,只能是 obj.Circle::Set(10);
    obj.Circle::Set(30);                //L6 正确
    obj.Circle::Show( );                //L7
    return 0;
}
```

程序运行结果如下:

```
Base class Circle: radius = 10
Derived class Cylinder: height = 20
Base class Circle: radius = 30
```

从例4-4可以看出:

(1) 如果是在派生类中声明了一个与基类成员函数名字相同,参数也相同的成员函数,则基类中的成员函数将被隐藏。如派生类 Cylinder 中 Show 成员函数隐藏了其基类 Circle 中的

Show 成员函数,在派生类中只能通过基类限定符访问它,如语句行 L2。在派生类外通过"派生类对象名.同名成员函数"访问的是派生类中的同名成员函数,如语句行 L4;如果想在派生类外通过派生类对象名访问其基类中的同名成员函数,也必须通过基类限定符,如语句行 L6、L7。

(2) 如果是在派生类中声明了一个与基类成员函数名字相同,但参数不同的成员函数,则基类中的成员函数也将被隐藏。如派生类 Cylinder 中 Set 成员函数隐藏了其基类 Circle 中的 Set 成员函数,在派生类中只能通过基类限定符访问它,如语句行 L1。在派生类外通过"派生类对象名.同名成员函数"访问的是派生类中的同名成员函数,如语句行 L3;语句行 L5 是错误的,应该修改为语句行 L6。

也有人认为派生类 Cylinder 重载了基类的成员函数 Set,重定义了基类的成员函数 Show。笔者不认同这种观点,其理由有二:①重载不会隐藏同名的其他成员函数名。②重载是指相同作用域中的名字相同、参数不同的同名函数,而派生类与基类各定义了一个唯一的作用域,这两个作用域是各自独立的。

4.5　派生类的构造函数和析构函数

在本章 4.3 节中曾提到:基类的构造函数和析构函数派生类是不能继承的。在声明派生类时,一般还应当自己定义派生类的构造函数和析构函数。下面介绍派生类构造函数和析构函数的定义。

4.5.1　派生类构造函数

我们知道,构造函数的作用是在创建对象时对对象的数据成员进行初始化。派生类数据成员包括从基类继承过来的数据成员和自己新增加的数据成员,在设计派生类的构造函数时,不仅要考虑派生类新增数据成员的初始化,还应当考虑对其从基类继承过来的数据成员的初始化。采取的方法是在执行派生类的构造函数时,调用基类的构造函数。下面从最简单的派生类构造函数的定义说起。

所谓简单的派生类是指只有一个基类,而且只有一级派生,在派生类的数据成员中不包含其他类对象的派生类。简单的派生类构造函数的定义请看下面这个例子。

【例 4-5】 简单派生类的构造函数。

```cpp
# include<iostream>
using namespace std;
# include<string>
class Person                              //声明基类 Person
{public:
    Person(char * Name, char Sex, int Age )   //基类构造函数
    {   strcpy(name, Name); sex = Sex; age = Age;
        cout<<" The constructor of base class Person is called."<<endl;
    }
    ～Person( )                            //基类析构函数
```

```
    { cout<<" The destructor of base class Person is called."<<endl; }
    void Show( )
    {   cout<<" The person's name: "<<name<<endl;
        cout<<"                sex: "<<sex<<endl;
        cout<<"                age: "<<age<<endl;
    }
protected:                              //基类的保护数据成员
    char name[11];                      //姓名,不超过5个汉字
    char sex;                           //性别,M:男,F:女
    int age;                            //年龄
};
class Student: public Person            //声明基类 Person 的公用派生类 Student——大学生类
{public:
    Student(char * Name, char Sex, int Age, char * Id, char * Date, float Score): Person(Name,
Sex, Age)                               //派生类构造函数
    {   //在创造函数的函数体中只对派生类新增的数据成员初始化
        strcpy(id, Id); strcpy(date, Date); score = Score;
        cout<<" The constructor of derived class Student is called."<<endl;
    }
    ~Student( )                         //派生类析构函数
    { cout<<" The destructor of derived class Student is called."<<endl; }
    void StuShow( )
    {   cout<<"        student's id: "<<id<<endl;
        cout<<"               name:"<<name<<endl;
        cout<<"                sex:"<<sex<<endl;
        cout<<"                age:"<<age<<endl;
        cout<<"    enrollment date: "<<date<<endl;
        cout<<"    enrollment score: "<<score<<endl;
    }
protected:
    char id[12];                        //学号,固定为 11 位
    char date[11];                      //入学时间
    float score;                        //入学成绩
};
int main( )
{   Student stu("Mary", 'F', 19, "20120101001", "2012.09.01", 680);
    stu.StuShow( );                     //输出学生信息
    return 0;
}
```

程序运行结果如下：

The constructor of base class Person is called.

The constructor of derived class Student is called.

The student's id: 20120101001

        name:Mary

```
        sex:F
        age:19
enrollment date: 2012.09.01
enrollment score: 680
The destructor of derived class Student is called.
The destructor of base class Person is called.
```

例 4-5 中派生类 Student 的构造函数首行的写法:

```
Student(char * Name, char Sex, int Age, char * Id, char * Date, float Score): Person(Name, Sex, Age)
```

冒号前面是派生类 Student 构造函数的主干,它和以前介绍的构造函数形式相同,但是它的总参数列表中包含着调用基类 Person 的构造函数所需的参数和对派生类新增的数据成员初始化所需的参数。

定义简单派生类构造函数的一般形式为:

```
<派生类构造函数名>(<总参数列表>):<基类构造函数名>(<参数表>)
{
    <派生类新增数据成员初始化>
};
```

在派生类构造函数的总参数列表中,给出了初始化基类数据成员和派生类新增数据成员所需的全部参数,在冒号后面的参数初始化表里写出对基类构造函数的调用。在生成派生类对象时,系统首先会使用这里的参数,来调用基类的构造函数。

例 4-5 中派生类 Student 的构造函数有 6 个形参,前 3 个形参作为调用基类构造函数的实参,后 3 个形参为对派生类新增数据成员初始化所需要的参数。其关系如图 4-4 所示。

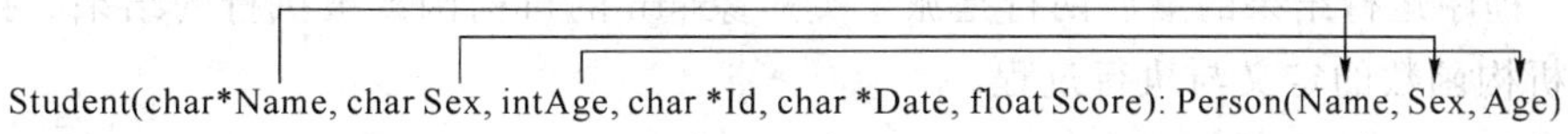

```
Student(char*Name, char Sex, intAge, char *Id, char *Date, float Score): Person(Name, Sex, Age)
```

图 4-4   派生类 Cylinder 的构造函数的参数传递

从例 4-5 程序的运行结果可以看出派生类构造函数的具体执行过程:先调用基类的构造函数,对派生类对象从基类继承过来的数据成员进行初始化;再执行派生类构造函数的函数体,对派生类对象新增数据成员进行初始化。

在定义派生类构造函数时,还有以下几种情况需要注意。

(1) 多级派生的构造函数。一个类不仅可以派生出一个派生类,派生类还可以继续派生,形成派生的层次结构。在派生的层次结构中,每一层派生类的构造函数只负责调用其上一层(即它的直接基类)的构造函数。若在例 4-5 的基础上由派生类 Student 再派生出派生类 Graduate,则派生类 Graduate 的构造函数的定义如下。

```
//声明 Student 类的公用派生类 Graduate——研究生类
class Graduate: public Student
{public:
    //派生类的构造函数
    Graduate(char * Name, char Sex, int Age, char * Id, char * Date, float Score, char * Direct,
char * Teacher): Student(Name, Sex, Age, Id, Date, Score)
    {   //在函数体中只对派生类所新增的数据成员初始化
        strcpy(direct, Direct); strcpy(teacher, Teacher);
        cout<<" The constructor of derived class Graduate is called."<<endl;
```

```
     }
     void GradShow( )
     {   StuShow( );
         cout<<"          direct:"<<direct<<endl;
         cout<<"       teacher name:"<<teacher<<endl;
     }
     ~Graduate( )                            //派生类的析构函数
     {   cout<<"The destructor of derived class Graduate is called."<<endl; }
protected:                                   //派生类的保护数据成员
     char direct[21];                        //研究方向,不超过10个汉字
     char teacher[11];                       //导师姓名,不超过5个汉字
};
```

（2）当不需要对派生类新增的成员进行任何初始化操作时,派生类构造函数的函数体可以为空。此派生类构造函数的作用只是为了将参数传递给基类构造函数,并在执行派生类构造函数时调用基类构造函数。

（3）如果基类中没有定义构造函数,或定义了没有参数的构造函数,那么在定义派生类构造函数时,在其参数初始化表中可以不写对基类构造函数的调用。在调用派生类构造函数时,系统会自动调用基类的默认构造函数。

如果在基类中既定义了无参的构造函数,又定义了有参的构造函数（构造函数的重载）,则在定义派生类构造函数时,在其参数初始化表中既可以包含对基类构造函数的调用,也可以不包含对基类构造函数的调用。可以根据创建派生类对象的实际需要决定采用哪一种方式。

例 4-5 程序运行结果的最后两行是派生类对象 stu 的析构函数被执行的结果。接下来介绍派生类析构函数的定义与执行过程。

4.5.2　派生类析构函数

与构造函数一样,基类的析构函数派生类也不能继承。在声明派生类时,可以根据需要定义自己的析构函数,用来对派生类对象所涉及的额外内存空间（一般为其指针数据成员所指向的内存空间）进行清理。在定义派生类析构函数时,不需要显示书写对基类析构函数的调用,这点希望引起注意。系统在执行派生类的析构函数时,会自动调用基类的析构函数。下面举一个简单的例子来说明派生类析构函数的执行过程。

【例 4-6】　派生类的析构函数。

```
# include<iostream>
using namespace std;
# include<string>
class Person                                 //声明基类 Person
{public:
     Person(char * Name, char Sex, int Age )  //基类构造函数
     {   name = new char[strlen(Name) + 1];
         strcpy(name, Name); sex = Sex; age = Age;
         cout<<"The constructor of base class Person is called."<<endl;
     }
     ~Person( )                               //基类析构函数
```

```
{   delete name；
        cout<<″The destructor of base class Person is called.″<<endl；   }
    protected：                              //基类的保护数据成员
        char * name；                       //姓名
        char sex；                          //性别,M:男,F:女
        int age；                           //年龄
};
class Student：public Person              //声明基类 Person 的公用派生类 Student——大学生类
{public：
    Student(char * Name, char Sex, int Age, char * Id, char * Date, float S    core)：
    Person(Name, Sex, Age)                //派生类构造函数
    {   id = new char[strlen(Id) + 1]； strcpy(id, Id)；
        date = new char[strlen(Date) + 1]； strcpy(date, Date)；
        score = Score；
        cout<<″The constructor of derived class Student is called.″<<endl；
    }
    ～Student( )                           //派生类析构函数
    {   delete id； delete date；
        cout<<″The destructor of derived class Student is called.″<<endl；
    }
protected：
    char * id；                            //学号
    char * date；                          //入学时间
    float score；                          //入学成绩
};
int main( )
{   Student stu(″Mary″, ′F′, 19, ″20120101001″, ″2012.09.01″, 680)；
    return 0；
}
```

程序运行结果如下：

The constructor of base class Person is called.

The constructor of derived class Student is called.

The destructor of derived class Student is called.

The destructor of base class Person is called.

从例 4-6 程序的运行结果可以看出,派生类析构函数的执行过程与构造函数正好相反。先执行派生类的析构函数的函数体,对派生类新增加的成员所涉及的额外内存空间进行清理。再调用基类的析构函数,对派生类从基类继承过来的成员所涉及的额外内存空间进行清理。

4.6 多重继承

多重继承(Multiple Inheritance,MI)是指派生类具有两个或两个以上的直接基类(Direct Class)。

多重继承派生类是一种比较复杂的类构造形式，能够很好地描述现实世界中具有多种特征的对象，例如两栖动物，既有水生生物的特征，又有陆生生物的特征；一个研究生助教既有研究生的特征，又有助教的特征等。C++为了适应这种情况，允许一个派生类同时继承多个基类。

4.6.1　声明多重继承的方法

多重继承可以看做是单继承的扩展，派生类和每个基类之间的关系可以看做是一个单继承。多重继承派生类的声明格式如下：

```
class ＜派生类名＞:［继承方式］＜基类名1＞,…,［继承方式］＜基类名n＞
{
    ＜派生类新增加成员＞
};
```

其中不同的基类可以选择不同的继承方式。

4.6.2　多重继承派生类的构造函数与析构函数

在多重继承方式下，定义派生类构造函数的一般形式如下：

```
＜派生类名＞(＜总参数列表＞):＜基类名1＞(＜参数表1＞),…,＜基类名n＞(＜参数表n＞)
{
    ＜派生类新增数据成员的初始化＞
};
```

其中，＜总参数表＞必须包含完成所有基类数据成员初始化所需的参数。

多重继承方式下派生类的构造函数与单继承方式下派生类构造函数相似，但同时负责该派生类所有基类构造函数的调用。构造函数调用顺序为：先调用所有基类的构造函数，再执行派生类构造函数的函数体。所有基类构造函数的调用顺序将按照它们在继承方式中的声明次序调用，而不是按派生类构造函数参数初始化列表中的次序调用。

继续使用本章4.5.1节代码中声明的基类Person、Person的公用派生类Student、Student的公用派生类Graduate，再由基类Person声明一个公用派生类Employee——职工类，然后由Graduate和Employee共同派生出一个派生类GradOnWork——在职研究生类。看下面的示例代码。

【例4-7】 多重继承派生类的构造函数。

```cpp
#include<iostream>
using namespace std;
…(此处省略Person、Student、Graduate类的声明，参见第4.5.1节代码)
class Employee: public Person                //声明基类Person的公用派生类Employee——职工类
{public:
    Employee(char * Name, char Sex, int Age, char * Num, char * Clerk, char * Depart, char * Timer):
    Person(Name, Sex, Age)                //派生类构造函数
    {  strcpy(num, Num);  strcpy(clerk, Clerk);
        strcpy(department, Depart);  strcpy(timer, Timer);
        cout<<" The constructor of derived class Employee is called."<< endl;
    }
    ~Employee( )                           //派生类析构函数
```

```
    { cout<<" The destructor of derived class Employee is called."<<endl; }
    void EShow( )
    {    cout<<"     employee's num："<<num<<endl;
        cout<<"            clerk："<<clerk<<endl;
        cout<<"        department："<<department<<endl;
        cout<<"            timer："<<timer<<endl;
    }
    void EmpShow( )
    {    Show( );
        cout<<"     employee's num："<<num<<endl;
        cout<<"            clerk："<<clerk<<endl;
        cout<<"        department："<<department<<endl;
        cout<<"            timer："<<timer<<endl;
    }
protected：                              //派生类的保护数据成员
    char num[8];                         //职工编号,固定为7位字符
    char clerk[21];                      //职称,不超过10个汉字
    char department[31];                 //部门,不超过15个汉字
    char timer[11];                      //工作时间
};
//声明 Graduate 和 Employee 的共同派生类 GradOnWork——在职研究生类
class GradOnWork：public Graduate, public Employee
{public：
    GradOnWork(char * Name, char Sex, int Age, char * Id, char * Date, float Score, char * Direct, char
* Teacher, char * Num, char * Clerk, char * Depart, char * Timer)：Graduate(Name, Sex, Age, Id, Date,
Score, Direct, Teacher), Employee(Name, Sex, Age, Num, Clerk, Depart, Timer)  //派生类构造函数
    { cout<<" The constructor of derived class GradOnWork is called."<< endl;   }
    ~GradOnWork( )                       //派生类析构函数
    {    cout<<" The destructor of derived class GradOnWork is called."<<endl; }
    void GWShow( )
    {
    cout<<" Be the graduate:"<<endl;
    GradShow( );
    cout<<" Be the employee:"<<endl;
    EShow( );
    }
};
int main( )
{    GradOnWork gw("Mary", 'F', 19, "20120101001", "2012. 09. 01", 680, "Computer", "Johnson", "
JG01029", "Senior Engineer", "Research Department", "20 years");
    gw.GWShow( );                        //输出在职研究生信息
    return 0;
}
```

程序运行结果如下：

```
The constructor of base class Person is called.
The constructor of derived class Student is called.
The constructor of derived class Graduate is called.
The constructor of base class Person is called.
The constructor of derived class Employee is called.
The constructor of derived class GradOnWork is called.
Be the gradute：
    student's id：20120101001
            name：Mary
            sex：F
            age：19
enrollment date：2012.09.01
enrollment score：680
        direct：Computer
    teacher name：Johnson
Be the employee：
employee's num：JG01026
        clerk：Senior Engineer
    department：Research Department
        timer：20 years
The destructor of derived class GradOnWork is called.
The destructor of derived class Employee is called.
The destructor of base class Person is called.
The destructor of derived class Graduate is called.
The destructor of derived class Student is called.
The destructor of base class Person is called.
```

请注意：由于在基类中把数据成员都声明为 protected，因此派生类的成员函数可以直接访问基类的这些数据成员，如果在基类中把数据成员声明为 private，则派生类的成员函数不能直接访问这些数据成员。

派生类析构函数的执行，多重继承方式也与单继承方式类似。派生类析构函数的执行顺序与其构造函数执行顺序正好相反，首先执行派生类析构函数的函数体，对派生类新增的数据成员所涉及的额外内存空间进行清理；然后调用基类的析构函数，对从基类继承来的成员所涉及的额外内存空间进行清理。所有基类的析构函数将按照它们在继承方式中的声明次序的逆序、从右到左调用。例 4-7 的运行结果证明了这一点。

4.6.3 多重继承引起的二义性问题

在多重继承方式下，派生类继承了多个基类的成员。如果在这多个基类中拥有同名的成员，那么，派生类在继承各个基类的成员之后，当调用该派生类的这些同名成员时，由于成员标识符不唯一，出现二义性，编译器无法确定到底应该选择派生类中的哪一个成员，这种由于多重继承而引起的对派生类的某个成员访问出现不唯一的情况就称为二义性问题。二义性主要分为以下 3 种类型。

（1）两个基类有同名成员。看下面的程序：

```cpp
# include <iostream>
using namespace std;
# include <string>
class Teacher                                    //声明基类 Teacher——教师类
{public:
    Teacher(string na, string tit, string t):name(na), title(tit), tel(t){ }
    void Show( )
    {   cout<<"name: "<<name<<endl;
        cout<<"title: "<<title<<endl;
        cout<<"tel: "<<tel<<endl;            }
protected:
    string name, title, tel;                     //教师的姓名,职称,电话
};
class Leader                                     //声明基类 Leader——行政人员类
{public:
    Leader(string na, string p, string t):name(na), post(p), tel(t){ }
    void Show( )
    {   cout<<"name: "<<name<<endl;
        cout<<"post: "<<post<<endl;
        cout<<"tel: "<<tel<<endl;              }
protected:
    string name, post, tel;                      //行政人员的姓名,职务,电话
};
//声明派生类 Teacher_Leader——教师兼行政人员类
class Teacher_Leader: public Teacher, public Leader
{public:
    Teacher_Leader(string na, string tit, string p, string t, float w):Teacher(na, tit, t), Leader(na, p, t), wage(w) {}
    void Display( )
    {   cout<<"name: " <<Teacher::name<<endl;
        cout<<"title: "<<title<<endl;
        cout<<"tel: " <<Teacher::tel<<endl;
        //Teacher::Show( );         //该句可以替代上面3句,输出 Teacher 类对象数据成员的值
        cout<<"post: "<<post<<endl;
        cout<<"wages: "<<wage<<endl;
    }
private:
    float wage;                                  //工资
};
int main( )
{ Teacher_Leader obj("Wang-li", "professor", "department chairman", "(021)61234567", 7000);
```

```
    obj.Display( );

    obj.Show( );  //错误,编译系统无法识别要访问的是哪一个基类的 Show 成员

    return 0;

}
```

编译此程序,出现如下错误和警告提示:

error C2385:´Teacher_Leader::Show´ is ambiguous

warning C4385: could be the´Show´in base´Teacher´of class´Teacher_Leader´

warning C4385: or the´Show´in base´Leader´of class´Teacher_Leader´

由于基类 Teacher 和 Leader 中都有成员函数 Show,编译系统无法识别要访问的是哪一个基类的成员,因此程序编译出错。解决此类问题可以用基类名来限定,即写成:

obj.Teacher::Show( ); //访问 obj 对象中的从基类 Teacher 继承的 Show 成员

如果是在派生类 Teacher_Leader 的成员函数(如 Display)中访问基类 Teacher 的 name、tel 和 Show 成员,同样要用基类名来限定(参见 Display 函数体中的第 1～4 行代码)。

（2）两个基类和派生类三者都有同名成员,如将上面的 Teacher_Leader 类改为:

```
class Teacher_Leader: public Teacher, public Leader
{public:
    Teacher_Leader(string na, string tit, string p, string t, float w): Teacher(na, tit, t), Leader
    (na, p, t), wage(w) {}
    void Show( )
    {   Teacher::Show( );
        cout<<"post: "<<post<<endl;
        cout<<"wages: "<<wage<<endl;
    }
private:
    float wage;  //工资
};
```

此时,如果在 main 函数中用派生类 Teacher_Leader 定义一个对象 obj,并调用其成员函数 Show,如下:

obj.Show( ); //正确,访问派生类的 Show 成员

程序能正常编译,也能正常运行。此时它访问的是派生类 Teacher_Leader 中的成员。规则是:基类的同名成员在派生类中被屏蔽,成为"不可见"的,即基类成员的名字被隐藏。

（3）如果两个基类是从同一个基类派生的,如例 4-7 中声明的在职研究生类 GradOn-Work,它的两个基类 Graduate 和 Employee 从同一个基类 Person 派生。此时,在类 Graduate 和 Employee 中虽然没有定义成员函数 Show,但是它们都从类 Person 中继承了数据成员 name、sex、age 和成员函数 Show,这样在类 Graduate 和 Employee 中同时存在着两个同名的数据成员 name、sex、age 和成员函数 Show。类 Graduate 和 Employee 中的数据成员 name、sex、age 分别代表着不同的存储单元,但是存放的是同一个人的姓名、性别和年龄。GradOn-Work 的组成如图 4-5 所示。

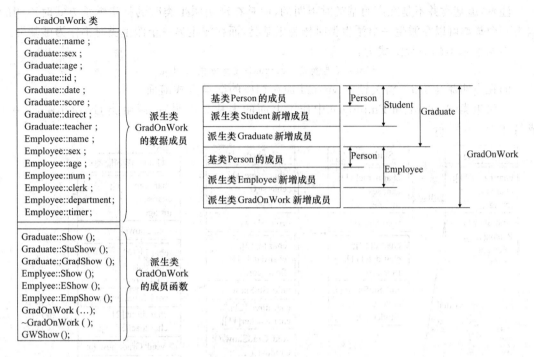

图 4-5　间接派生类 GradOnWork 中的成员

如果在 main 函数中用派生类 GradOnWork 定义一个对象 obj,并调用其成员函数 Show,不能直接用"obj.Show( );"或"obj.Person::Show( );"。因为这样无法区别是类 Graduate 中从基类 Person 继承下来的成员,还是类 Employee 中从基类 Person 继承下来的成员。同样是通过基类名来加以限定,使用下面 3 个语句中的任何一个都可以。

obj.Graduate::Show( );

obj.Employee::Show( );

obj.Student::Show( );

4.6.4 虚基类

1. 虚基类的作用

从本章 4.6.3 节的介绍可知,如果一个派生类有多个直接基类,而这些直接基类又有一个共同的基类,则在最终的派生类中会保留该间接共同基类成员的多个同名成员。这种情况有时是必要的,但是由于保留间接共同基类的多个成员,不仅占用较多的存储空间,还增加了访问这些成员时的困难,容易出错。为了解决这个问题,C++提供了虚基类(virtual base class)的方法,使得在继承间接共同基类时只保留其一个成员。

现在将例 4-7 中的类 Person 声明为虚基类,形式如下:

```
class Person
{…};

class Student: virtual public Person
{…};

class Employee: virtual public Person
{…};
```

注意：虚基类并不是在声明基类时声明的，而是在声明派生类时的指定继承方式时声明的。因为一个基类可以在派生一个派生类时作为虚基类，而在派生另一个派生类时不作为虚基类。

声明虚基类的一般形式为：

class 派生类名：virtual 继承方式 基类名

即在声明派生类时，将关键字 virtual 加在相应的继承方式前面。

在派生类 Student 和 Employee 中作了上面的虚基类声明后，派生类 GradOnWork 中的成员如图 4-6 所示。

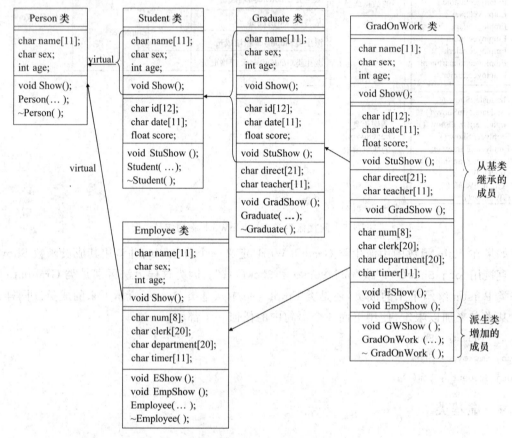

图 4-6　虚拟继承派生类 GradOnWork 中的成员

注意：为了保证虚基类在派生类中只继承一次，应当在该基类的所有直接派生类中都把基类声明为虚基类。否则仍然会出现对基类的多次继承。如果如图 4-7 所示的那样，在派生类 B 和 C 中将类 A 声明为虚基类，而在派生类 D 中没有将类 A 声明为虚基类，则在派生类 E 中，虽然从类 B 和 C 路径派生的部分只保留一份基类成员，但从类 D 路径派生的部分还保留一份基类成员。

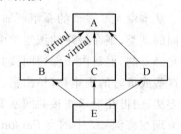

图 4-7　多重继承与虚基类

2. 虚基类的初始化

如果在虚基类中定义了带参数的构造函数，而且没有定义默认构造函数，则在其所有派生类（包括直接派生或间接派生的派生类）中，都要通过构造函数的初始化表对虚基类进行初始化。看下面的例子。

【例 4-8】　虚基类的初始化。

本例继续使用例 4-7 中的代码,对例 4-7 的代码进行修改,修改部分包括:(1)声明基类 Person 为虚基类;(2)修改派生类 Graduate 和 GradOnWork 的构造函数,在它们的参数初始化表中增加对虚基类 Person 构造函数的调用。下面只列出了有改动的代码部分,加粗字体是新添加的代码,其余省略代码请参见例 4-7。

```
# include<iostream>
using namespace std;
# include<string>
…(基类 Person 声明代码略)
class Student: virtual public Person          //声明基类 Person 为 Student 的虚基类
{   …(类体略)   };
//声明 Student 类的公用派生类 Graduate
class Graduate: public Student
{public:
    Graduate(char * Name, char Sex, int Age, char * Id, char * Date, float Score, char * Direct,
char * Teacher): Person(Name, Sex, Age), Student(Name, Sex, Age, Id, Date, Score) //派生类的构造函数
    {   …(构造函数的函数体略)   }
    …(其他代码略)
};
//声明基类 Person 为 Employee 的虚基类
class Employee: virtual public Person
{   …(类体略)   };
//声明 Graduate 和 Employee 的共同派生类 GradOnWork
class GradOnWork: public Graduate, public Employee
{public:
    GradOnWork(char * Name, char Sex, int Age, char * Id, char * Date, float Score, char * Direct,
char * Teacher, char * Num, char * Clerk, char * Depart, char * Timer): Person(Name, Sex, Age), Gradu-
ate(Name, Sex, Age, Id, Date, Score, Direct, Teacher), Employee(Name, Sex, Age, Num, Clerk, Depart,
Timer) //派生类构造函数
    { cout<<" The constructor of derived class GradOnWork is called."<< endl;   }
    …(其他代码略)
};
    int main( )
{   GradOnWork obj("Mary", 'F', 19, "20120101001", "2012.09.01", 680, "Computer", "Johnson", "
JG01029", "Senior Engineer", "Research Department", "20 years");
    obj.Show( );                             //只输出在职研究生的姓名、性别和年龄
    return 0;
}
```

大家可能会有这样的疑问:类 GradOnWork 的构造函数通过初始化表调用了虚基类的构造函数,而类 Student、Graduate 和 Employee 的构造函数也通过初始化表调用了虚基类的构造函数,这样虚基类的构造函数岂不是被调用了 4 次? 大家不必多虑,C++编译系统只执行最后的派生类对虚基类的构造函数的调用,而忽略虚基类的其他派生类(如类 Student、Graduate 和 Employee)对虚基类的构造函数的调用,这就保证了虚基类的数据成员不会被多次初始化。

派生类构造函数调用的次序有 3 个原则:
(1) 同一层中对虚基类构造函数的调用优先于对非虚基类构造函数的调用。

　　（2）若同一层次中包含多个虚基类，则这些虚基类的构造函数按照它们在继承方式中的声明次序调用。

　　（3）若虚基类由非虚基类派生出来，则仍然先调用基类构造函数，再按派生类中构造函数的执行顺序调用。

　　派生类的析构函数调用的次序与构造函数的正好相反。如果存在虚基类时，在析构函数的调用过程中，同一层对普通基类析构函数的调用总是优先虚基类的析构函数。

　　综上所述，使用多重继承时要十分小心，经常会出现二义性问题。许多专业人员认为：不提倡在程序中使用多重继承，只有在比较简单和不易出现二义性的情况或实在必要时才使用多重继承，能用单一继承解决的问题就不要使用多重继承。也是由于这个原因，有些面向对象的程序设计语言（如 Java、Smalltalk）并不支持多重继承。

4.7　基类与派生类对象的关系

　　通过前面的学习可以发现：3 种继承方式中，只有公用继承能够较好地保留基类的特征，它保留了除构造函数、析构函数以外的基类所有成员，基类的公用和保护成员的访问权限在派生类中都按原样保留了下来，在派生类外可以通过派生类对象名调用基类的公用成员函数来间接访问基类的私有成员。因此，公用派生类具有基类的全部功能，所有基类能够实现的功能，公用派生类都能实现。而非公用派生类（私有或保护派生类）不能实现基类的全部功能。因此，基类对象与公用派生类对象之间有赋值兼容关系。具体表现在以下 3 个方面。

　　（1）公用派生类对象可以向基类对象赋值。

　　由于公用派生类具有基类所有成员，所以把公用派生类的对象赋给基类对象是合理的。例如：

```
Person person("Mary", 'F', 19,);          //定义基类 Person 的对象 person
//定义基类 Person 的公用派生类 Student 的对象 student
Student student("Mary", 'F', 19, "20120101001", "2012.09.01", 680);
person = student; //用公用派生类对象 student 对其基类对象 person 赋值
```

其中 Person、Student 是例 4-5 声明的类。这样的赋值是允许的，在赋值时舍弃派生类新增的成员，如图 4-8 所示。实际上，所谓赋值只是对数据成员赋值，对成员函数不存在赋值问题。

　　由图 4-8 也可以看出如果将语句"person = student;"修改为：

```
student = person;    //用基类对象 person 对其公用派生类对象 student 赋值
```

是不正确的，因为基类对象中不包含派生类的新增成员，无法对派生类的新增成员赋值。同理，同一基类的不同派生类的对象之间也不能进行赋值。

　　（2）公用派生类对象可以代替基类对象向基类对象的引用进行赋值或初始化。

```
Person person("Mary", 'F', 19,);
Student student("Mary", 'F', 19, "20120101001", "2012.09.01", 680);
//定义基类 Person 的对象的引用 personref，并用 person 对其初始化
Person &personref = person;
```

　　这时，引用 personjref 是 person 的别名，personref 与 person 共享同一存储单元。也可以用对象 student 对引用 personref 进行初始化，将上面的语句"Person &personref = person;"

修改为：

　　Person &personref = student；

　　或者保留语句"Person ＆ personref＝person；"，再对 personref 重新赋值：

　　personref = student；//用派生类对象 student 对 person 的引用 personref 赋值

　　需要说明的是，此时 personref 并不是 student 的别名，也不与 student 共享同一段存储单元。它只是 student 中基类部分的别名，personref 与 student 中基类部分共享同一段存储单元，person-ref 与 student 具有相同的起始地址，如图 4-9 所示。此时，通过 personref 只能访问 student 从基类继承过来的成员，而不能访问 student 新增的成员，如语句"personref. Show（）；"是正确的，而语句"personref. StuShow（）；"是错误的。

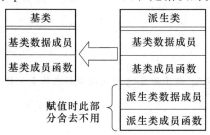
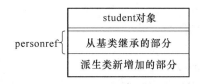

　　　图 4-8　派生类对象向基类对象赋值　　　　图 4-9　派生类对象对基类对象的引用赋值

　　同样，公用派生类对象地址可以代替基类对象地址向指向基类对象的指针进行赋值或初始化，即指向基类对象的指针也可以指向公用派生类对象。但是通过指向基类对象的指针只能访问公用派生类对象中的基类成员，而不能访问公用派生类对象新增加的成员。

　　（3）如果函数的参数是基类对象或基类对象的引用，相应的实参可以使用公用派生类对象。如有一函数 Show 如下：

　　void Show(Person &ref){　　cout＜＜ref.Show（）＜＜endl；　}

则在调用函数 Show 时可以用基类 Person 的公用派生类对象作为实参，即

　　//定义基类 Person 的公用派生类 Student 的对象 student

　　Student student("Mary", 'F', 19, "20120101001", "2012.09.01", 680);

　　Show(student);

　　同样，如果函数的参数是指向基类对象的指针，相应的实参可以使用公用派生类对象的地址。如果把上面的 Show 函数修改为：

　　void Show(Person * p){　　cout＜＜p-＞Show（）＜＜endl；　}

则在调用函数 Show 时可以用 student 的地址作为实参，即

　　Show(&student);

　　特别提醒：在 Show 函数的函数体中只能通过基类对象的引用或指向基类对象的指针访问派生类对象从基类继承过来的成员，而不能访问派生类对象新增加的成员。

　　【例 4-9】 基类对象的指针指向公用派生类对象的应用。

```
# include ＜iostream＞
using namespace std;
class Point                                //声明基类
{public:
    Point(double a = 0, double b = 0){　x = a; y = b;　}
    void Show（）
```

```
        { cout<<"The coordinates of the point: ("<<x <<", "<< y<<")"<<endl; }
protected:
    double x, y;                              // 点的坐标值
};
class Circle: public Point                    //声明公用派生类 Circle
{public:
    Circle(double a = 0, double b = 0, double c = 1): Point(a, b){r = c;}
    void Show( )
    {    cout<<" The center coordinates of the Circle: ";
         cout<<"("<<x<<", "<<y<<")"<<endl;
         cout<<"radius: "<<r<<endl;
    }
private:
    double r;                                 //圆半径,基类中 x, y 为圆心坐标点的坐标值
};
int main( )
{   Point point(0, 0);
    Circle circle(1, 1, 2);
    Point  * p = &point;
    p ->Show( );
    p = &circle;
    p ->Show( );
    return 0;
}
```

程序运行结果如下：

The coordinates of the point: (0, 0)
The coordinates of the point: (1, 1)

在例 4-9 的 main 函数中,定义了一个指向 Point 类对象的指针变量 p,并使其指向 point 对象,然后通过 p 调用 Show 函数,其形式等同于 point. Show( )。而当 p 指向 circle 时,再通过 p 调用 Show 函数,其实调用的是 circle 从基类继承过来的 Show 函数,而不是派生类中新增的 Show 函数,这是因为指针 p 指向的是 circle 从基类继承过来的部分。

通过例 4-9 可以看到:用指向基类对象的指针指向公用派生类对象是合法的、安全的,不会出现编译上的错误。但在应用上却不能完全满足我们的要求,我们有时希望通过使用基类指针能够调用基类和派生类对象的成员。在第 5 章就要解决这个问题,其办法是使用虚函数。

4.8 组　　合

前面学习的继承描述的是类与类之间的一般与特殊的关系,即如果 A 是 B 的一种,则允许 A 继承 B 的功能和属性。如研究生是学生的一种,那么研究生类可从学生类派生;汽车是交通工具的一种,小汽车是汽车的一种,那么汽车类可从交通工具类派生,小汽车类可以从汽车类派生。

而这里所说的组合描述的是类与类之间的整体与部分的关系,即如果在逻辑上 A 是 B 的

一部分,则允许 A 和其他数据成员组合成 B。例如,发动机、车轮、电池、车门、方向盘、底盘都是小汽车的一部分,它们组合成汽车,而不能说发动机是汽车的一种。

看下面 3 个类的简单声明:

```
class Student                              //学生类
{public:
    Student(string num, string name, char sex, int age): num(num), name(name), sex(sex), age(age)
    { }
    …
private:
    string num;
    string name;
    char sex;
    int age;
};
class Date                                 //生日类
{public:
    Date(int y, int m, int d) {  year = y; month = m; day = d;  }
    …
private:
    int year, month, day;
};
class Graduate: public Student             //研究生类
{public:
    Graduate(string num, string name, char sex, int age, int y, int m, int d, string direct):
Student(num, name, sex, age), birthday(y, m, d), direct(direct){ }
    …
private:
    Date birthday;                         //生日,Date 类的对象作为数据成员
    string direct;                         //研究方向
};
```

类的组合和继承都是软件重用的重要方式。但二者的概念和用法不同。Graduate 类通过继承,从 Student 类得到了 num、name、sex、age 等数据成员,通过组合,从 Date 类得到了 year、month、day 等数据成员。继承是纵向的,组合是横向的。

如果定义了 Graduate 对象 grad,显然 grad 包含了生日的信息。通过这种方法有效地组织和利用现有的类,大大减少了设计工作量。还有,如果修改了对象数据成员(也称为子对象)所属类的部分内容,只要该类的对外公用接口(访问属性为 public 的成员)不变,如无必要,组合类可以不修改。但组合类需要重新编译。

在这里,请注意包含子对象的派生类构造函数的书写形式。在派生类构造函数的总参数列表中,给出了初始化基类数据成员、新增子对象数据成员及新增一般数据成员所需的全部参数。在参数表后,列出基类构造函数名、子对象名及各自的实参表,各项之间用逗号分隔。这里基类构造函数名、子对象名之间的次序无关紧要,它们各自出现的顺序可以是任意的。在生成派生类对象时,系统首先会使用这里的参数,来调用基类和子对象的构造函数。

定义包含子对象的派生类构造函数的一般形式为：

＜派生类构造函数名＞（＜总参数列表＞）：＜基类构造函数名＞（＜参数表 1＞），＜子对象成员名＞（＜参数表 2＞）

{

＜派生类新增数据成员初始化＞

}；

在上面的代码中，派生类 Graduate 的构造函数有 8 个形参，前 4 个作为调用基类构造函数的实参，第 5、6、7 个作为调用子对象构造函数的实参，第 8 个为对派生类新增数据成员 direct 初始化所需要的参数。

如果派生类有多个子对象，派生类的构造函数的写法依此类推，应列出每一个子对象及其参数。

包含子对象派生类构造函数的执行顺序：

（1）最先调用基类的构造函数，对基类数据成员初始化。当派生类有多个基类时，各基类构造函数的调用顺序按照它们在继承方式中的声明次序调用，而不是按派生类构造函数参数初始化列表中的次序调用。

（2）再调用子对象的构造函数，对子对象数据成员初始化。当派生类有多个子对象时，各子对象构造函数按派生类声明中子对象出现的次序调用，而不是按派生类构造函数参数初始化列表中的次序调用。

（3）最后执行派生类构造函数的函数体，对派生类新增一般数据成员初始化。

包含子对象派生类析构函数的执行顺序与其构造函数的执行顺序相反：

（1）最先执行派生类析构函数的函数体，对派生类新增的一般数据成员进行清理。

（2）再调用子对象的析构函数，对子对象所涉及的额外内存空间进行清理，按派生类声明中子对象出现的逆序调用。

（3）最后调用基类的析构函数，对基类所涉及的额外内存空间进行清理，多个基类则按照派生类声明时列出的逆序、从右到左调用。

4.9　学生信息管理系统中继承与组合机制的应用

在学生信息管理系统中，学生类与日期类之间是组合关系，学生类是整体类，日期类是部分类。顺序表类与学生类之间也是组合关系，顺序表类是整体类，学生类是部分类。各类的声明代码如下。

1. 学生类

学生类的声明放在名为 student.h 的头文件中，具体内容如下：

```
// student.h: interface for the Student class.
# include "date.h"
# include <string>
# if ! defined STUDENT_H
# define STUDENT_H
class Student
{public:
```

```
        Student( );                              //构造函数
        virtual ～Student( );                    //析构函数
        void Show( );                            //显示学生信息的成员函数
        void SetValue(char * num,char * name,char * sex,Date birthday,
        float english,float datastructure,float cpp);//给学生的所有属性赋值的成员函数
        char * GetNum( );                        //取得学生的学号的成员函数
        char * GetName( );                       //取得学生的姓名的成员函数
        char * GetSex( );                        //取得学生的性别的成员函数
        Date GetBirthday( );                     //获得学生的出生日期的成员函数
        float GetEnglish( );                     //取得学生的英语成绩的成员函数
        float GetDataStructure( );               //取得学生的数据结构成绩的成员函数
        float GetCPP( );                         //取得学生的 C＋＋成绩的成员函数
        float GetSum( );                         //取得学生的总成绩的成员函数
        float GetAverage( );                     //取得学生的平均成绩的成员函数
        void ReadFromFile(fstream&);             //从文件中读入数据的成员函数
        void WriteToFile(fstream&) const;        //将数据写入到文件中的成员函数
private：
        char Num[12];                            //学号
        char Name[11];                           //姓名
        char Sex[3];                             //性别
        Date Birthday;                           //出生日期
        float English;                           //英语成绩
        float DataStructure;                     //数据结构成绩
        float CPP;                               //C＋＋成绩
        float Sum;                               //总成绩
        float Average;                           //平均成绩
};
＃endif
```

学生类的大部分成员函数,实现都比较简单,只有从文件中读入数据和将数据写入文件的成员函数大家可能比较陌生,这两个成员函数的函数体也不复杂,只不过用到了文件流对象,有关文件操作的内容第 9 章有详细介绍。在这里先把代码列出来,大家可以等学过第 9 章之后再来看这里的文件操作代码。

Student 类各成员函数的类外实现代码放在名为 student. cpp 的源文件中,具体内容如下:

```
// student. cpp：implementation of the Student class.
＃include "student. h"
＃include <fstream>
＃include <iomanip>
Student：：Student( )
{    strcpy(Num,"")；strcpy(Name,"")；strcpy(Sex,"")；
     Birthday. SetDate(0,1,1)；
     English = 0；DataStructure = 0；CPP = 0；Sum = 0；Average = 0；
}
Student：：～Student( ){}
```

```cpp
void Student::SetValue(char * num, char * name, char * sex, Date birthday, float english, float
datastructure, float cpp)
{   strcpy(Num,num);   strcpy(Name,name); strcpy(Sex,sex);
    Birthday = birthday;   English = english; DataStructure = datastructure; CPP = cpp;
    Sum = English + DataStructure + CPP;   Average = int(Sum/3 + 0.5);
}
char * Student::GetNum( ){return Num;}
char * Student::GetName( ){return Name;}
char * Student::GetSex( ){return Sex;}
Date Student::GetBirthday( ){return Birthday;}
float Student::GetEnglish( ){return English;}
float Student::GetDataStructure( ){return DataStructure;}
float Student::GetCPP( ){return CPP;}
float Student::GetSum( ){return Sum; }
float Student::GetAverage( ){return Average;}
void Student::ReadFromFile(fstream& in)
{   in.read(Num,11);
    in.read(Name,10);
    in.read(Sex,2);
    in.read((char * )&Birthday,sizeof(Date));
    in.read((char * )&English,sizeof(float));
    in.read((char * )&DataStructure,sizeof(float));
    in.read((char * )&CPP,sizeof(float));
    in.read((char * )&Sum,sizeof(float));
    in.read((char * )&Average,sizeof(float));
}
void Student::WriteToFile(fstream& out) const
{   out.write(Num,11);
    out.write(Name,10);
    out.write(Sex,2);
    out.write((char * )&Birthday,sizeof(Date));
    out.write((char * )&English,sizeof(float));
    out.write((char * )&DataStructure,sizeof(float));
    out.write((char * )&CPP,sizeof(float));
    out.write((char * )&Sum,sizeof(float));
    out.write((char * )&Average,sizeof(float));
}
void Student::Show( )
{   char str[10];
    strcpy(str,GetBirthday( ).Show( ));
    cout<<setw(11)<<Num<<setw(12)<<Name<<setw(6)<<Sex<<setw(12)<<str
        <<setw(6)<<English<<setw(10)<<DataStructure<<setw(7)<<CPP<<setw(8)
        <<Sum<<setw(10)<<Average<<endl;
}
```

2. 顺序表类

顺序表类的声明放在名为 sequencelist. h 的头文件中,具体内容如下:

```
// sequencelist.h: interface for the SequenceList class.
# include "student.h"
# include <fstream>
# include <iomanip>
# if ! defined SEQUENCELIST_H
# define SEQUENCELIST_H_
const int MaxSize = 100;                    //顺序表的最大长度
class SequenceList
{public:
    SequenceList( );                         // SequenceList 的构造函数
    virtual ~SequenceList( );                //SequenceList 的析构函数
    void ShowAllData( );                     //显示顺序表中的全部学生信息
    int SearchNum(char * Num);               //在顺序表中按学号查找某一学生信息
    int SearchName(char * Name);             //在顺序表中按姓名查找某一学生信息
    void AddData( );                         //在顺序表中插入一学生信息
    bool DeleteData( );                      //从顺序表中删除一学生信息
    void ModifyData( );                      //修改顺序表中某一学生信息
    float GetOneCourseSum(int n);            //获取某一门课的总成绩
    float GetOneCourseAverage(int n);        //获取某一门课的平均成绩
    void ShowData(int x);                    //显示顺序表中的某一指定的学生信息
    //打开外存中存放学生信息的文件,并读入学生信息
    void Open(char * FileName);
    void Save(char * FileName);              //把顺序表中的全部学生信息保存到外存文件中
    void CopyData(char * FileName);          //备份顺序表中的全部学生信息
    bool New(char * FileName);               //在外存上新建一个存放学生信息的文件
    void Sort(int n);                        //把顺序表中的全部学生信息排序
private:
    Student Stu[MaxSize];                    //学生数组
    int Index;                               //实际学生人数
    bool found;                              //查找成功与否标志,查找成功为 true,否则为 false
    fstream file;                            //学生信息文件对象
};
# endif
```

由于顺序表类包含对象数组数据成员,所以顺序表的有些成员函数只需要简单的调用对象的成员函数即可,如显示某个学生信息的成员函数,而有些成员函数是需要写实现代码的,比如增加学生信息或删除学生信息等。

SequenceList 类各成员函数的类外实现代码放在名为 sequencelist.cpp 的源文件中,具体内容如下:

```
//sequencelist.cpp: implementation of the SequenceList class.
# include "date.h"
# include "sequencelist.h"
```

```
#include <string>
SequenceList::SequenceList( ){ Index = 0; found = false;}
SequenceList::~SequenceList( ){}
void SequenceList::ShowAllData( ){  for(int i = 0;i<Index;i++)  ShowData(i);  }
void SequenceList::ShowData(int x){ Stu[x].Show( ); }
int SequenceList::SearchNum(char * Num)
{   for(int i = 0;i<Index;i++)
    {   if(! strcmp(Stu[i].GetNum( ),Num))
        {   cout<<"对应此学号的学生信息存在!";
            found = true;
            return i;
        }
    }
    cout<<"没有此学生的信息!";
    found = false;
    return 0;
}

int SequenceList::SearchName(char * Name)
{   for(int i = 0;i<Index;i++)
    {   if(! strcmp(Stu[i].GetName( ),Name))
        {   cout<<"对应此姓名的学生信息存在!";  return i;  }
    }
    cout<<"没有此学生的信息!";
    return 0;
}

void SequenceList::AddData( )                    //添加学生信息
{   if(Index> = MaxSize)  cout<<"错误! 学生信息已满,不能添加!"<<endl;
    else
    {   cout<<"执行添加学生信息操作!"<<endl;
        char Num[12];
        cout<<endl<<"请输入学生学号:";
        cin>>Num;
        int location = SearchNum(Num);
        if (! found)
        {   cout<<"可以进行添加操作!"<<endl;
            Date Birthday;
            char Name[11];
            char Sex[3];
            int Year,Month,Day;
            float English,DataStructure,CPP;
            cout<<endl<<"请输入学生姓名,性别,出生年、月、日,";
            cout<<"英语成绩数,据结构成绩,C++成绩:"<<endl;
            cin>>Name>>Sex>>Year>>Month>>Day;
            cin>>English>>DataStructure>>CPP;
```

```
                cout<<endl;
                Birthday.SetDate(Year,Month,Day);
                Stu[Index++].SetValue(Num,Name,Sex,Birthday,
                                      English,DataStructure,CPP);
                cout<<"添加一条学生信息操作成功!"<<endl;
            }
            else cout<<"不能进行添加学生信息操作!"<<endl;
        }
}
bool SequenceList::DeleteData( )
{   cout<<"              执行删除学生信息操作!"<<endl<<endl;
    cout<<"警告! 学生信息一旦删除,将不可恢复。请小心使用该操作!";
    cout<<endl<<endl;
    char num[12];
    cout<<"请输入将要删除的学生的学号:"<<endl;
    cin>>num;
    int location = SearchNum(num);
    if(found)
    {   if(location! = MaxSize)
            for(int i = location;i<MaxSize;i++)   Stu[i] = Stu[i++];
        Index--;
        return true;
    }
    return false;
}
void SequenceList::ModifyData( )
{   cout<<"执行修改学生信息操作!"<<endl;
    char num[12];
    cout<<"请输入将要修改的学生的学号:";
    cin>>num;
    int location = SearchNum(num);
    if (found)
    {   cout<<"可以进行修改学生信息操作!"<<endl;
        char name[11];
        char sex[3];
        Date birthday;
        float english,datastructure,cpp;
        int year,month,day;
        cout<<"请输入学生姓名,性别,出生年、月、日,";
        cout<<"英语成绩,数据结构成绩,C++成绩:"<<endl;
        cin>>name>>sex>>year>>month>>day>>english>>datastructure>>cpp;
        birthday.SetDate(year,month,day);
        Stu[location].SetValue(num,name,sex,birthday,english,datastructure,cpp);
        cout<<"执行修改学生信息操作成功!"<<endl;
```

```
        }
        else cout<<"不能进行修改学生信息操作!"<<endl;
}
float SequenceList::GetOneCourseSum(int n)        //获取某一门课的总成绩
{   float N = 0;
    switch(n){
    case 1: //计算所有学生英语成绩总和
        for(int i = 0;i<Index;i++)   N += Stu[i].GetEnglish( );
        break;
    case 2: //计算所有学生数据结构成绩总和
        for(int i = 0;i<Index;i++)   N += Stu[i].GetDataStructure( );
        break;
    case 3: //计算所有学生 C++成绩总和
        for(int i = 0;i< = Index;i++)   N += Stu[i].GetCPP( );
        break;
    }
    return N;
}
float SequenceList::GetOneCourseAverage(int n)    //获取某一门课的平均成绩
{   float temp = 0;
    temp = GetOneCourseSum(n)/Index;
    return temp;
}
void SequenceList::Sort(int N)
{   Student temp;
    bool change = true;
    switch(N) {
    case 1: //按英语成绩排列
        {   for(int i = Index - 1;i> = 1 && change;--i)        //改进的冒泡排序
            {   change = false;
                for(int j = 0;j<i;++j)
                    if(Stu[j].GetEnglish( )>Stu[j + 1].GetEnglish( ))
                    {   temp = Stu[j]; Stu[j] = Stu[j + 1]; Stu[j + 1] = temp;
                        change = true;
                    }
            }
        }
        break;
    case 2: //按数据结构成绩排列
        { … } //这里的排序代码与按英语成绩排列代码类似,在此不再赘述
        break;
    case 3: //按 C++成绩排列
        { … } //这里的排序代码与按英语成绩排列代码类似,在此不再赘述
        break;
```

```
case 4：//按总成绩排列
        {  …  } //这里的排序代码与按英语成绩排列代码类似,在此不再赘述
        break;
    }
    ShowAllData( );
}
void SequenceList：：Open(char * FileName)
{   file.open(FileName,ios：：in|ios：：out|ios：：binary);
    if(! file){ cout<<"文件打开错误!"<<endl;  abort( );  }
    Index = 0;
    while(! file.eof( ))
    {   Stu[Index].ReadFromFile(file);          //调用 Student 类的成员函数 ReadFromFile( )
        Index++;
    }
    Index--;
    file.close( );
}
void SequenceList：：Save(char * FileName)
{   fstream file(FileName,ios：：out);
    for(int i = 0;i<Index;i++)
    {   Stu[i].WriteToFile(file);  }          //使用 Student 类的成员函数 WriteToFile( )
    file.close( );
}
void SequenceList：：CopyData(char * FileName)
{   fstream file("StudentBackUp.dat",ios：：out);
    for(int i = 0;i<Index;i++)
    {   Stu[i].WriteToFile(file);  }          //使用 Student 类的成员函数 WriteToFile( )
    file.close( );
}
bool SequenceList：：New(char * FileName)
{   fstream file(FileName,ios：：out);
    file.close( );
    Index = 0;
    return true;
}
```

　　假如所设计的学生信息管理系统不仅要管理一般本科生的信息,还要管理函授生信息,那么对函授生类的设计不必从零开始,可以从现有的学生类派生出来。因为,在本系统中,一般本科生具有的特征,函授生都具有。除此之外,函授生还有自己特有的特征,如开始工作的时间和工作地点等。函授生类的声明代码如下。

3. 函授生类

　　函授生类的声明代码存放在名为 correspodence.h 的头文件中,具体内容如下：

```
// correspodence.h：interface for the Correspodence class.
#if ! defined CORRESPODENCE_H
```

```
#define CORRESPODENCE_H
#include "student.h"
#include "date.h"
//声明函授生类Correspodence,该类为学生类Student的公用派生类
class Correspodence: public Student
{public:
    Correspodence( );                        //构造函数
    virtual ~Correspodence( );               //析构函数
    cchar * GetWorkPlace( );
    Date GetBeginToWorkDate( );
    void ReadFromFile(fstream&);
    void WriteToFile(fstream&) const;
    void Show( );
    void SetValue(char * num,char * name,char * sex,Date birthday,float english,float datastruc-
ture,float cpp,Date beginworktime,char workplace[50]);
private:
    Date BeginToWorkDate;
    char WorkPlace[50];
};
#endif
```

上述 Correspodence 类各成员函数的类外实现代码放在名为 correspodence. cpp 的源文件中,具体内容如下:

```
// correspodence.cpp: implementation of the Correspodence class.
#include "correspodence.h"
#include <fstream>
#include <iomanip>
#include <iostream>
using namespace std;
Correspodence::Correspodence( ):Student( ),BeginToWorkDate(0,1,1);
{   strcpy(WorkPlace,"");   }
Correspodence::~Correspodence( ){}
char * Correspodence::GetWorkPlace( ){   return WorkPlace;   }
Date Correspodence::GetBeginToWorkDate( ){   return BeginToWorkDate;   }
void Correspodence::ReadFromFile(fstream& in)
{   Student::ReadFromFile(in);
    in.read(WorkPlace,49);
    in.read((char * )&BeginToWorkDate,sizeof(Date));
}
void Correspodence::WriteToFile(fstream& out) const
{   Student::WriteToFile(out);
    out.write(WorkPlace,49);
    out.write((char * )&BeginToWorkDate,sizeof(Date));
}
void Correspodence::Show( )
```

```
{    Student::Show( );
     char str[10];
     strcpy(str,GetBeginToWorkDate( ).Show( ));
     cout<<setw(12)<<str<<setw(50)<<WorkPlace<<endl;
}
void Correspodence::SetValue(char * num,char * name,char * sex,Date birthday,float english,
float datastructure,float cpp,Date begintoworkdate,char workplace[50])
{
     Student::SetValue(num,name,sex,birthday,english,datastructure,cpp);
     BeginToWorkDate = begintoworkdate;
     strcpy(WorkPlace,workplace);
}
```

对函授生信息的存储,也采用和一般学生信息相同的存储形式:在外存中以文件的形式存放,在内存中以顺序表的形式存放。因此,还需要定义一个顺序表类 CorrespodenceList,该类的声明代码存放在名为 correspodencelist.h 的头文件中,具体内容如下:

```
// correspodencelist.h: interface for the CCorrespodenceList class.
# include "correspodence.h"
# include <fstream>
# if ! defined CORRESPODENCELIST_H
# define CORRESPODENCELIST_H
const int MaxLength = 100;
class CorrespodenceList
{public:
     CorrespodenceList( );
     virtual ~CorrespodenceList( );
     void ShowAllData( );
     int SearchNum(char * Num);
     int SearchName(char * Name);
     void AddData( );
     bool DeleteData( );
     void ModifyData( );
     float GetOneCourseSum(int n);
     float GetOneCourseAverage(int n);
     void ShowData(int x);
     void Open(char * FileName);
     void Save(char * FileName);
     void CopyData(char * FileName);
     bool New(char * FileName);
     void Sort(int n);
private:
     Correspodence Stu[MaxLength];
     int Index;
     bool found;
     fstream file;
```

```
};
#endif
```

把上述顺序表类 CorrespodenceList 的声明代码和 SequenceList 类的声明代码作一对比，可以发现它们二者之间只有对象数组这个数据成员的类型不一样，其他成员（除了构造函数和析构函数）都是相同的。大家可以参照 SequenceList 类各成员函数的实现代码写出类似的 CorrespodenceList 类的各成员函数的实现代码。在此不再赘述。

习　　题

一、简答题

有以下程序结构，请分析访问属性：

```
class A                          //A 为基类
{public:
    void F1( );
    int i;
protected:
    void F2( );
    int j;
private:
    int k ;
} ;
class B: public A                //B 为 A 的公用派生类
{public :
    void F3( ) ;
protected:
    int m ;
private :
    int n ;
};
class C: public B                // C 为 B 的公用派生类
{public:
    void F4( );
private:
    int p ;
};
int main( )
{    A a;                        //a 是基类 A 的对象
     B b;                        //b 是派生类 B 的对象
     C c;                        //c 是派生类 C 的对象
     return 0;
   }
```

问：

（1）在 main 函数中能否用 b.i,b.j 和 b.k 访问派生类 B 对象 b 中基类 A 的成员？

（2）派生类 B 中的成员函数能否调用基类 A 中的成员函数 F1 和 F2？

（3）派生类 B 中的成员函数能否访问基类 A 中的数据成员 i,j,k？

（4）能否在 main 函数中用 c.i,c.j,c.k,c.m,c.n,c.p 访问基类 A 的成员 i,j,k,派生类 B 的成员 m,n,以及派生类 C 的成员 p？

（5）能否在 main 函数中用 c.F1( ),c.F2( ),c.F3( )和 c.F4( )调用 F1,F2,F3,F4 成员函数？

（6）派生类 C 的成员函数 F4 能否调用基类 A 中的成员函数 F1,F2 和派生类中的成员函数 F3？

二、编程题

1. 编写一个用于学生和教师数据输入和显示的程序,学生数据要求有编号、姓名、班号和成绩,教师数据有编号、姓名、职称和部门。要求将编号、姓名的输入和显示设计成一个类 Person,并作为学生类 Student 和教师类 Teacher 的基类,学生数据中的班号和成绩的输入和显示在 Student 类中实现,教师数据中的职称和部门的输入和显示在 Teacher 类中实现。最后在 main 函数中进行该类的测试。

下面给出基类 Person 的主要成员：

（1）私有成员：

```
int no;                                    //编号
string name;                               //姓名
```

（2）公有成员：

```
void Input( );                             //编号和姓名的输入
void Display( );                           //编号和姓名的显示
```

2. 在第 1 题的基础上,由学生类 Student 和教师类 Teacher 再派生出一个助教类 TeachAssistant,一个助教既具有教师的特征,又具有学生的特征,还有自己的新特征：工资（wage）。要求将助教类的间接共同基类声明为虚基类。

3. 设计一个雇员类 Employee,存储雇员的编号、姓名和生日等信息,要求该类使用日期类作为成员对象,雇员类的使用如下：

```
//定义一个雇员,其雇员号为 10,生日为 1980 年 11 月 20 日,姓名为 Tom
Employee Tom("Tom", 10, 1980, 11, 20)
Date today(1980, 11, 20);
if (Tom.IsBirthday(today)                  //判断今天是否为 Tom 的生日
//…
```

第5章 多态性与虚函数

多态性是面向对象程序设计的重要特征之一。如果一种语言只支持类而不支持多态,是不能称为面向对象语言的,只能说是基于对象的,如 VB、Ada 就属于此类。C++支持多态性,在 C++程序设计中应用多态性机制,可以设计和实现一个易于扩展的系统。

本章介绍多态性的概念及分类,虚函数、纯虚函数和抽象类的概念、定义及使用方法。

5.1　什么是多态性

在面向对象方法中一般是这样表述多态性的:向不同的对象发送同一个消息,不同的对象在接收时会有不同的反应,产生不同的动作。也就是说,每个对象可以用自己的方式去响应共同的消息。在 C++程序设计中,多态性是指用一个名字定义不同的函数,这些函数执行不同但又类似的操作,从而可以使用相同的调用方式来调用这些具有不同功能的同名函数。这样,就可以达到用同样的接口访问不同功能的函数,从而实现"一个接口,多种方法"。

C++中的多态性可以分为 4 类:参数多态、包含多态、重载多态和强制多态。前面两种统称为通用多态,而后面两种统称为专用多态。

参数多态如函数模板和类模板(在本书第 8 章介绍)。由函数模板实例化的各个函数都具有相同的操作,而这些函数的参数类型却各不相同。同样地,由类模板实例化的各个类都具有相同的操作,而操作对象的类型是各不相同的。

包含多态是研究类族中定义于不同类中的同名成员函数的多态行为,主要是通过虚函数来实现的。

重载多态如函数重载、运算符重载等。前面学习过的普通函数及类的成员函数的重载都属于重载多态。运算符重载将在第 7 章介绍。

强制多态是指将一个变元的类型加以变化,以符合一个函数(或操作)的要求,如加法运算符在进行浮点数与整型数相加时,首先进行类型强制转换,把整型数变为浮点数再相加的情况,就是强制多态的实例。

5.2　向上类型转换

向上类型转换是指把一个派生类的对象作为基类的对象来使用。向上类型转换中有三点需要特别注意。第一,向上类型转换是安全的;第二,向上类型转换可以自动完成;第三,向上类型转换的过程中会丢失子类型信息。下面通过一个程序来加深对它的理解。

【例5-1】 向上类型转换。

```cpp
# include <iostream>
using namespace std;
class Point
{public:
    Point(double a = 0, double b = 0) {  x = a; y = b;  }
    double Area( )
    {  cout<<"Call Point's Area function."<<endl;
        return 0.0;
    }
protected:
    double x, y;   // 点的坐标值
};
class Rectangle: public Point
{public:
    Rectangle(double a = 0, double b = 0, double c = 0, double d = 0): Point(a, b)
    {  x1 = c; y1 = d;    }
    double Area( )
    {  cout<<"Call Rectangle's Area function."<<endl;
        return (x - x1) * (y - y1);
    }
protected:
    double x1, y1;//长方形右下角点的坐标值,基类中 x, y 为左上角坐标点的值
};
class Circle: public Point
{public:
    Circle(double a = 0, double b = 0, double c = 0): Point(a, b){  r = c;  }
    double Area( )
    {  cout<<"Call Circle's Area function."<<endl;
        return 3.14 * r * r;
    }
protected:
    double r; //圆半径,基类中 x, y 为圆心坐标点的坐标值
};
double CalcArea(Point &ref){  return ( ref. Area( ) );  }
int main( )
{  Point p(0, 0);
    Rectangle r(0, 0, 1, 1);
    Circle c(0, 0, 1);
    cout<<CalcArea(p)<<endl;
    cout<<CalcArea(r)<<endl;
    cout<<CalcArea(c)<<endl;
    return 0;
```

```
}
```

程序运行结果如下：

```
Call Point's Area function.

0

Call Point's Area function.

0

Call Point's Area function.

0
```

函数 CalcArea 接受一个 Point 类的对象，但也不拒绝任何 Point 派生类的对象。在 main 函数中，可以看出，无须类型转换，就能将 Rectangle 类或 Circle 类的对象传给 CalcArea。这是可接受的，在 Point 类中有的接口必然存在于 Rectangle 类和 Circle 类中，因为 Rectangle 类和 Circle 类都是 Point 类的公用派生类。Rectangle 类和 Circle 类到 Point 类的向上类型转换会使 Rectangle 类和 Circle 类的接口"变窄"，但不会窄过 Point 类的整个接口。

从运行结果来看，3 次调用都是调用的 Point::Area()，这不是我们所希望的输出。我们希望通过使用指向基类对象的指针或基类对象的引用能够调用基类和派生类对象的成员，即想得到如下运行结果：

```
Call Point's Area function.

0

Call Rectangle's Area function.

1

Call Circle's Area function.

3.14
```

也就是当通过基类对象的引用 ref 调用 Area 时，如果 ref 是 Point 类对象的引用，就调用 Point 类中定义的 Area 函数；如果 ref 是 Rectangle 类对象的引用或 Circle 类对象的引用，就调用 Rectangle 类中定义的 Area 函数或 Circle 类中定义的 Area 函数，而不是都调用 Point 类中定义的 Area 函数。为了解决这个问题，需要知道绑定这个概念。

5.3　功能早绑定和晚绑定

从实现的角度来讲，多态性可以划分为两类：编译时的多态性和运行时的多态性。在 C++中，多态性的实现和绑定这一概念有关。

所谓绑定就是把函数体与函数调用相联系。当绑定在程序编译阶段完成时，就称为功能早绑定。功能早绑定时，系统用实参与形参进行匹配，对于同名的重载函数便根据参数上的差异进行区分，然后进行绑定，从而实现了编译时的多态性。

对于例 5-1 中的 CalcArea 函数，在程序编译阶段，通过基类 Point 类的引用 ref 调用的 Area 函数被绑定到 Point 类的函数上，因此，在执行函数 CalcArea 中的 ref.Area( )操作时，每次都执行 Point 类的 Area 函数。这是功能早绑定的结果。

运行时的多态性是通过功能晚绑定实现的。功能晚绑定是程序运行阶段完成的绑定。即当程序调用到某一函数名时，才去寻找和连接其程序代码，对面向对象程序设计而言，就是当对象接收到某一消息时，才去寻找和连接相应的方法。

一般而言,编译型语言(如 C、PASCAL)都采用功能早绑定,而解释性语言(如 LISP、Pro-log)都采用功能晚绑定。功能早绑定要求在程序编译时就知道调用函数的全部信息,因此,这种绑定类型的函数调用速度很快,效率高,但缺乏灵活性;而功能晚绑定的方式恰好相反,采用这种绑定方式,一直要到程序运行时才能确定调用哪个函数,它降低了程序的运行效率,但增强了程序的灵活性。C++由 C 语言发展而来,为了保持 C 语言的高效性,C++仍是编译型的,仍采用功能早绑定。好在 C++的设计者想出了"虚函数"的机制,解决了这个问题。利用虚函数机制,C++可部分地采用功能晚绑定。这就是说,C++实际上是采用了功能早绑定和功能晚绑定相结合的编译方法。

在 C++中,编译时的多态性主要是通过函数重载和运算符重载实现的。运行时的多态性主要是通过虚函数来实现的。函数重载在前面章节中已作了介绍,本章中重点介绍虚函数以及由它们提供的多态性机制,运算符重载将在第 7 章介绍。

5.4　实现功能晚绑定——虚函数

虚函数提供了一种更为灵活的多态性机制。虚函数允许函数调用与函数体之间的联系在运行时才建立,也就是在运行时才决定如何动作,即所谓的功能晚绑定。

5.4.1　虚函数的定义和作用

虚函数的定义是在基类中进行的,在成员函数原型的声明语句之前冠以关键字"virtual",从而提供一种接口。一般虚成员函数的定义语法是:

```
virtual 函数类型 函数名(形参表)
{
    函数体
}
```

当基类中的某个成员函数被声明为虚函数后,此虚函数就可以在一个或多个派生类中被重新定义。在派生类中重新定义时,其函数原型,包括返回类型、函数名、参数个数、参数类型的顺序,都必须与基类中的原型完全相同。下面通过一个例子来说明虚函数在实际编程中的作用。

虚函数的作用是允许在派生类中重新定义与基类同名的函数,并且可以通过指向基类对象的指针或基类对象的引用来访问基类和派生类中的同名函数。具体做法是,首先在基类中声明这个成员函数为虚函数,也就是在这个成员函数前面缀上关键字"virtual",并在派生类中被重新定义,就能实现动态调用的功能。下面的程序将例 5-1 中的函数 Area 定义为虚函数,以达到预期的效果。

【例 5-2】 虚函数的作用。

```cpp
# include <iostream>
using namespace std;
class Point
{public:
    Point(double a = 0, double b = 0) {  x = a; y = b;  }
    virtual double Area( )
```

```
        {    cout<<"Call Point's Area function."<<endl;
             return 0.0;
        }
protected：
        double x, y;   // 点的坐标值
};
class Rectangle：public Point
{public：
        Rectangle(double a = 0, double b = 0, double c = 0, double d = 0)：Point(a, b)
        {    x1 = c; y1 = d;    }
        double Area( )
        {    cout<<"Call Rectangle's Area function."<<endl;
             return (x1 - x) * (y1 - y);
        }
protected：
        double x1, y1；   //长方形右下角点的坐标值，基类中 x，y 为左上角点的坐标值
};
class Circle：public Point
{public：
        Circle(double a = 0, double b = 0, double c = 0)：Point(a, b){    r = c;    }
        double Area( )
        {    cout<<"Call Circle's Area function."<<endl;
             return 3.14 * r * r;
        }
protected：
        double r；//圆半径，基类中 x，y 为圆心坐标点的坐标值
};
double CalcArea(Point &ref){    return(ref.Area( ) );    }
int main( )
{
        Point p(0, 0);
        Rectangle r(0, 0, 1, 1);
        Circle c(0, 0, 1);
        cout<<CalcArea(p)<<endl;
        cout<<CalcArea(r)<<endl;
        cout<<CalcArea(c)<<endl;
        return 0;
}
```

程序运行结果如下：

Call Point's Area function.

0

Call Rectangle's Area function.

1

Call Circle's Area function.

3.14

为什么把基类中的 Area 函数定义为虚函数时,程序的运行结果就正确了呢? 这是因为, 关键字"virtual"指示 C++编译器,函数调用"ref. Area( )"要在运行时确定所要调用的函数, 即要对该调用进行功能晚绑定。因此,程序在运行时根据引用 ref 所引用的实际对象,调用该 对象的成员函数。

可见,虚函数同派生类的结合可使 C++支持运行时的多态性,而多态性对面向对象的程 序设计是非常重要的,实现了在基类中定义派生类所拥有的通用接口,而在派生类中定义具体 的实现方法,即常说的"同一接口,多种方法",它帮助程序员处理越来越复杂的程序。

下面通过一个例子来说明虚函数在实际编程中的作用。

【例 5-3】 有一个交通工具类 Vehicle,将它作为基类派生出汽车类 MotorVehicle,再将汽 车类 MotorVehicle 作为基类派生出小汽车类 Car 和卡车类 Truck,声明这些类并定义一个**虚 函数用来显示各类信息**。程序如下:

```cpp
#include <iostream>
using namespace std;
class Vehicle                              //声明基类 Vehicle
{public:
    virtual void Message( )                //虚成员函数
    {   cout<<"Vehicle Message"<<endl;   }
private:
    int wheels;                            //车轮个数
    float weight;                          //车重
};
class MotorVehicle: public Vehicle         //声明 Vehicle 类的公用派生类 MotorVehicle
{public:
    void Message( ){   cout<<" MotorVehicle Message"<<endl;   }
private:
    int passengers;                        //承载人数
};
class Car: public MotorVehicle             //声明 MotorVehicle 类的公用派生类 Car
{public:
    void Message( ){   cout<<"Car Message"<<endl;   }
private:
    float   engine;                        //发动机的马力数
};
class Truck: public MotorVehicle           //声明 MotorVehicle 类的公用派生类 Truck
{public:
    void Message( ){   cout<<" Truck Message"<<endl;   }
private:
    int loadpay ;                          //载重量
};
int main( )
{   Vehicle v, * p = NULL;                 //声明 Vehicle 类对象和基类指针 p
    MotorVehicle m;                        //声明 MotorVehicle 类对象
```

```
    Car c;                              //声明 Car 类对象
    Truck t;                            //声明 Truck 类对象
    p = &v;                            // Vehicle 类指针 p 指向 Vehicle 类对象
    p->Message( );                     //调用基类成员函数
    p = &m;                            // Vehicle 类指针 p 指向 MotorVehicle 类对象
    p->Message( );                     //调用 MotorVehicle 类成员函数
    p = &c;                            // Vehicle 类指针 p 指向 Car 类对象
    p->Message( );                     //调用 Car 类成员函数
    p = &t;                            // Vehicle 类指针 p 指向 Truck 类对象
    p->Message( );                     //调用 Truck 类成员函数
    return 0;
}
```

程序运行结果如下：

```
Vehicle Message
MotorVehicle Message
Car Message
Truck Message
```

程序只在基类 Vehicle 中显式定义了 Message 为虚函数。C++规定,如果在派生类中,没有用 virtual 显式地给出虚函数声明,这时系统就会遵循以下的规则来判断一个成员函数是不是虚函数：

（1）该函数与基类的虚函数有相同的名称；

（2）该函数与基类的虚函数有相同的参数个数及相同的对应参数类型；

（3）该函数与基类的虚函数有相同的返回类型或者满足赋值兼容规则的指针、引用型的返回类型。

派生类的函数满足了上述条件,就被自动确定为虚函数。因此,在本程序的派生类 MotorVehicle、Car 和 Truck 中 Message 仍为虚函数。

下面对虚函数的定义作几点说明：

（1）通过定义虚函数来使用 C++提供的多态性机制时,派生类应该从它的基类公用派生。之所以有这个要求,是因为是在赋值兼容规则的基础上来使用虚函数的,而赋值兼容规则成立的前提条件是派生类从其基类公用派生。

（2）必须首先在基类中定义虚函数。由于"基类"与"派生类"是相对的,因此,这项说明并不表明必须在类等级的最高层类中声明虚函数。在实际应用中,应该在类等级内需要具有动态多态性的几个层次中的最高层类内首先声明虚函数。

（3）在派生类中对基类声明的虚函数进行重新定义时,关键字"virtual"可以写也可以不写。但为了增强程序的可读性,最好在对派生类的虚函数进行重新定义时也加上关键字"virtual"。

如果在派生类中没有对基类的虚函数重新定义,则派生类简单地继承其直接基类的虚函数。

（4）虽然使用对象名和点运算符的方式也可以调用虚函数,如语句"c.Message( );"可以调用虚函数 Car::Message( )。但是这种调用是在编译时进行的功能早绑定,它没有充分利用虚函数的特性。只有通过指向基类对象的指针或基类对象的引用访问虚函数时才能获得运行时的多态性。

（5）一个虚函数无论被公用继承多少次，它仍然保持其虚函数的特性。

（6）虚函数必须是其所在类的成员函数，而不能是友元函数，也不能是静态成员函数，因为虚函数调用要靠特定的对象来决定该激活哪个函数。但是虚函数可以在另一个类中被声明为友元函数。

（7）内联函数不能是虚函数，因为内联函数是不能在运行中动态确定其位置的。即使虚函数在类的内部定义，编译时仍将其看作是非内联的。

（8）构造函数不能是虚函数。因为虚函数作为运行过程中多态的基础，主要是针对对象的，而构造函数是在对象产生之前运行的，因此虚构造函数是没有意义的。

（9）析构函数可以是虚函数，而且通常说明为虚函数。

5.4.2　虚析构函数

在析构函数前面加上关键字"virtual"进行说明，则称该析构函数为虚析构函数。虚析构函数的声明语法为：

$$virtual \sim 类名();$$

看下面的例子：

【例 5-4】　在交通工具类 Vehicle 中使用虚析构函数。

```cpp
#include <iostream>
using namespace std;
class Vehicle                              //声明基类 Vehicle
{public:
    Vehicle(){}                            //构造函数
    virtual ~Vehicle()                     //虚析构函数
    {   cout<<"Vehicle::~Vehicle()"<<endl;   }
private:
    int wheels;
    float weight;
};
class MotorVehicle: public Vehicle         //声明 Vehicle 的公用派生类 MotorVehicle
{public:
    MotorVehicle(){ }                      //派生类构造函数
    ~MotorVehicle()                        //派生类析构函数
    {   cout<<"MotorVehicle::~MotorVehicle()"<<endl;   }
private:
    int passengers;
};
int main()
{   Vehicle *p=NULL;                       //声明 Vehicle 类指针 p
    p=new MotorVehicle;
    delete p;
    return 0;
}
```

程序运行结果如下：

```
MotorVehicle ：： ～MotorVehicle( )
Vehicle ：： ～Vehicle( )
```

先调用了派生类 MotorVehicle 的析构函数,再调用了基类 Vehicle 的析构函数,符合我们的愿望。

如果类 Vehicle 中的析构函数不用虚函数,则程序运行结果如下：

```
Vehicle ：： ～Vehicle( )
```

系统只执行基类 Vehicle 的析构函数,而不执行派生类 MotorVehicle 的析构函数。

如果将基类的析构函数声明为虚函数时,由该基类所派生的所有派生类的析构函数也都自动成为虚函数,即使派生类的析构函数与基类的析构函数名字不相同。

当基类的析构函数为虚函数时,无论指针指向的是同一类族中的哪一个类对象,系统会采用动态关联,调用相应的析构函数,对该对象所涉及的额外内存空间进行清理工作。最好把基类的析构函数声明为虚函数,这将使所有派生类的析构函数自动成为虚函数。这样,如果程序中显式地用了 delete 运算符准备删除一个对象,而 delete 运算符的操作对象用了指向派生类对象的基类指针,则系统会首先调用派生类的析构函数,在调用基类的析构函数,这样整个派生类对象被完全释放。

5.4.3 虚函数与重载函数的比较

在一个派生类中重新定义基类的虚函数不同于一般的函数重载,主要区别如下。

(1) 函数重载处理的是同一层次上的同名函数问题,而虚函数处理的是同一类族中不同派生层次上的同名函数问题,前者是横向重载,后者可以理解为纵向重载。但与重载不同的是：同一类族的虚函数的首部是相同的,而函数重载时函数的首部是不同的(参数个数或类型不同)。

(2) 重载函数可以是成员函数或普通函数,而虚函数只能是成员函数。

(3) 重载函数的调用是以所传递参数序列的差别作为调用不同函数的依据；虚函数是根据对象的不同去调用不同类的虚函数。

(4) 虚函数在运行时表现出多态功能,这是 C++的精髓；而重载函数则在编译时表现出多态性。

5.5 纯虚函数和抽象类

1. 纯虚函数

有时,基类往往表示一种抽象的概念,它并不与具体的事物相联系。如例 5-5 中定义一个公共基类 Shape,它表示一个封闭图形。然后,从 Shape 类可以派生出三角形类、矩形类和圆类,这个类等级中的基类 Shape 体现了一个抽象的概念,在 Shape 中定义一个求面积的函数和显示图形信息的函数显然是无意义的,但是可以将其说明为虚函数,为它的派生类提供一个公共的接口,各派生类根据所表示的图形的不同重新定义这些虚函数,以提供求面积的各自版本。为此,C++引入了纯虚函数的概念。

纯虚函数是一个在基类中说明的虚函数,它在该基类中没有定义,但要求在它的派生类中必须定义自己的版本,或重新说明为纯虚函数。

纯虚函数的定义形式如下:

```
class  类名
{  …
    virtual  函数类型  函数名(参数表)= 0;
    …
};
```

此格式与一般的虚函数定义格式基本相同,只是在后面多了"= 0"。声明为纯虚函数之后,基类中就不再给出函数的实现部分。纯虚函数的函数体由派生类给出。

【例 5-5】 定义一个公共基类 Shape,它表示一个封闭平面几何图形。然后,从 Shape 类派生出三角形类 Triangle、矩形类 Rectangle 和圆类 Circle,在基类中定义纯虚函数 Show 和 Area,分别用于显示图形信息和求相应图形的面积,并在派生类中根据不同的图形实现相应的函数。要求实现运行时的多态性。

```cpp
# include <cmath>
# include<iostream>
using namespace std;
const double PI = 3.1415926535;
class Shape                              //形状类
{ public:
    virtual  void Show( ) = 0;
    virtual  double Area( ) = 0;
};
class Rectangle: public Shape            //矩形类
{public:
    Rectangle( ){length = 0; width = 0; }
    Rectangle(double len, double wid){ length = len; width = wid; }
    double Area( ){return length * width;}    //求矩形的面积
    void Show( )
    { cout<<"length = "<<length<<'\t'<<"width = "<<width<<endl; }
private:
    double length, width;                //矩形的长和宽
};
class Triangle: public Shape             //三角形类
{public:
    Triangle( ){a = 0; b = 0; c = 0;}
    Triangle(double x, double y, double z){a = x; b = y; c = z;}
    double Area( )                       //求三角形的面积
    {   double s = (a + b + c)/2.0;
        return sqrt(s * (s - a) * (s - b) * (s - c));
    }
    void Show( )
    {cout<<"a = "<<a<<'\t'<<"b = "<<b<<'\t'<<"c = "<<c<<endl;}
private:
```

```
    double a, b, c;                          //三角形三边长
};
class Circle: public Shape                    //圆类
{public:
    Circle( ){radius = 0;}
    Circle(double r){radius = r;}
    double Area( ){return PI * radius * radius;}    //求圆的面积
    void Show( ){cout<<"radius = "<<radius<<endl;}
private:
    double radius;                           //圆半径
};
int main( )
{    Shape * s = NULL;
    Circle c(10);
    Rectangle r(6, 8);
    Triangle t(3, 4, 5);
    c. Show( );                              //静态多态
    cout<<"圆面积:"<<c. Area( )<<endl;
    s = &r;                                  //动态多态
    s - >Show( );
    cout<<"矩形面积:"<<s - >Area( )<<endl;
    s = &t;                                  //动态多态
    s - >Show( );
    cout<<"三角形面积:"<<s - >Area( )<<endl;
    return 0;
}
```

程序运行结果如下：

```
radius = 10
圆面积:314.159
length = 6          width = 8
矩形面积:48
a = 3      b = 4      c = 5
三角形面积:6
```

在例 5-5 中，Shape 是一个基类，它表示一个封闭平面几何图形。从它可以派生出矩形类 Rectangle、三角形类 Triangle 和圆类 Circle。显然，在基类中定义 Area 函数来求面积和定义 Show 函数来显示图形信息是没有任何意义的，它只是用来提供派生类使用的公共接口，所以在程序中将其定义为纯虚函数，但在派生类中，则根据它们自身的需要，重新具体地定义虚函数。

2. 抽象类

如果一个类至少有一个纯虚函数，那么就称该类为抽象类。因此，上述程序中定义的类 Shape 就是一个抽象类。对于抽象类的使用有以下几点规定：

（1）由于抽象类中至少包含一个没有定义功能的纯虚函数。因此，抽象类只能作为其他

类的基类来使用,不能建立抽象类对象,它只能用来为派生类提供一个接口规范,其纯虚函数的实现由派生类给出。

(2)不允许从具体类派生出抽象类,所谓具体类,就是不包含纯虚函数的普通类。

(3)抽象类不能用作参数类型、函数返回类型或显式转换的类型。

(4)可以声明指向抽象类的指针或引用,此指针可以指向它的派生类,进而实现动态多态性。

(5)如果派生类中没有重新定义纯虚函数,则派生类只是简单继承基类的纯虚函数,则这个派生类仍然是一个抽象类。如果派生类中给出了基类所有纯虚函数的实现,则该派生类就不再是抽象类了,它是一个可以创建对象的具体类。

(6)在抽象类中也可以定义普通成员函数或虚函数,虽然不能为抽象类声明对象,但仍然可以通过派生类对象来调用这些不是纯虚函数的函数。

5.6 学生信息管理系统中的多态性

对于学生信息管理系统的人机界面,由于不借助于可视化编程环境(Visual C++)的支持,所以需要设计一个主菜单类,负责系统功能主菜单的显示。每个系统子功能设计一个子菜单类,负责系统子功能的显示与实现。主菜单类与子菜单类是继承关系。之所以这样设计,主要是为了在程序中应用多态机制,从而创建一个易于扩展的系统。主菜单类及各子菜单类的声明如下。

主菜单类的声明放在名为 menu.h 的头文件中,具体内容如下:

```
// menu.h: interface for the Menu class.
#if ! defined MENU_H
#define MENU_H
class Menu
{public:
    Menu( );
    virtual ~Menu( );
    virtual void Function(bool IsStudent);
};
#endif
```

Menu 类的成员函数实现代码放在名为 menu.cpp 的源文件中,具体内容如下:

```
// menu.cpp: implementation of the Menu class.
#include "menu.h"
Menu::Menu( ){}
Menu::~Menu( ){}
void Menu::Function(bool IsStudent)
{   if(IsStudent) //如果选择的是管理本科生信息,则打印管理本科生信息的系统菜单
    {   cout<<endl<<"***********本科生信息管理系统***********"<<endl;
        cout<<endl<<"***    (1)  新建本科生信息文件         ***"<<endl;
        cout<<endl<<"***    (2)  打开本科生信息文件         ***"<<endl;
        cout<<endl<<"***    (3)  备份本科生信息             ***"<<endl;
```

```
            cout<<endl<<"***    (4)  显示本科生信息              ***"<<endl;
            cout<<endl<<"***    (5)  添加本科生信息              ***"<<endl;
            cout<<endl<<"***    (6)  修改本科生信息              ***"<<endl;
            cout<<endl<<"***    (7)  删除本科生信息              ***"<<endl;
            cout<<endl<<"***    (8)  查询本科生信息              ***"<<endl;
            cout<<endl<<"***    (9)  按某门课成绩升序显示本科生成绩***"<<endl;
            cout<<endl<<"***    (10) 统计某一科目总成绩和平均成绩  ***"<<endl;
            cout<<endl<<"***    (0)  退出系统                    ***"<<endl;
            cout<<"********************************************"<<endl;
    }
    else//如果选择的是管理函授生信息,则打印管理函授生信息的系统菜单
    {  /*这里的代码与打印管理本科生信息的系统菜单的代码类似,
        只要把菜单中的本科生都替换成函授生即可,在此不再赘述*/
        …
    }
    cout<<"            请选择要执行的系统功能(0--10)?";
}
```

各子菜单类的声明放在名为 secmenu.h 的头文件中,具体内容如下:

```
# include "menu.h"
# ifndef SECMENU_H
# define SECMENU_H
class Menu1: public Menu
{public:
    Menu1( );
    virtual ~Menu1( );
    virtual void Function(bool IsStudent);
};
class Menu2: public Menu
{public:
    Menu2( );
    virtual ~Menu2( );
    virtual void Function(bool IsStudent);
};
…
# endif
```

这里只列出了子菜单类 Menu1 和 Menu2 的声明,其他子菜单类的声明代码与此类同,限于篇幅,在此不再一一列出。

各子菜单类的成员函数的实现代码放在名为 secmenu.cpp 的源文件中,具体内容如下:

```
// secmeun.cpp: implementation of the SecMeun class.
# include "secmenu.h"
# include "sequencelist.h"
# include "correspodencelist.h"
SequenceList StudentList;
```

```
CorrespodenceList CorrStuList;
//设置本科生信息数据文件打开标志变量 IsOpenStu,true:打开,false:未打开
bool IsOpenStu = false;
char CurFileStu[40] = "";//存储当前打开或新建的本科生信息文件的文件名
//设置函授生信息数据文件打开标志变量 IsOpenCoorStu,true:打开,false:未打开
bool IsOpenCorrStu = false;
char CurFileCorrStu[40] = ""; //存储当前打开或新建的函授生信息文件的文件名
void ReOrEx( )
{   int n;
    cout<<"****************************"<<endl;
    cout<<"***      1. 返回学生类别选择菜单    ***"<<endl;
    cout<<"***      0. 退出系统              ***"<<endl;
    cout<<"****************************"<<endl;
    cout<<"           请选择(1/0)?";
    cin>>n;
    if(n==0){
        cout <<endl<<"*********************"<<endl;
            cout<<"***     谢谢使用本系统!    ***"<<endl;
            cout<<"*********************"<<endl;
        exit(1);
    }
}
Menu1::Menu1( ){}
Menu1::~Menu1( ){}
void Menu1::Function(bool IsStudent) //新建学生信息数据文件
{   char FileName[40];//存放学生信息数据文件的文件名
    if(IsStudent)  //新建本科生信息数据文件
    {   cout<<"请输入新建本科生信息数据文件的名称:";
        cin>>FileName;
        if(strcmp(FileName, "studentbackup"))
        {   strcat(FileName, ".dat");
            StudentList.New(FileName);
            strcpy(CurFileStu, FileName);
            cout<<FileName<<"本科生信息数据文件创建成功!"<<endl;
        }
        else
        {   cout<<FileName<<"是本科生信息备份文件,";
            cout<<"禁止创建与此文件同名的文件!"<<endl;
        }
    }
    else       //新建函授生信息文件
    { ... }    //这里的代码与新建本科生信息文件类似,在此不再赘述
    ReOrEx( );
}
```

```
Menu2::Menu2( ){ }
Menu2::~Menu2( ){ }
void Menu2::Function(bool IsStudent) //打开文件
{   char FileName[40];
    if(IsStudent)  //打开本科生信息数据文件
    {   cout<<"请输入要打开的本科生信息数据文件的名称:";
        cin>>FileName;
        if(strcmp(FileName,"studentbackup"))
        {   strcat(FileName,".dat");
            if(IsOpenStu==false)
            {   StudentList.Open(FileName);
                strcpy(CurFileStu,FileName);
            }
            IsOpenStu=true;
            cout<<FileName<<"本科生信息数据文件打开成功!"<<endl;
        }
        else
        {   cout<<FileName<<"是本科生信息备份文件,";
            cout<<禁止打开此文件!"<<endl;
        }
    }
    else      //打开函授生信息数据文件
    {   …   }   //这里的代码与打开本科生信息数据文件类似,在此不再赘述
    ReOrEx( );
}
Menu3::Menu3( ){}
Menu3::~Menu3( ){}
void Menu3::Function(bool IsStudent) //备份学生信息
{   if(IsStudent) //备份本科生信息
    {   if(! strcmp(CurFileStu,""))
        {   cout<<"当前并未打开或新建文件,无法备份!"<<endl;  }
        else
        {   StudentList.CopyData(CurFileStu); cout<<"备份成功!"<<endl;  }
    }
    else      //备份函授生信息
    {   …   }   //这里的代码与备份本科生信息类似,在此不再赘述
    ReOrEx( );
}
Menu4::Menu4( ){}
Menu4::~Menu4( ){}
void Menu4::Function(bool IsStudent) //显示全部学生信息
{   if(IsStudent) //显示全部本科生信息
    {   if(! strcmp(CurFileStu,""))
        {   cout<<"当前并未打开或新建文件,无法显示!"<<endl;   }
```

```
        else
        {   cout<<endl<<"        显示所有本科生成绩信息"<<endl<<endl;
            cout<<setw(11)<<"学号"<<setw(12)<<"姓名"<<setw(6)<<"性别";
            cout<<setw(12)<<"出生日期"<<setw(6)<<"英语";
            cout<<setw(10)<<"数据结构"<<setw(7)<<"C语言";
            cout<<setw(8)<<"总成绩"<<setw(10)<<"平均成绩"<<endl;
            StudentList.ShowAllData( );
        }
    }
    else    //显示全部函授生信息
    { … }    //这里的代码与显示全部本科生信息类似,在此不再赘述
    ReOrEx( );
}
Menu5::Menu5( ){}
Menu5::~Menu5( ){}
void Menu5::Function(bool IsStudent) //添加一条学生信息
{   if(IsStudent) //添加一条本科生信息
    {   if(! strcmp(CurFileStu,""))
        {   cout<<"当前并未打开或新建文件,无法添加!"<<endl; }
        else
        {   StudentList.AddData( );  StudentList.Save(CurFileStu); }
    }
    else //添加一条函授生信息
    { … }   //这里的代码与添加一条本科生信息类似,在此不再赘述
    ReOrEx( );
}
Menu6::Menu6( ){}
Menu6::~Menu6( ){}
void Menu6::Function(bool IsStudent) //修改一条学生信息
{   if(IsStudent) //修改一条本科生信息
    {    if(! strcmp(CurFileStu,""))
        { cout<<"当前并未打开或新建文件,无法修改!"<<endl;  }
        else
        { StudentList.ModifyData( );  StudentList.Save(CurFileStu);  }
    }
    else      //修改一条函授生信息
    { … }   //这里的代码与修改一条本科生信息类似,在此不再赘述
    ReOrEx( );
}
Menu7::Menu7( ){}
Menu7::~Menu7( ){}
void Menu7::Function(bool IsStudent) //删除一条学生信息
{   if(IsStudent) //删除一条本科生信息
    {   if(! strcmp(CurFileStu,""))
```

```
        {  cout<<"当前并未打开或新建文件,无法删除!"<<endl;  }
    else
    {  if(StudentList.DeleteData( ))
        {  StudentList.Save(CurFileStu);
           cout<<"删除一条学生信息操作成功!"<<endl;
        }
        else
        {  cout<<"不能进行删除操作!"<<endl;
           cout<<"删除一条学生信息操作失败!"<<endl;
        }
    }
}
    else        //删除一条函授生信息
    {  …  }  //这里的代码与删除一条本科生信息类似,在此不再赘述
    ReOrEx( );
}
Menu8::Menu8( ){}
Menu8::~Menu8( ){}
void Menu8::Function(bool IsStudent)//查询某位学生信息
{  if(IsStudent)//查询某位本科生信息
    {  if(! strcmp(CurFileStu,""))
        {  cout<<"当前并未打开或新建文件,无法查询!"<<endl;  }
        else
        {    cout<<endl<<"              查询某位本科生信息"<<endl;
            int n;
            cout<<"**********************"<<endl;
            cout<<"***    1. 按姓名查询      ***"<<endl;
            cout<<"***    2. 按学号查询      ***"<<endl;
            cout<<"**********************"<<endl;
            cout<<"          请选择(1/2)?";
            cin>>n;
            int x;
            if(n==1)
            {  char Name[10];
               cout<<"请输入本科生姓名:"<<endl;
               cin>>Name;
               x = StudentList.SearchName(Name);
            }
            else if(n==2)
            {  char num[10];
               cout<<"请输入本科生学号:"<<endl;
               cin>>num;
               x = StudentList.SearchNum(num);
            }
```

```
            cout<<"该本科生的具体信息为:"<<endl<<endl;
            cout<<setw(11)<<"学号"<<setw(12)<<"姓名"<<setw(6)<<"性别";
            cout<<setw(12)<<"出生日期"<<setw(6)<<"英语;
            cout"<<setw(10)<<"数据结构"<<setw(7)<<"C语言"
            cout<<setw(8)<<"总成绩"<<setw(10)<<"平均成绩"<<endl;
            StudentList.ShowData(x);
        }
    }
    else        //查询某位函授生信息
    { ... }    //这里的代码与查询某位本科生信息类似,在此不再赘述
    ReOrEx( );
}
Menu9::Menu9( ){}
Menu9::~Menu9( ){}
void Menu9::Function(bool IsStudent) //按某门课成绩升序显示学生成绩
{  if(IsStudent) //按某门课成绩升序显示本科生成绩
    {  if(! strcmp(CurFileStu,""))
        {  cout<<"当前并未打开或新建文件,无法显示!"<<endl;  }
        else
            {cout<<endl<<"            按某门课成绩升序显示本科生成绩"<<endl;
            int x;
            cout<<endl;
            cout<<"********************************"<<endl<<endl;
            cout<<"***1. 按英语成绩升序显示本科生成绩     ***"<<endl<<endl;
            cout<<"***2. 按数据结构成绩升序显示本科生成绩***"<<endl<<endl;
            cout<<"***3. 按C++成绩升序显示本科生成绩    ***"<<endl<<endl;
            cout<<"***4. 按总成绩成绩升序显示本科生成绩 ***"<<endl<<endl;
            cout<<"********************************"<<endl;
            cout<<"            请选择(1-4)?";
            cin>>x;
            cout<<endl;
            cout<<setw(11)<<"学号"<<setw(12)<<"姓名"<<setw(6)<<"性别";
            cout<<setw(12)<<"出生日期"<<setw(6)<<"英语";
            cout<<setw(10)<<"数据结构"<<setw(7)<<"C语言";
            cout<<setw(8)  <<"总成绩"<<setw(10)<<"平均成绩"<<endl;
            StudentList.Sort(x);
        }
    }
    else        //按某门课成绩升序显示函授生成绩
    { ... }    //这里的代码与按某门课成绩升序显示本科生成绩类似,在此不再赘述
    ReOrEx( );
}
Menu10::Menu10( ){}
Menu10::~Menu10( ){}
```

```cpp
void Menu10::Function(bool IsStudent) //统计某一科目总成绩及平均成绩
{   if(IsStudent) //统计本科生某一科目总成绩及平均成绩
    {   if(! strcmp(CurFileStu,""))
        {   cout<<"当前并未打开或新建文件,无法进行成绩统计!"<<endl; }
        else
        {   cout<<endl<<"   统计本科生某一科目总成绩及平均成绩"<<endl;
            int x;
            cout<<endl;
            cout<<"*******************************"<<endl<<endl;
            cout<<"***1.统计英语课程总成绩及平均成绩     ***"<<endl<<endl;
            cout<<"***2.统计数据结构课程总成绩及平均成绩***"<<endl<<endl;
            cout<<"***3.统计C++课程总成绩及平均成绩     ***"<<endl<<endl;
            cout<<"*******************************"<<endl;
            cout<<"              请选择(1-3)?";
            cin>>x;
            switch(x){
            case 1:
                cout<<"英语课程总成绩为:";
                cout<<StudentList.GetOneCourseSum(1)<<endl<<endl;
                cout<<"英语课程平均成绩为:";
                cout<<StudentList.GetOneCourseAverage(1)<<endl;
                break;
            case 2:
                cout<<"数据结构课程总成绩为:";
                cout<<StudentList.GetOneCourseSum(2)<<endl<<endl;
                cout<<"数据结构课程平均成绩为:";
                cout<<StudentList.GetOneCourseAverage(2)<<endl;
                break;
            case 3:
                cout<<"C++课程总成绩为:";
                cout<<StudentList.GetOneCourseSum(3)<<endl<<endl;
                cout<<"C++课程平均成绩为:";
                cout<<StudentList.GetOneCourseAverage(3)<<endl;
                break;
            default: cout<<"选择错误!"<<endl;
            }
        }
    }
    else //统计函授生某一科目总成绩及平均成绩
    {   ...   } //这里的代码与统计本科生某一科目总成绩及平均成绩类似,在此不再赘述
    ReOrEx( );
}
```

在声明了上述主菜单类和各子菜单类后,我们可写出如下的学生信息管理系统的 main 函数,main 函数代码放在名为 main.cpp 的源文件中。

```
# include "Data. h"
# include "SequenceList. h"
# include "Student. h"
# include "Menu. h"
# include "SecMenu. h"
int main( )
{   Menu menu0;
    Menu1 menu1;
    Menu2 menu2;
    Menu3 menu3;
    Menu4 menu4;
    Menu5 menu5;
    Menu6 menu6;
    Menu7 menu7;
    Menu8 menu8;
    Menu9 menu9;
    Menu10 menu10;
    Menu * menu[11] = {&menu0, &menu1, &menu2, &menu3, &menu4, &menu5,
                        &menu6, &menu7, &menu8, &menu9, &menu10};
    int select, choice;
    cout<<endl;
    do{
    cout<<"*************************************"<<endl<<endl;
    cout<<"***            欢迎使用本系统!             ***"<<endl<<endl;
    cout<<"***本系统可实现普通本科生和函授生信息管理 ***"<<endl<<endl;
    cout<<"***         1. 普通本科生信息管理         ***"<<endl<<endl;
    cout<<"***         2. 函授生信息管理             ***"<<endl<<endl;
    cout<<"*************************************"<<endl<<endl;
    cout<<"         请选择要管理的学生类别(1/2)?";
    cin>>select;
    bool IsStudent;
    if(select ==1) IsStudent = true;
    else if(select ==2) IsStudent = false;
    else {   cout<<"选择错误! 退出系统!"<<endl; exit(1);      }
    menu0. Function(IsStudent);
    cin>>choice;
    if(choice> = 1 && choice < = 10)
        menu[choice] - >Function(IsStudent);
    }while(choice ! = 0);
    cout<<endl<<endl;
    cout<<"**********************"<<endl;
    cout<<"***   谢谢使用本系统!   ***"<<endl;
    cout<<"**********************"<<endl;
    return 0;
}
```

习　　题

一、简答题

1. 什么是多态性？在 C++中是如何实现多态性的？
2. 什么是抽象类？它有何作用？
3. 在 C++中能否声明虚构造函数？为什么？能否声明虚析构函数？有何用途？

二、编程题

1. 设计一个基类 Base 为抽象类，其中包含 Settitle 和 Showtitle 两个成员函数，另有一个纯虚函数 IsGood。由该类派生图书类 Book 和杂志类 Journal，分别实现纯虚函数 IsGood。对于前者，如果每月图书销售量超过 500，则返回 true；对于后者，如果每月杂志销售量超过 2 500，则返回 true。设计这 3 个类并在 main 函数中测试之。

2. 编写一个程序实现小型公司的工资管理。该公司雇员（employee）包括经理（manager）、技术人员（technician）、销售员（salesman）和销售部经理（salesmanager）。要求存储这些人员的编号和月工资，计算月工资并显示全部信息。

月工资计算办法是：经理拿固定月薪 8 000 元，技术人员按每小时 20 元领取月薪，销售员按该当月销售 4‰提成，销售经理既拿固定月工资也领取销售提成，固定月工资为 5 000 元，销售提成为所管辖部门当月销售额的 5‰。

第6章
面向对象的妥协

在C++中,类是数据和函数的封装体,类外不能直接访问类的私有和保护成员,而C++所提供的友元机制突破了这一限制,友元函数可以不受访问权限的限制而访问类的任何成员。友元破坏了类的封装性。另外,如果把类的某一数据成员声明为静态数据成员,则它在内存中只占一份空间,而不是每个对象都分别为它保留一份空间,它是属于类的,但它被该类的所有对象所共享,每个对象都可以引用这个静态数据成员。即使没有定义类对象,也可以通过类名引用静态数据成员。静态成员破坏了对象机制。以上这些,我们称之为面向对象的妥协。

本章介绍友元函数、友元类、静态数据成员、静态成员函数的定义与使用方法。

6.1　封装的破坏——友元

6.1.1　友元函数

友元可以访问与其有好友关系的类中的任何成员。友元包括友元函数和友元类。

如果在本类以外的其他地方定义了一个函数(这个函数可以是不属于任何类的普通函数,也可以是其他类的成员函数),在类体中用 friend 对其进行声明,此函数就称为本类的友元函数。友元函数可以访问这个类中的任何成员。

如何将普通函数声明为友元函数呢? 看下面这个简单的例子。

【例6-1】　友元普通函数。

```cpp
# include <iostream>
using namespace std;
class Clock                              //声明 Clock 类
{public:
    Clock(int, int, int);               //构造函数的原型声明
    friend void Display(Clock &);       //声明 Display 函数为 Clock 类的友元函数
private:
    int hour;
    int minute;
    int second;
};
Clock::Clock(int h,int m,int s)          //构造函数的类外定义
{   hour = h; minute = m; second = s;   }
void Display(Clock &t)                   //这是友元函数,形参 t 是 Clock 类对象的引用
{   cout<<t.hour<<":"<<t.minute<<":"<<t.second<<endl;   }
```

```
int main( )
{   Clock t(10, 13, 56);
    Display(t);                          //调用 Display 函数,实参 t 是 Clock 类对象
    return 0;
}
```

程序运行结果如下：

10：13：56

由于声明了 Display 函数是 Clock 类的友元函数,所以 Display 函数可以访问 Clock 中的私有成员 hour、minute 和 second。但注意在访问这些私有数据成员时,必须加上对象名,不能写成：

cout<<hour<<" : "<<minute<<" : "<<second<<endl;

因为 Display 函数不是 Clock 类的成员函数,不能默认访问 Clock 类的数据成员,必须指定要访问的对象。所以在 Display 函数的形参表中引入了 Clock 类对象的引用形参。

友元函数不仅可以是普通函数,也可以是另外一个类中的成员函数。

【例 6-2】 友元成员函数。

```
# include <iostream>
using namespace std;
class Date;                              //对 Date 类的提前引用声明
class Clock                              //声明 Clock 类
{public:
    Clock(int, int, int);
    void Display(Date &); //Display( )是 Clock 类的成员函数,形参是 Date 类对象的引用
private:
    int hour;
    int minute;
    int second;
};
class Date                               //声明 Date 类
{public:
    Date(int, int, int);
    //声明 Clock 中的 Display 成员函数为 Date 类的友元函数
    friend void Clock::Display(Date &);
private:
    int month;
    int day;
    int year;
};
Clock::Clock(int h, int m, int s)        // Clock 类的构造函数的类外定义
{   hour = h; minute = m; second = s;   }
Date::Date(int m, int d, int y)          // Date 类的构造函数的类外定义
{   month = m; day = d; year = y;}
void Clock::Display(Date &dd)            //Display( )的作用是输出年、月、日和时、分、秒
{   //访问 Date 类对象中的私有数据
    cout<<dd.month<<" / "<<dd.day<<" / "<<dd.year<<endl;
    //访问本类对象中的私有数据
```

```
        cout<<hour<<":"<<minute<<":"<<second<<endl;
}
int main( )
{   Clock clock(10, 13, 56);              //定义 Clock 类对象 clock
    Date date(12, 25, 2004);             //定义 Date 类对象 date
    clock.Display(date);                 //调用 clock 对象的 Display 函数,实参是 date 对象
    return 0;
}
```

程序运行结果如下:

12 / 25 / 2004　　　　　　(输出 Date 类对象 d 中的私有数据)

10 : 13 : 56　　　　　　　(输出 Clock 类对象 t 中的私有数据)

　　在例 6-2 中定义了两个类 Clock 和 Date。程序第 3 行是对 Date 类的提前引用声明,因为在 Clock 类的声明中用到了类名 Date,而此时 Date 类还未进行定义。能否将 Date 类的声明提到前面来呢? 也不行,因为在 Date 类中的第 4 行又用到了 Clock 类,也要求先声明 Clock 类才能使用它。为了解决这个问题,C++允许对类作"提前引用"的声明,即在正式声明一个类之前,先声明一个类名,表示此类将在稍后声明。程序第 3 行就是提前引用声明,它只包含类名,不包括类体。如果没有这个提前引用声明的话,则程序编译时就会出错。

　　在一般情况下,类必须先声明,然后才能使用。但是在特殊情况下(如例 6-2 所示的那样),在正式声明类之前,需要使用该类名,这时就需要对类作"提前引用"的声明。但是应当注意:类的"提前引用"声明的使用范围是有限的。只有在正式声明一个类以后才能用它去定义类对象。如果在上面程序第 3 行后面增加一行:

Date d;　　//企图定义一个对象

　　则会在编译时出错。因为在定义对象时是要为对象分配存储空间的,在正式声明类之前,编译系统无法确定应为对象分配多大的空间。编译系统只有在"见到"类体后,才能确定应该为对象预留多大的空间。在对一个类作了"提前引用"声明后,可以用该类的名字去定义指向该类型对象的指针变量或对象的引用变量(如在例 6-2 中,定义了 Date 类对象的引用变量)。这是因为指针变量和引用变量本身的大小是固定的,与它所指向的类对象的大小无关。

　　请注意程序是在定义 Clock::Display 函数之前正式声明 Date 类的。如果将对 Date 类的声明的位置改到定义 Clock::Display 函数之后,则编译就会出错,因为在 Clock::Display 函数体中要用到 Date 类的成员 month、day 和 year。如果不事先声明 Date 类,编译系统无法识别 month、day、year 等成员。

　　在一般情况下,两个不同的类是互不相干的。在例 6-2 中,由于在 Date 类中声明了 Clock 类中的 Display 成员函数是 Date 类的"朋友",因此该函数可以访问 Date 类中的任何成员。请注意本程序中调用 Display 函数的书写形式。

　　(1) 在函数名 Display 的前面加 Display 所在的对象名 clock;

　　(2) Display 成员函数的实参是 Date 类对象 date,否则就不能访问对象 date 中的私有数据成员。

　　一个函数(包括普通函数和成员函数)可以被多个类声明为"朋友",这样就可以访问多个类中的任何成员。

　　例如,可以将例 6-2 程序中的 Display 函数不放在 Clock 类中,而作为类外的普通函数,然后分别在 Clock 和 Date 类中将 Display 声明为"朋友"。在 main 函数中调用 Display 函数,Display 函数分别访问 Clock 和 Date 两个类的对象的私有成员,输出年、月、日和时、分、秒。

6.1.2 友元类

不仅可以将一个函数声明为一个类的"朋友"，而且可以将一个类（如 B 类）声明为另一个类（如 A 类）的"朋友"。这时 B 类就是 A 类的友元类。友元类 B 中的所有成员函数都是 A 类的友元函数，可以访问 A 类中的任何成员。

例如，下面的代码将整个教师类看成是学生类的友元类，教师可以修改学生的成绩。

```cpp
class  Student;
class  Teacher
{public:
      void assigngrades(Student& s);        //给出学生成绩
private:
      char num[8];                          //教师编号
      char name[30];                        //教师姓名
      char sex;                             //性别
      char title[40];                       //职称
};
class  Student
{public:
      friend  Teacher;                      //声明 Teacher 为 Student 类的友元类
      ...
private:
      char id[12];                          //学号
      char name[30];                        //学生编号
      char sex;                             //性别
      float score;                          //入学成绩
};
...
```

在 Student 类的类体中用以下语句声明 Teacher 类为其友元类：

```cpp
friend Teacher;
```

声明友元类的一般形式为：

```
friend 类名;
```

关于友元，有以下三点需要说明：

（1）友元函数的声明可以出现在类的任何地方（包括在 private 和 public 部分），也就是说友元的声明不受成员访问控制符的限制。

（2）友元关系是单向的而不是双向的，如果声明了 B 类是 A 类的友元类，不等于 A 类也是 B 类的友元类，A 类中的成员函数不一定能够访问 B 类中的成员。

（3）友元关系是不能传递的，例如，如果 B 类是 A 类的友元类，C 类是 B 类的友元类，并不能说 C 类就是 A 类的友元类。

在实际工作中，除非确有必要，一般并不把整个类声明为友元类，而只将确实有需要的成员函数声明为友元函数，这样更安全一些。

面向对象程序设计的一个基本原则是封装性和信息隐蔽，而友元却可以访问其他类中的私有成员，这是对封装原则的一个小小的破坏。但是它能有助于数据共享，能提高程序的效率，在使用友元时，要注意到它的副作用，不要过多地使用友元，只有在使用它能使程序精练，并能大大提高程序的效率时才用友元。

6.2 对象机制的破坏——静态成员

在 C++中,声明了一个类之后,可以定义该类的多个对象。系统为每个对象分配单独的内存空间。每一个对象都分别有自己的数据成员,不同对象的数据成员各自有其值,互不相干。但是有时我们希望有某一个或几个数据成员为所有对象所共有,这样可以实现数据共享。

我们知道全局变量能够实现数据共享。但是用全局变量的安全性得不到保证,因为在各处都可以自由地修改全局变量的值,很有可能由于某个没注意到的失误,全局变量的值就被修改,导致程序的失败。因此在实际工作中很少使用全局变量。

如果想在同类的多个对象之间实现数据共享,也不要用全局对象,可以用静态成员。静态成员包括静态数据成员和静态成员函数。

6.2.1 静态数据成员

静态数据成员是一种特殊的数据成员,它以关键字"static"开头。例如:

```
class Student
{public:
    Student(char * Id = "uncertain", char * Name = "uncertain", char Sex = 'M');
    virtual ~Student();
    static int stu_count;        //把学生人数 stu_count 定义为静态的数据成员
private:
    char id[12];
    char name[30];
    char sex;
};
```

这里希望各对象中的学生人数 stu_count 的值是一样的,所以把它定义为静态数据成员,这样它就为各对象所共享,而不只属于某个对象。

静态数据成员在内存中只占一份空间(而不是每个对象都分别为它保留一份空间),它是属于类的,但它被该类的所有对象所共享,每个对象都可以访问这个静态数据成员。静态数据成员的值对所有对象都是一样的。如果改变它的值,则在各对象中这个数据成员的值都同时改变了。这样可以节约空间,提高效率。

说明:

(1)如果只声明了类而未定义对象,则类的一般数据成员是不占内存空间的,只有在定义对象时,才为对象的数据成员分配空间。但是静态数据成员不属于某一个对象,在为对象所分配的空间中不包括静态数据成员所占的空间。静态数据成员是在所有对象之外单独开辟空间。只要在类中定义了静态数据成员,即使不定义对象,也为静态数据成员分配空间,它可以被访问。在一个类中可以有一个或多个静态数据成员,所有的对象共享这些静态数据成员,都可以访问它。

(2)静态数据成员不随对象的建立而分配空间,也不随对象的撤销而释放(一般数据成员是在对象建立时分配空间,在对象撤销时释放)。静态数据成员是在程序编译时被分配空间的,到程序结束时才释放空间。

(3)静态数据成员可以初始化,但只能在类体外进行初始化。例如:

```
int Student::stu_count = 0;        //表示对 Student 类中的静态数据成员初始化
```

静态数据成员初始化语句的一般形式为：

数据类型 类名::静态数据成员名 = 初值；

不必在初始化语句中加 static。

注意：静态数据成员要实际地分配空间，故不能在类声明中初始化。类声明只声明一个类的"尺寸与规格"，并不进行实际的内存分配，所以在类声明中写"static int stu_count = 0;"是错误的。

如果未对静态数据成员 stu_count 赋初值，则编译系统会自动赋予初值 0。

（4）静态数据成员既可以通过对象名访问，也可以通过类名来访问。

【例 6-3】 访问静态数据成员。

```cpp
# include <iostream>
using namespace std;
# include <string>
class Student
{public:
    Student(char * Id = "uncertain", char * Name = "uncertain", char Sex = 'M');
    ~Student( );
    static int stu_count;              //把学生人数 stu_count 定义为静态的数据成员
private:
    char id[12];
    char name[30];
    char sex;
};
Student::Student(char * Id, char * Name, char Sex)
{   strcpy(id, Id); strcpy(name, Name); sex = Sex;
    stu_count++;                       //每创建一个对象，学生人数加 1
}
Student::~Student( )
{   stu_count--;   }                   //每释放一个对象，学生人数减 1
int Student::stu_count = 0;            //对静态数据成员 stu_count 初始化
int main( )
{   Student s1;
    cout<<s1.stu_count<<endl;          //通过对象名 s1 访问静态数据成员
    {   Student s2;
    cout<<s2. stu_count<<endl;         //通过对象名 s2 访问静态数据成员
    }
    cout<<Student::stu_count<<endl;    //通过类名访问静态数据成员
    return 0;
}
```

程序运行结果如下：

1

2

1

注意：在上面的程序中将 stu_count 定义为了公用的静态数据成员，所以在类外可以直接访问。可以看到在类外可以通过对象名访问公用的静态数据成员，也可以通过类名访问公用的静态数据成员。即使没有定义类对象,也可以通过类名访问静态数据成员。

这说明静态数据成员并不是属于对象的,而是属于类的,但类的对象可以访问它。如果静态数据成员被定义为私有的,则不能在类外直接访问,而必须通过类提供的公用的成员函数访问。

有了静态数据成员,各对象之间的数据有了沟通的渠道,实现了数据共享,因此可以不使用全局变量。全局变量破坏了封装的原则,不符合面向对象程序的要求。如用来保存流动变化的对象个数(如学生人数),指向一个链表第一个成员或最后一个成员的指针,银行账号类中的年利率等一般定义为静态数据成员。

但是也要注意公用静态数据成员与全局变量的不同,公用静态数据成员的作用域只限于定义该类的作用域内(如果是在一个函数中定义类,那么其中静态数据成员的作用域就是此函数内)。在此作用域内,可以通过类名和域运算符"::"访问静态数据成员,而不论类对象是否存在。

6.2.2　静态成员函数

与静态数据成员不同,静态成员函数的作用不是为了对象之间的沟通,而是为了能处理静态数据成员。

【例 6-4】 静态成员函数访问静态数据成员。

```cpp
#include <iostream>
using namespace std;
#include <string>
class Student                              //定义 Student 类
{public:
    Student(char * Id = "uncertain", char * Name = "uncertain", char Sex = 'M');
    ~Student( );
    static int GetCount( )                 //静态成员函数
    { return stu_count; }
private:
    static int stu_count;                  //把 stu_count 定义为私有的静态数据成员
    char id[12];
    char name[30];
    char sex;
};
Student::Student(char * Id, char * Name, char Sex)
{   strcpy(id, Id); strcpy(name, Name); sex = Sex;
    stu_count++;                           //每创建一个对象,学生人数加 1
}
Student::~Student( )
{   stu_count--;   }                       //每释放一个对象,学生人数减 1
int Student::stu_count = 0;                //对静态数据成员 stu_count 初始化
int main( )
{   Student s1;
    cout<<s1.GetCount( )<<endl;            //用对象名调用静态数据成员函数
    {   Student s2;
        cout<<s2.GetCount( )<<endl;        //用对象名调用静态成员函数
    }
```

```
        cout<<Student::GetCount()<<endl;    //通过类名访问静态数据成员
        return 0;
    }
```

程序运行结果与例 6-3 相同。

在例 6-4 中，静态数据成员 stu_count 被声明为私有的，故 Student 类又提供公用的静态成员函数 GetCount 来获取 stu_count 的值。

声明静态成员函数的方法：在成员函数首部的最前面加"static"关键字。如程序中的语句"static int GetCount();"。

和静态数据成员一样，静态成员函数是类的一部分，而不是对象的一部分。如果要在类外调用公用的静态成员函数，可以用类名和域运算符"::"，也允许通过对象名调用静态成员函数。如：

```
    Student::GetCount();                    // 用类名调用静态数据成员函数
    s1.GetCount();                          // 用对象名调用静态成员函数
```

但这并不意味着此函数是属于对象 s1 的，而只是用 s1 的类型而已。

在例 6-4 的 main 函数中定义了两个 Student 类对象，定义 s1 对象时，系统自动调用其构造函数，使静态数据成员 stu_count 的值发生了变化，由 0 变为 1，然后在 main 函数中通过对象名 s1 调用公用的静态成员函数 GetCount，这个静态成员函数是返回静态数据成员 stu_count 的值，程序输出 1。

接下来定义 s2 对象，静态数据成员 stu_count 的值又增加 1，变为 2，程序输出 2。

由于 s2 对象的作用域为复合语句块，当程序执行完此复合语句后调用 s2 对象的析构函数，stu_count 的值减 1，又变为 1，程序输出 1。

说明：

(1) 静态成员函数不能默认访问本类中的非静态成员。当调用一个对象的成员函数（非静态成员函数）时，系统会把该对象的起始地址赋给成员函数的 this 指针。而静态成员函数并不属于某一对象，它与任何对象都无关，因此静态成员函数没有 this 指针。既然它没有指向某一对象，就无法对一个对象中的非静态成员进行默认访问（即在访问数据成员时不指定对象名）。

可以说，静态成员函数与非静态成员函数的根本区别是：非静态成员函数有 this 指针，而静态成员函数没有 this 指针，因而决定了静态成员函数不能默认访问本类中的非静态成员。

(2) 静态成员函数可以直接访问本类中的静态数据成员，因为静态成员同样是属于类的，可以直接访问。在 C++ 程序中，静态成员函数主要用来访问静态数据成员，而不访问非静态成员。假如在一个静态成员函数中有以下语句：

```
    cout<<age<<endl;      //若 age 已声明为 static,则访问本类中的静态成员,合法
    cout<<score<<endl;    //若 score 是非静态数据成员,不合法
```

但是，并不是绝对不能访问本类中的非静态成员，只是不能进行默认访问，因为无法知道应该去找哪个对象。如果一定要访问本类的非静态成员，应该加对象名和成员运算符"."。如静态成员函数中可以出现：

```
    cout<<s.score<<endl;
```

这里假设 s 已定义为 Student 类对象，且在当前作用域内有效，则此语句合法。

但是在 C++ 程序中最好养成这样的习惯：只用静态成员函数访问静态数据成员，而不访问非静态数据成员，这样思路清晰，逻辑清楚，不易出错。

习　　题

一、程序分析题

1. 分析以下程序的执行结果。

```cpp
#include<iostream>
using namespace std;
class Sample
{public:
    Sample(int i){n = i;}
    friend int Add(Sample &s1, Sample &s2);
private:
    int n;
};
int Add(Sample &s1, Sample &s2) { return s1.n + s2.n; }
int main( )
{   Sample s1(10), s2(20);
    cout<<Add(s1, s2)<<endl;
    return 0;
}
```

2. 分析以下程序的执行结果。

```cpp
#include<iostream>
using namespace std;
class B;
class A
{private:
    int i;
    friend B;
    void Disp( ){   cout<<i<<endl;  }
};
class B
{public:
    void Set(int n)
    {   A a;
        a.i = n;   // i是对象a的私有数据成员,在友元类可以使用
        a.Disp( );  // Disp( )是对象a的私有成员函数,在友元类可以使用
    }
};
int main( )
{   B b;
    b.set(2);
```

```
    return 0;
}
```

二、编程题

1. 定义一个处理日期的类 Date，它有 3 个私有数据成员：month、day、year 和若干个公有成员函数，实现如下要求：

（1）对构造函数进行重载，以便使用不同的构造函数来创建不同的对象；

（2）定义一个设置日期的成员函数；

（3）定义一个友元函数来打印日期。

2. 设计一个程序，其中有 3 个类 CBank、BBank、GBank，分别为中国银行类、工商银行类和农业银行类。每个类都包含一个私有数据成员 balance 用于存放储户在该行的存款数，另有一个友元函数 Total 用于计算储户在这 3 家银行中的总存款。类结构图如图 6-1 所示。

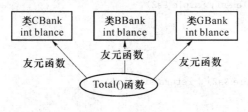

图 6-1　类结构图

3. 编写一个程序，设计一个类 Score 用于统计一个班的学生成绩，其中使用一个静态数据成员 sum 存储总分和一个静态成员函数 GetSum( )返回该总分。

4. 设计一个银行账户类，该类对象是一个个银行账户，统计该类对象个数。

第7章 运算符重载

运算符重载是 C++ 的一项强大功能。通过重载，可以扩展 C++ 运算符的功能，使它们能操作用户自定义的数据类型，增加程序代码的灵活性、可扩充性和可读性。

本章介绍运算符重载和类型转换的概念，并举例说明运算符重载和类型转换的用法。

7.1 为什么要进行运算符重载

在第 2 章中学习了函数重载，所谓函数重载，简单地说就是赋给同一个函数名多个含义。具体地讲，C++ 中允许在相同的作用域内以相同的名字定义几个不同实现的函数，重载的函数可以是类的成员函数，也可以是普通函数。但是，定义这种重载函数时要求函数的参数个数或者类型必须至少有一个不同。由此可以看出，重载函数的意义在于它可以用相同的名字访问一组相互关联的函数，由编译程序来进行选择，因而这将有助于解决程序复杂性问题。如在定义类时，构造函数重载给类对象初始化带来了多种方式，为类的使用者提供了更大的灵活性。

运算符也可以重载。运算符重载是对已有的运算符重新进行定义，赋予其另一种功能，以适应不同的数据类型。实际上，我们已经在不知不觉中使用了运算符的重载。例如，我们都已习惯于用加法运算符"＋"对整数、单精度数和双精度数进行加法运算，如下面的程序段：

```
int a = 2, b = 3, c;
c = a + b;
cout<<"c = "<<c<<endl;
float x = 3.5, y = 5.6, z, t;
z = x + y;
cout<<"z = "<<z<<endl;
t = c + z;
cout<<"t = "<<t<<endl;
```

为什么同一个运算符"＋"可以用于完成不同类型的数据的加法运算呢？这是因为 C++ 已经对运算符"＋"进行了重载，所以加法运算符"＋"就能适用于整型、单精度浮点型和双精度浮点型数据的加法运算。在上面的程序中，表达式"x＋y"对两个单精度数进行加法运算，编译器会"调用"执行单精度数加法的"＋"运算符重载函数。而表达式"c＋z"对一个整数和一个单精度数进行加法运算，编译器会首先"调用"一个特殊的函数，把整数转化为单精度数，然后再"调用"执行单精度数加法的"＋"运算符重载函数。上述这些工作都是编译器自动完成的，无须程序员操心。有了针对预定义类型数据的运算符重载，使我们编程时感到十分方便，而且写出的表达式与数学表达式很相似，符合人们的习惯。

C++中预定义的运算符的操作对象只能是基本数据类型，实际上，对于很多用户自定义类型（比如类），也需要有类似的运算操作。例如，下面的程序段声明了一个 Money 类。

```
class Money
{public:
    Money(int y = 0, int j = 0, int f = 0)
    {   yuan = y; jiao = j; fen = f; Optimize( );   }
    void Display(string);
private:
    int yuan, jiao, fen;
    void Optimize( );                    //优化函数
};
void Money::Optimize( )
{   if ( fen >= 10 ){   jiao++; fen - = 10;   }
    if ( jiao >= 10 ){   yuan++; jiao - = 10;   }
}
void Money::Display(string str)
{   cout << str << " = " << yuan << "." << jiao << fen << " ¥ " << endl;   }
```

于是可以这样定义 Money 类的对象：

```
Money cost1(10, 3, 5), cost2(5, 8, 2), total;
```

若要把对象 cost1 和 cost2 加在一起，下面的语句不能实现：

```
total = cost1 + cost2;
```

不能实现的原因是 Money 类不是预定义的基本数据类型，而是用户自定义的数据类型。C++编译器知道如何实现两个整数的加法运算，或两个单精度数的加法运算，甚至知道如何实现一个整数和一个单精度数的加法运算，但是 C++还无法直接实现两个 Money 类对象的加法运算。

如果需要对 Money 类对象 cost1 和 cost2 进行加法运算，应用已有的知识，应首先在类的声明中添加如下成员函数的原型声明：

```
Money MoneyAdd(Money&);
```

然后在类外定义成员函数的实现代码如下：

```
Money Money::MoneyAdd(Money &c2)
{    return Money ( yuan + c2.yuan, jiao + c2.jiao, fen + c2.fen );   }
```

只能使用成员函数调用的方式来实现对象 cost1 和 cost2 的加法运算，语句如下：

```
total = cost1.MoneyAdd(cost2);
```

为了表达上的方便，我们希望预定义的内部运算符（如"＋"、"－"、"＊"和"/"等）在特定的类的对象上以新的含义进行解释，如希望能够实现"total＝cost1＋cost2"，这就需要用重载运算符"＋"来解决。

7.2　运算符重载的方法

运算符重载的目的是将系统已经定义的运算符用于新定义的数据类型，从而使同一个运算符作用于不同类型的数据导致不同类型的行为。

运算符重载实质上是函数的重载。运算符重载的方法是定义一个重载运算符的函数,在实现过程中,编译系统会自动把指定的运算表达式转化为对运算符函数的调用。

重载运算符的函数的定义格式如下:

函数类型 operator 运算符名称(形参列表)
〔 对运算符的重载处理 〕

函数名由 operator 和运算符组成,如"operator＋"的意思是对运算符"＋"重载。要实现第 7.1 节声明的 Money 类的两个对象的加法运算,只要编写一个对"＋"运算符进行重载的函数即可,函数描述如下:

Money Money∷operator＋(Money &c2)
〔 return Money(yuan + c2.yuan, jiao + c2.jiao, fen + c2.fen); 〕

这样我们就能方便地使用语句:

total = cost1 + cost2;

来实现两个 Money 类对象的加法运算。编译时,编译系统自动把运算表达式"cost1 + cost2"转化为对运算符函数 operator＋的调用"cost1.operator＋(cost2)",通过"＋"运算符左边的对象去调用 operator＋,"＋"运算符右边的对象作为函数调用的实参。当然,在程序中也可以自己使用下面的调用语句,实现两个 Money 对象的加法运算:

total = cost1.operator＋(cost2);

以上这两个调用语句是等价的,但显然后者不如前者更直观和方便。

例 7-1 是使用运算符重载来实现两个 Money 类对象的加法运算的完整程序。

【例 7-1】 对"＋"运算符进行重载来实现两个 Money 类对象的加法运算。

```
# include ＜iostream＞
using namespace std;
# include ＜string＞
class Money
{public:
    Money(int y = 0, int j = 0, int f = 0);
    Money operator＋(Money&);//对"＋"运算符进行重载的函数
    void Display(string);
private:
    int yuan, jiao,fen;
    void Optimize( );//优化函数
};
void Money∷Optimize( )
{   if ( fen＞ = 10 ){   jiao++; fen－ = 10;  }
    if ( jiao＞ = 10 ){   yuan++; jiao－ = 10;  }
}
Money∷Money(int y, int j, int f)
{  yuan = y; jiao = j; fen = f; Optimize( );  }
Money Money∷operator＋(Money &c2) //"＋"运算符重载函数的类外定义
{   return Money ( yuan + c2.yuan, jiao + c2.jiao, fen + c2.fen);  }
void Money∷Display(string str)
```

```
    {  cout<<str<<"="<<yuan<<"."<<jiao<<fen<<"￥"<<endl;  }
int main( )
{   Money cost1(300, 5, 6), cost2(105, 7, 6), total1, total2;
    total1 = cost1 + cost2;          //直接使用重载了的运算符+
    total2 = cost1.operator + (cost2); //调用运算符重载函数 operator + 的第 2 种形式
    total1.Display("total1 = cost1 + cost2");
    total2.Display("total2 = cost1 + cost2");
    return 0;
}
```

程序运行结果如下：

total1 = cost1 + cost2 = 406.32 ￥

total2 = cost1 + cost2 = 406.32 ￥

从例 7-1 可以看出，针对 Money 类重载了"＋"运算符之后，Money 类对象加法的书写形式变得十分简单（当多个 Money 对象相加时，书写简单的优点更加明显），并且和预定义类型数据加法的书写形式一样符合人的习惯。

函数 Optimize( )是优化函数，使得保存的元、角、分符合我们的日常习惯。

总之，运算符重载进一步提高了面向对象软件系统的灵活性、可扩充性和可读性。关于运算符重载函数的更多内容参见本章 7.4 节。

7.3 重载运算符的规则

C＋＋语言中运算符重载的规则如下：

（1）C＋＋不允许用户自己定义新的运算符，只能对 C＋＋语言中已有的运算符进行重载。例如，虽然在某些程序设计语言中用双字符"＊＊"作为求幂运算符，但是在使用 C＋＋进行程序设计时，不能将"＊＊"作为运算符进行重载，因为"＊＊"不是 C＋＋语言的合法运算符。

（2）运算符重载针对新类型数据的实际需要，对原有运算符进行适当的改造。一般来讲，重载的功能应当与原有功能相类似。

（3）C＋＋允许重载的运算符包括 C＋＋中几乎所有的运算符。具体规定如表 7-1 所示。

表 7-1 C＋＋允许重载的运算符

运算符名称	具体运算符
算术运算符	＋(加)，－(减)，＊(乘)，/(除)，％(取模)，＋＋(自增)，－－(自减)
位操作运算符	＆(按位与)，～(按位取反)，^(按位异或)，|(按位或)，<<(左移)，>>(右移)
逻辑运算符	!(逻辑非)，＆＆(逻辑与)，||(逻辑或)
比较运算符	<(小于)，>(大于)，>=(大于等于)，<=(小于等于)，==(等于)，! =(不等于)
赋值运算符	=，+=，－=，＊=，/=，％=，＆=，|=，^=，<<=，>>=
其他运算符	[](下标)，( )(函数调用)，－>(成员访问)，,(逗号)，new,delete,new[],delete[],－>＊(成员指针访问)

在 C＋＋中有以下 5 个运算符不允许被重载，具体规定如表 7-2 所示。

（4）坚持 4 个"不能改变"。即不能改变运算符操作数的个数；不能改变运算符原有的优先级；不能改变运算符原有的结合性；不能改变运算符原有的语法结构。

单目运算符重载后只能是单目运算符，双目运算符重载后依然是双目运算符。例如，关系运算符"＞"和"＜"等是双目运算符，重载后仍为双目运算符，需要两个操作数。运算符"＋"、"－"和"＊"等既可以作为单目运算符，也可以作为双目运算符，可以分别将它们重载为单目运算符或双目运算符。

表 7-2　C＋＋不允许重载的运算符

运算符	功能
.	成员访问运算符
. ＊	成员指针访问运算符
::	域运算符
sizeof	长度运算符
?:	条件运算符

C＋＋语言已经预先规定了每个运算符的优先级，以决定运算次序。不论怎么进行重载，各运算符之间的优先级别不会改变。例如，C＋＋语言规定，对于预定义的数据类型乘法运算符"＊"的优先级高于加法运算符"＋"的优先级，那么针对某个自定义类型重载了乘法运算符"＊"和加法运算符"＋"，也不能改变这两个运算符的优先级关系，即一定是乘法运算符"＊"的优先级别高于加法运算符"＋"的优先级别。如果确实需要改变预定义数据的运算顺序，只能采用加括号"（）"的办法。

C＋＋语言已经预先规定了每个运算符的结合性，如赋值运算符"＝"是右结合性（自右向左），重载后仍为右结合性。

（5）重载的运算符必须和用户定义的自定义类型对象一起使用，其参数至少应有一个是类对象（或类对象的引用）。也就是说，参数不能全部是 C＋＋的标准类型，以防止用户修改用于标准类型数据的运算符的性质。

（6）重载运算符的函数不能有默认的参数，否则就改变了运算符参数的个数。

（7）用于类对象的运算符一般必须重载，但有两个例外，运算符"＝"和"&"可以不必用户重载。

赋值运算符（＝）可以用于每个类对象，可以利用它在同类对象之间相互赋值。因为系统为每个新声明的类重载了一个赋值运算符，它的作用是逐个复制类对象的数据成员。所以用户不必自己进行重载。但是，如果类的数据成员中包含指向动态分配内存的指针成员，就需要自己重载赋值运算符，否则会造成指针悬挂，程序运行出错，关于这个问题已在第 4 章 4.7 节提及，至于赋值运算符重载函数的编写，请参见例 7-5。

地址运算符 & 也可以不必重载，它能返回类对象在内存中的起始地址。

7.4　运算符重载函数作为类的成员函数和友元函数

7.4.1　运算符重载函数作为类的成员函数

在本章的例 7-1 中，对运算符"＋"进行了重载，以实现两个 Money 类对象的相加。例 7-1 中运算符重载函数 operator＋是作为 Money 类中的成员函数。

将运算符重载函数定义为类的成员函数的原型在类的内部声明格式如下：

```
class 类名
{   …
    返回类型 operator 运算符（形参表）；
    …
};
```

在类外定义运算符重载函数的格式如下：

返回类型 类名::operator 运算符（形参表）
{
　　函数体
}

返回类型指定了重载运算符的返回值类型，也就是运算结果类型；operator 是定义运算符重载函数的关键字；运算符即是要重载的运算符名称，必须是 C++ 中可重载的运算符，比如要重载加法运算符，这里就写"＋"；形参表中给出重载运算符所需要的参数和类型。

【例 7-2】 通过运算符重载为类的成员函数来实现两个有理数对象的加、减、乘、除运算。

有理数是一个可以化为一个分数的数，如 2/3、533/920、−7/29 都是有理数，而 $\sqrt{2}$、π 等就为无理数。

在 C++ 中，并没有预先定义有理数，需要时可以声明一个有理数类，将有理数的分子和分母分别存放在 nume 和 deno 变量中，对有理数的各种操作都可以用重载运算符来实现。可以写一个优化函数 Optimize()，它的作用是使有理数约去公分母，也就是说，使保存的有理数的分子和分母之间没有公约数（除去 1 以外）。在创建有理数对象时能执行它，在执行各种运算之后也能执行它，从而保证所存储的有理数随时都是最优的。

对有理数类所要进行的运算操作有下面几种。

（1）有理数相加：当两个有理数 a/b 和 c/d 相加时，可得到这样的算式：

$$\frac{a}{b}+\frac{c}{d}=\frac{a*d+b*c}{b*d}$$

分子和分母可分开存放：

$$分子=a*d+b*c$$
$$分母=b*d$$

运算完毕后，需要对此有理数进行优化。

此操作是通过重载运算符"＋"实现的。

（2）有理数相减：当两个有理数 a/b 和 c/d 相减时，可得到这样的算式：

$$\frac{a}{b}-\frac{c}{d}=\frac{a*d-b*c}{b*d}$$

分子和分母可分开存放：

$$分子=a*d-b*c$$
$$分母=b*d$$

运算完毕后，同样需要对此有理数进行优化。

此操作是通过重载运算符"−"实现的。

（3）有理数相乘：当两个有理数 a/b 和 c/d 相乘时，可得到这样的算式：

$$\frac{a}{b}*\frac{c}{d}=\frac{a*c}{b*d}$$

分子和分母可分开存放：

$$分子=a*c$$
$$分母=b*d$$

运算完毕后，同样需要对此有理数进行优化。

此操作是通过重载运算符"＊"实现的。

（4）有理数相除：当两个有理数 a/b 和 c/d 相除时，可得到这样的算式：

$$\frac{a}{b} / \frac{c}{d} = \frac{a*d}{b*c}$$

分子和分母可分开存放：

$$分子 = a*d$$
$$分母 = b*c$$

运算完毕后，同样需要对此有理数进行优化。

此操作是通过重载运算符"/"实现的。

下面给出实现有理数的加法和减法运算的程序代码，有理数的乘法和除法运算的实现由大家自行编写。

```cpp
# include <iostream>
using namespace std;
class Rational                          //声明有理数类
{public:
    Rational(int x = 0, int y = 1);     //构造函数
    void Print( );
    Rational operator + (Rational a);   //重载运算符"+"
    Rational operator - (Rational a);   //重载运算符"-"
private:
    int nume,deno;
    void Optimize( );                   //优化有理数函数
};
void Rational::Optimize( )             //定义有理数优化函数
{   int gcd;
    if ( nume = =0 )                    //若分子为0,则置分母为1后返回
    {   deno = 1; return;   }
    gcd = ( abs(nume) > abs(deno) ? abs(nume) : abs(deno) );
    if (gcd = =0 ) return;              //若为0,则返回
    for ( int i = gcd; i > 1; i--)      //用循环找最大公约数
        if ( ( nume % i = =0 ) && ( deno % i = =0 ) )   break;
    nume / = i;                         //i为最大公约数,将分子、分母均整除它,重新赋值
    deno / = i;
    if ( nume < 0 && deno < 0 )         //若分子和分母均为负数,则结果为正,所以均改为正
    {   nume = -nume;   deno = -deno;   }
    else if ( nume < 0 || deno < 0 )
    {   //若分子和分母中只有一个为负数,则调整为分子取负,分母取正
        nume = -abs(nume);   deno = abs(deno);
    }
}
Rational:: Rational(int x, int y)       //定义构造函数
{   nume = x; deno = y; Optimize( );   }
void Rational:: Print( )                //输出有理数
{   cout<<nume;
```

```
        if (nume != 0 && deno != 1)           //当分子不为 0 且分母不为 1 时才显示"/分母"
            cout<<"/"<<deno <<"\n";
        else cout<<"\n";
    }
Rational Rational∷ operator + (Rational a)
{   //"＋"运算符重载函数,根据前面所列的算法写出表达式
    Rational r;
    r.deno = a.deno * dcno;
    r.nume = a.nume * deno + a.deno * nume;
    r.optimize( );
    return r;
}
Rational Rational∷ operator － (Rational a)
{   //"－"运算符重载函数,根据前面所列的算法写出表达式
    Rational r;
    r.deno = a.deno * deno;
    r.nume = nume * a.deno － deno * a.nume;
    r.Optimize( );
    return r;
}
int main( )
{   Rational r1(3, 14), r2(4, 14), r3, r4;
    r1. Print( );
    r2. Print( );
    r3 = r1 + r2;                           //使用重载了的运算符＋
    r3.Print( );
    r4 = r1 － r2;                          //使用重载了的运算符－
    r4. Print( );
    return 0;
}
```

程序运行结果如下：

```
3/14
2/7
1/2
－1/14
```

从例 7-2 可以看出,重载了这些运算符后,在进行有理数运算时,只需像基本类型的运算一样书写即可,这样给用户带来了很大的方便,并且很直观。

对于例 7-2 main 函数中的语句：

```
r3 = r1 + r2;
r4 = r1 － r2;
```

执行时,C＋＋将其解释为：

```
r3 = r1. operator + (r2);
r4 = r1. operator － (r2);
```

由此可以看出,C++系统在处理运算表达式"r1+r2"时,把对表达式的处理自动转化为对成员运算符重载函数 operator+的调用"r1.operator+(r2)",通过"+"运算符左边的对象去调用 operator+,"+"运算符右边的对象作为函数调用的实参。这样,双目运算符左边的对象就由系统通过 this 指针隐含地传递给 operator+函数。因此,如果将双目运算符函数重载为类的成员函数,其参数表只需写一个形参就可以了。但必须要求运算表达式第一个参数(即运算符左侧的操作数)是一个类对象。而且与运算符函数的返回的类型相同。这是因为必须通过类的对象去调用该类的成员函数,而且只有运算符重载函数返回值与该对象同类型,运算结果才有意义。

7.4.2 运算符重载函数作为类的友元函数

前面的例子都是将运算符重载函数作为类的成员函数,也可以将运算符重载函数作为类的友元函数。它与用成员函数重载运算符的函数之不同在于后者本身是类中的成员函数,而它是类的友元函数,是独立于类外的一般函数。

将运算符重载函数作为类的友元函数,其原型在类的内部声明格式如下:

```
class 类名
{   ...
    friend 返回类型 operator 运算符(形参表);
    ...
};
```

在类外定义友元运算符重载函数的格式如下:

```
返回类型 operator 运算符(形参表)
{
    函数体
}
```

与用成员函数定义的方法相比较,只是在类中声明函数原型时前面多了一个关键字 friend,表明这是一个友元运算符重载函数,只有声明为友元函数,才可以访问类的 private 成员;由于友元运算符重载函数不是该类的成员函数,所以在类外定义时不需要缀上类名。其他项目含义相同。

【例 7-3】 将运算符"+"和"-"重载为适合于有理数加减法,重载函数不作为成员函数,而放在类外,作为 Rational 类的友元函数。

因为有例 7-2 的分析,这里直接给出程序如下,程序中省略的部分与例 7-2 的相同。

```
# include <iostream.h>
class Rational                          //声明有理数类
{public:
    ...
    //重载函数作为友元函数
    friend Rational operator+(Rational a, Rational b);
    //重载函数作为友元函数
    friend Rational operator-(Rational a, Rational b);
private:
    ...
};
```

...

```
    Rational operator + (Rational a, Rational b)    //定义作为友元函数的重载函数
    {    Rational r;
         r.deno = a.deno * b.deno;
         r.nume = a.nume * b.deno + a.deno * b.nume;
         r.Optimize( );
         return r;
    }
    Rational Operator - (Rational a,Rational b)     //定义作为友元函数的重载函数
    {    Rational r;
         r.deno = a.deno * b.deno;
         r.nume = a.nume * b.deno - a.deno * b.nume;
         r.Optimize( );
         return r;
    }
    int main( )
    {    Rational r1(3, 14),r2(4, 14), r3, r4;
         r1.Print( );
         r2.Print( );
         r3 = r1 + r2;                              //使用重载了的运算符 +
         r3.Print( );
         r4 = r1 - r2;                              //使用重载了的运算符 -
         r4.Print( );
         return 0;
    }
```

对于例 7-3 main 函数中的语句：

r3 = r1 + r2;

r4 = r1 - r2;

执行时，C++将其解释为：

r3 = operator + (r1, r2);

r4 = operator - (r1, r2);

一般而言，如果在类 X 中采用友元函数重载双目运算符@，而 x1、x2 和 x3 是类 X 的三个对象，则以下两种函数调用方法是等价的：

x3 = x1@x2;   //隐式调用

x3 = operator@(x1,x2);   //显式调用

与例 7-2 相比较，只需将运算符重载函数不作为成员函数，而把它放在类外，并在 Rational 类内声明它为友元函数。同时要将运算符重载函数改为有两个参数，因为如果将运算符重载函数作为成员函数，它可以通过 this 指针自由地访问本类的数据成员，因此可以少写一个参数，而将运算符重载函数作为友元函数时，必须通过类对象才可以访问类的数据成员。

例 7-2 和例 7-3 展示了两个有理数的加减运算的实现。现在要将一个有理数和一个整数相加，是将运算符重载函数 opertor + 作为有理数类 Rational 的成员函数还是友元函数呢？

可以将运算符重载函数作为成员函数，但此时注意在表达式中重载的运算符"＋"左侧应为 Rational 类的对象。重载函数如下面程序段：

```
Rational Rational::operator + (int i) //运算符重载函数作为 Rational 类的成员函数
{    Rational r;
     r.deno = deno;
     r.nume = i * deno + nume;
     r.Optimize( );
     return r;
}
```

注意在表达式中重载的运算符"+"左侧应为 Rational 类的对象,例如:

r3 = r1 + i;

是可以的,但不能写成:

r3 = i + r1;

如果出于某种考虑,要求在使用重载运算符时运算符左侧的操作数不是该类的对象,是 C++的标准类型或是一个其他类的对象,则运算符重载函数就不能重载为类的成员函数,但可以将运算符重载函数重载为类的友元函数,在类中可以说明如下的友元运算符重载函数:

friend Rational operator + (int i, Rational a);

在类外定义友元函数的程序段如下:

```
Rational operator + (int i, Rational a) //运算符重载函数作为 Rational 类的友元函数
{    Rational r;
     r.deno = a.deno;
     r.nume = i * a.deno + a.nume;
     r.Optimize( );
     return r;
}
```

将双目运算符重载为友元函数时,在函数的形参表列中必须有两个参数,不能省略,形参的顺序任意,不要求第一个参数必须为类对象。但在使用运算符的表达式中,要求运算符左侧的操作数与函数第一个参数对应,运算符右侧的操作数与函数第二个参数对应。如对上面定义的函数,可以这样写表达式:

r3 = i + r2;

但不能写成:

r3 = r2 + i;

如果希望语句"r3=i+r2;"和"r3=r2+i;"都是合法的,需要再重载一次运算符"+",如下面程序段:

```
Rational operator + (Rational a, int i) //运算符重载函数作为 Rational 类的友元函数
{    Rational r;
     r.deno = a.deno;
     r.nume = i * a.deno + a.nume;
     r.Optimize( );
     return r;
}
```

有的读者会有这样的疑问,运算符重载函数可以是类的成员函数,也可以是类的友元函数,是否可以既不是类的成员函数也不是类的友元函数的普通函数? 是可以的,但在极少数的情况下才使用既不是类的成员函数也不是类的友元函数的普通函数。原因是普通函数不能直

接访问类的私有成员。当然如果一定要访问这些成员，也不是绝对没有办法，可以通过调用类中定义的公用的成员函数来间接访问类中的私有数据成员，但这样做很不方便，程序的开销也会增加。

由于友元的使用会破坏类的封装，因此从原则上说，要尽量将运算符重载函数作为类的成员函数。但考虑到各方面的因素，一般将单目运算符重载函数作为类的成员函数，将双目运算符重载函数作为类的友元函数。但也有例外，C++规定，有的运算符（如赋值运算符、下标运算符、函数调用运算符）必须重载为类的成员函数，有的运算符则不能重载为类的成员函数（如流插入运算符"<<"和流提取运算符">>"、类型转换运算符）。

需要提醒的是：有的 C++编译系统（如 VC++ 6.0）没有完全实现 C++标准，它所提供的不带后缀".h"的头文件不支持把双目运算符重载为友元函数。但是 VC++所提供的老形式的带后缀".h"的头文件可以支持此项功能，因此在例 7-3 程序开头有如下的包含头文件语句：

```
#include <iostream.h>
```

这样，该程序才能在 VC++ 6.0 中编译通过。

以后如遇到类似情况，也可照此办理。

7.5　重载双目运算符

双目运算符（或称二元运算符）有两个操作数，通常在运算符的左右两侧，如"x+y"，"t=3"，"a<=b"等。一般把重载双目运算符的函数作为类的友元函数，在该函数的形参表中应该有两个参数。下面通过一个例子加深对重载双目运算符的理解。

【例 7-4】　定义一个 Timer 类，用来存放做某件事所花费的时间，如 3 小时 15 分钟，分别重载运算符"+"用于求两段时间的和，重载运算符"-"用于求两段时间的差。

```
#include <iostream.h>
class Timer
{public:
    Timer( );
    Timer(int h, int m = 0);
    friend Timer operator + ( Timer &t1, Timer &t2);
    friend Timer operator - (Timer &t1, Timer &t2);
    void Show( );
private:
    int hours;
    int minutes;
};
Timer::Timer( ){  hours = minutes = 0;  }
Timer::Timer(int h, int m){  hours = h; minutes = m;  }
void Timer::Show( )
{  cout<<hours<<" hours, "<<minutes<<" minutes";  }
Timer operator + ( Timer &t1, Timer &t2)
{  Timer sum;
```

```
        sum.minutes = t1.minutes + t2.minutes;
        sum.hours = t1.hours + t2.hours + sum.minutes/60;
        sum.minutes %= 60;
        return sum;
}
Timer operator-(Timer &t1, Timer &t2)
{   Timer dif;
    int x1, x2;
    x1 = t2.hours * 60 + t2.minutes;
    x2 = t1.hours * 60 + t1.minutes;
    dif.minutes = (x2 - x1) % 60;
    dif.hours = (x2 - x1) / 60;
    return dif;
}
int main()
{   Timer t1(5, 30), t2(2, 48), t3, t4;
    cout<<"t1 = ";
    t1.Show();
    cout<<endl;
    cout<<"t2 = ";
    t2.Show();
    cout<<endl;
    cout<<"t3 = t1 + t2 = ";
    t3 = t1 + t2;
    t3.Show();
    cout<<endl;
    cout<<"t4 = t1 - t2 = ";
    t4 = t1 - t2;
    t4.Show();
    cout<<endl;
    return 0;
}
```

程序运行结果如下：

```
t1 = 5 hours, 30 minutes
t2 = 2 hours, 48 minutes
t3 = t1 + t2 = 8 hours, 18 minutes
t4 = t1 - t2 = 2 hours, 42 minutes
```

在前面第 3 章 3.9.1 节曾提到：如果类的数据成员中包含指向动态分配的内存的指针成员时，系统提供的默认赋值运算符重载函数会出现危险，造成指针悬挂。下面的例子重载例 3-19 中类 String 的赋值运算符，解决赋值操作引起的指针悬挂问题。

【例 7-5】 重载赋值运算符函数解决指针悬挂问题。

```
#include <iostream>
using namespace std;
```

```
# include <string>
# include <cassert>
class String                              //自定义字符串类
{public:
    String( );                            //默认构造函数
    String(const char * src);             //带参数的构造函数
    ~String( );                           //析构函数
    const char * ToString( ) const {   return str;   }     //到普通字符串的转换
    unsigned int length( ) const {   return len;   }   //求字符串的长度
    String &operator = (const String &right); //赋值运算符重载函数
private:
    char * str;   //字符指针 str,将来指向动态申请到的存储字符串的内存空间
    unsigned int len;                     //存放字符串的长度
};
int main( )
{   String str1("Hi!"), str2("Hello!");
    cout<<"str1: "<<str1.ToString( )<<endl;
    cout<<"str2: "<<str2.ToString( )<<endl;
    str1 = str2;
    cout<<"str1: "<<str1.ToString( )<<endl;
    return 0;
}
String:: String( )                        //默认构造函数
{   len = 0;
    str = new char[len + 1];              //指针 str 指向动态申请到的内存空间
    str[0] = '\0';
}
String:: String(const char * src)         //带参数的构造函数
{   len = strlen(src); str = new char[len + 1];
    if (! str) {   cerr<<"Allocation Error! \n"; exit(1);   }
    strcpy(str, src);
}
String:: ~String( )                       //析构函数
{   delete str; str = NULL;   }           //动态释放指针 str 所指向的内存空间
String &String:: operator = (const String &right)   //赋值运算符重载函数
{   if ( &right ! = this )
    {   int length = right.length( );
        if ( len < length )
        {   delete[] str;
            str = new char[length + 1];
            assert(str ! = 0);
        }
        for ( int i = 0; right.str[i] ! = '\0'; i++)   str[i] = right.str[i];
        str[i] = '\0';
```

```
        len = length;
    }
    return * this;
}
```

7.6　重载单目运算符

单目运算符只有一个操作数,如"！a"、"－b"、"＆c"、"＊p"、"－－i"、"＋＋i"等。由于单目运算符只有一个操作符,因此如果运算符重载函数作为类的友元函数,则只能有一个参数,如果运算符重载函数作为类的成员函数,则可以省略此参数。

【例7-6】　设计一个 Point 类,有私有数据成员 x 和 y 表示屏幕上的一个点的水平和垂直两个方向的坐标值,分别实现对自增"＋＋"和自减"－－"运算符的重载。

```
# include<iostream>
using namespace std;
class Point
{public:
    Point( );
    Point(int vx, int vy);
    Point operator++( );                //前置自增
    Point operator--( );                //前置自减
    void Display( );
private:
    int x, y;
};
Point::Point( ){    x = 0;   y = 0;   }
Point::Point(int vx, int vy){    x = vx;    y = vy;   }
void Point::Display( ){    cout<<"("<<x<<", "<<y<<")"<<endl;    }
Point Point::operator++( )              //前置自增
{    if ( x < 640 )   x++;              //不超过屏幕的横界
    if ( y < 480 )   y++;              //不超过屏幕的竖界
    return * this;
}
Point Point::operator--( )              //前置自减
{    if ( x > 0 )   x--;
    if ( y > 0 )   y--;
    return * this;
}
int main( )
{    Point p1(10, 10), p2(150, 150);
    cout<<"p1 = ";
    p1.Display( );
    ++p1;                              //测试前置自增
```

```
        cout<<"++p1 = ";
        p1.Display( );
        cout<<"p2 = ";
        p2.Display( );
        --p2;                                    //测试前置自减
        cout<<"--p2 = ";
        p2.Display( );
        return 0;
    }
```

程序运行结果如下：

```
p1 = (10, 10)
++p1 = (11, 11)
p2 = (150, 150)
--p2 = (149, 149)
```

例 7-9 将单目运算符"＋＋"和"－－"重载为类的成员函数，同样也可以把它们重载为类的友元函数。而且这里的单目运算符"＋＋"和"－－"是重载的前置自增和自减运算，那么如何实现单目运算符"＋＋"和"－－"的后置自增和自减运算呢？在 C＋＋中，前置单目运算符和后置单目运算符重载的主要区别就在于重载函数的形参。C＋＋语法规定，前置单目运算符重载为类的成员函数时没有形参，而后置单目运算符重载为类的成员函数时需要有一个 int 型形参。这个 int 型的参数在函数体内并不使用，纯粹是用来区别前置与后置，因此参数表中可以只给出类型名，没有参数名。前置单目运算符重载为类的友元函数时有一个形参，即为类的对象，而后置单目运算符重载为类的友元函数时需要有两个参数，一个是类的对象，一个是 int 型形参。

【例 7-7】 在例 7-6 的基础上，增加后置单目运算符"＋＋"和"－－"的重载，其中将前置和后置的"＋＋"运算均重载为类的成员函数，将前置和后置的"－－"运算均重载为类的友元函数。

```
# include<iostream>
using namespace std;
class Point
{public:
    Point( );
    Point(int vx, int vy);
    Point operator++( );                 //重载前置自增为类的成员函数
    Point operator++(int);               //重载后置自增为类的成员函数
    friend Point operator--( Point &p);  //重载前置自减为类的友元函数
    friend Point operator--( Point &p, int); //重载后置自减为类的友元函数
    void Display( );
private:
    int x, y;
};
Point::Point( ){   x = 0;   y = 0;  }
Point::Point(int vx,int vy){   x = vx;   y = vy; }
void Point::Display( ){ cout<<" ("<<x<<","<<y<<") "<<endl;  }
```

```
Point Point::operator++( )                        //前置自增
{   if ( x < 640 )   x++;                          //不超过屏幕的横界
    if ( y < 480 )   y++;                          //不超过屏幕的竖界
    return * this;
}

Point Point::operator++(int)                       //后置自增
{   Point temp( * this);                           //先将当前对象通过复制构造函数临时保存起来
    if ( x < 640 )   x++;                          //不超过屏幕的横界
    if ( y < 480 )   y++;                          //不超过屏幕的竖界
    return temp;
}

Point operator--( Point &p)                        //前置自减
{   if ( p.x > 0 )   p.x--;
    if ( p.y > 0 )   p.y--;
    return p;
}

Point operator--( Point &p, int)                   //后置自减
{   Point temp(p);                                 //先将当前对象通过复制构造函数临时保存起来
    if ( p.x > 0 )   p.x--;
    if ( p.y > 0 )   p.y--;
    return temp;
}

int main( )
{   Point p1(10, 10), p2(150, 150), p3(20, 20), p4(160, 160), p5;
    cout<<"p1 = ";
    p1.Display( );
    ++p1;                                          //测试前置自增
    cout<<"++p1 = ";
    p1.Display( );
    cout<<"p3 = ";
    p3.Display( );
    p5 = p3++;                                      //测试后置自增
    cout<<"p3++ = ";
    p3.Display( );
    cout<<"p5 = p3++ = ";
    p5.Display( );
    cout<<"p2 = ";
    p2.Display( );
    --p2;                                          //测试前置自减
    cout<<"--p2 = ";
    p2.Display( );
    cout<<"p4 = ";
    p4.Display( );
    p5 = p4--;                                      //测试后置自增
```

```
    cout<<"p4--=";
    p4.Display( );
    cout<<"p5 = p4--=";
    p5.Display( );
    return 0;
}
```

程序运行结果如下：

```
p1 = <10, 10>
++p1 = <11, 11>
p3 = <20, 20>
p3++ = <21, 21>
p5 = P3++= <20, 20>
p2 = <150, 150>
--p2 = <149, 149>
p4 = <160, 160>
p4--= <159, 159>
p5 = p4--= <160, 160>
```

注意：前置自增或自减运算符和后置自增或自减运算符二者作用的区别。前者是先自加或自减，返回的是修改后的对象本身；后者返回的是自加或自减前的对象，然后对象自加或自减。

7.7　重载流插入运算符和流提取运算符

在类库提供的头文件中已经对"<<"和">>"进行了重载，使之作为流插入运算符和流提取运算符，能用来输出和输入C++标准类型的数据。用户自己定义的类型的数据，是不能直接用"<<"和">>"来输出和输入的。如果想用它们输出和输入自己定义的类型的数据，就必须对它们进行重载。

实际上，运算符"<<"和">>"已经被重载过很多次了。最初，"<<"和">>"运算符是C和C++的位运算符。ostream类对"<<"运算符进行了重载，将其转换为一个输出工具。cout是ostream类的一个对象，它是智能的，能够识别所有的C++基本类型。这是因为对于每种类型，ostream类声明中都包含了相应的重载函数"operator<<"的定义。因此，要使cout能够识别用户自定义类的对象，就要在用户自定义类的声明中对"<<"运算符进行重载，让用户自定义类知道如何使用cout。在重载时要注意下面两点。

（1）要对"<<"和">>"运算符进行重载，必须重载为类的友元函数。

为什么一定要重载为类的友元函数呢？在例7-4中定义了一个Timer类，假设t是Timer的一个对象，为显示Timer的值，使用下面的语句：

```
cout<<t;
```

这个语句中，使用了两个对象，其中第一个是ostream类的对象（cout）。如果使用一个Timer成员函数来重载"<<"运算符，Timer对象将是第一个操作数，这就意味着必须这样使用"<<"运算符：

t<<cout;

这样会令人迷惑。但通过使用友元函数,可以像下面这样重载运算符:

void operator<<(ostream &out, Timer &t)

{ out<<t.hours << "hours, "<<t.minutes<<"minutes"; }

这样可以使用下面的语句:

cout<<t;

注意:新的"operator<<"定义使用 ostream 类引用 out 作为它的第一个参数。通常情况下,out 引用 cout 对象,如表达式"cout<<t"所示。但也可以将这个运算符用于其他 ostream 对象,如 cerr,在这种情况下,out 将引用相应的对象。

调用"cout<<t"应使用 cout 对象本身,而不是它的复制,因此该函数按引用(而不是按值)来传递该对象。这样,表达式"cout<<t"将导致 out 成为 cout 的一个别名。Timer 对象可以按值或按引用来传递,因为这两种形式都使函数能够使用对象的值。按引用传递使用的内存和时间都比按值传递少。

(2)重载的友元函数的返回类型应是 ostream 对象或 istream 对象的引用,即 ostream& 或 istream&。

经过声明和定义上面的重载函数,如下面这样的语句:

cout<<t;

可以正常工作,但下面的语句:

cout<<"t = "<<t<<"everyday.\n";

不能正常的输出。要理解这样做不可行的原因以及必须如何才能使其正常输出,首先看下面的语句:

int x = 5,y = 6;

cout<<x<<y;

C++从左到右读取输出语句,这意味着它等同于:

(cout<<x)<<y;

正如 iostream 中定义的那样,"<<"运算符要求左边是一个 ostream 类的对象。显然,因为 cout 是 ostream 对象,所以表达式"cout<<x"满足这种要求。但是,因为表达式"cout<<x"位于"<< y"的左侧,所以输出语句也要求该表达式是一个 ostream 类型的对象。因此,ostream 类将"operator<< "函数实现为返回一个 ostream 对象。具体地说,在这个例子中,它返回调用对象 cout。因此,表达式"cout<<x"本身也是一个 ostream 对象,从而可以位于"<<"运算符的左侧。

可以对上面的"operator<<"友元函数采用相同的方法。只要修改"operator<<"函数,让它返回 ostream 对象的引用即可。

ostream& operator<<(ostream &out, Timer &t)

{

    out<<t.hours<<"hours, "<<t.minutes<<"minutes";

    return out;

}

注意,返回类型是 ostream&。这意味着该函数返回 ostream 对象的引用。因为函数开始执行时,程序传递一个对象引用给它,这样做的最终结果是,函数的返回值就是传递给它的对象。也就是说,下面的语句:

```
cout<<t;
```

将被转换为下面的调用：

```
operator<<(cout, t);
```

而调用返回 cout 对象。因此，下面的语句可以正常工作：

```
cout<<"t = "<<t<<"everyday. \n";
```

我们将这条语句分成多步，来看看它是如何工作的。

首先，"cout<<"t ="" 调用 ostream 类中的"operator<<"定义，它显示字符串并返回 cout 对象。因此表达式"cout<<"t =""将显示字符串，然后被它的返回值 cout 所替代。原来的语句被简化为下面的形式：

```
cout<<t<<" everyday. \n";
```

接下来，程序使用 Timer 类声明中的"operator<<"定义显示 t 的值，并再次返回 cout 对象。这将语句简化为：

```
cout<<"everyday. \n";
```

现在，程序使用 ostream 类中用于字符串的"operator<<"定义，来显示最后一个字符串，并结束运行。

对于">>"运算符重载函数的原理相同，这里不再重复分析。

【例 7-8】 对于 Timer 类，在例 7-4 的基础上，增加重载流插入运算符"<<"和流提取运算符">>"，用"cout<<"输出 Timer 类的对象，用"cin>>"输入 Timer 类的对象。

```
# include<iostream. h>
class Timer
{public:
    Timer( );
    Timer(int h, int m = 0);
    friend Timer operator + ( Timer &t1, Timer &t2);
    friend Timer operator - (Timer &t1, Timer &t2);
    friend ostream& operator<<(ostream &out, Timer &t);
    friend istream& operator>>(istream &in, Timer &t);
private:
    int hours;
    int minutes;
};
Timer::Timer( ){ hours = minutes = 0;   }
Timer::Timer(int h, int m){   hours = h; minutes = m;   }
Timer operator + ( Timer &t1, Timer &t2)
{   Timer sum;
    sum. minutes = t1. minutes + t2. minutes;
    sum. hours = t1. hours + t2. hours + sum. minutes / 60;
    sum. minutes % = 60;
    return sum;
}
Timer operator - (Timer &t1, Timer &t2)
{   Timer dif;
```

```
    int x1, x2;
    x1 = t2.hours * 60 + t2.minutes;
    x2 = t1.hours * 60 + t1.minutes;
    dif.minutes = (x2 - x1) % 60;
    dif.hours = (x2 - x1) / 60;
    return dif;
}
ostream& operator<<(ostream &out, Timer &t)
{   out<<t.hours<<" hours, "<<t.minutes<<" minutes";
    return out;
}
istream &operator>>(istream &in, Timer &t)
{   cout<<"Input hours and minutes:";
    in >> t.hours >> t.minutes;
    return in;
}
int main( )
{   Timer t1, t2, t3, t4;
    cin >> t1 >> t2;
    cout<<"t1 = "<<t1<<"\n";
    cout<<"t2 = "<<t2<<"\n";
    t3 = t1 + t2;
    cout<<"t3 = t1 + t2 = "<<t3<<"\n";
    t4 = t1 - t2;
    cout<<"t4 = t1 - t2 = "<<t4<<"\n";
    return 0;
}
```

7.8 不同类型数据间的转换

7.8.1 系统预定义类型间的转换

对于系统预定义的数据类型,C++提供了两种转换方式:一种是隐式类型转换(或称标准类型转换);另一种是显式类型转换(或称强制类型转换)。

1. 隐式类型转换

隐式类型转换主要注意以下几点:

(1) 在 C++ 中,将一个标准类型变量的值赋给另一个标准类型变量时,如果这两种类型兼容,则 C++ 自动将这个值转换为接收变量的类型;

(2) 如果一个运算符两边的运算数类型不同,先要将其转换为相同的类型,即较低类型转换为较高类型,然后再参加运算;

(3) 当较低类型的数据转换为较高类型时,一般只是形式上有所改变,而不影响数据的实质内容，而较高类型的数据转换为较低类型时则可能有些数据丢失；

（4）如果两个 float 型数参加运算，虽然它们类型相同，但仍要先转成 double 型再进行运算，结果也为 double 型。

2. 显式类型转换

C++提供显式类型转换，程序员在程序中将一种类型的数据转换为另一种指定类型的数据，其形式为：

类型名(表达式)

例如：

```
int i, j;
...
cout<<float(i+j);
```

此时是将"i+j"的值强制转换成 float 型后输出。

在 C 语言中采用的形式为：

(类型名)表达式

C++保留了 C 语言的这种用法，但提倡采用 C++提供的方法。

前面介绍的是一般数据类型之间的转换。那么，对于用户自定义的类型而言，如何实现它们与其他数据类型之间的转换呢？通常，可归纳为以下两种方法：

（1）通过构造函数进行类型转换。

（2）通过类型转换函数进行类型转换。

下面分别予以介绍。

7.8.2 转换构造函数

构造函数具有类型转换的作用，如果定义一个构造函数，这个构造函数能把另一类型对象（或引用）作为它的单个参数，那么这个构造函数允许编译器执行自动类型转换。请看下面的例子。

【例 7-9】 基于有理数类的包含转换构造函数和运算符重载的程序。

```cpp
#include <iostream.h>
class Rational                          //声明有理数类
{public:
    Rational();                         //无参构造函数
    Rational(int x, int y);             //有2个形参的构造函数
    Rational(int x);                    //转换构造函数
    void Print();
    friend Rational operator + (Rational a, Rational b);   //重载函数作为友元函数
private:
    int nume, deno;
    void Optimize();                    //有理数优化函数
};
Rational::Rational()                    //定义无参构造函数
{   nume = 0; deno = 1;   }
Rational::Rational(int x, int y)        //定义有2个形参的构造函数
```

```
{   nume = x; deno = y;   }
    Rational∷Rational(int x)                    //定义转换构造函数
{   nume = x; deno = 1;   }
    void Rational∷Print( )                      //输出有理数
{   cout<<nume;
    if( nume != 0 && deno != 1 )                //当分子不为 0 且分母不为 1 时才显示"/分母
        cout<<"/"<<deno<<"\n";
    else cout<<"\n";
}
    Rational operator + (Rational a, Rational b)   //定义作为友元函数的重载函数
{   Rational r;
    r. deno = a. deno * b. deno;
    r. nume = a. nume * b. deno + a. deno * b. nume;
    r. Optimize( );
    return r;
}
    void Rational∷Optimize( )                   //定义有理数优化函数
{ … }                                           //该函数的函数体与例 7-2 相同,在此不再列出
int main( )
{   Rational r1(3, 5), r2, r3;
    int n = 3;
    r2 = r1 + n;
    r2. Print( );
    r3 = n + r1;
    r3. Print( );
    return 0;
}
```

程序运行结果如下:

18/5

18/5

对例 7-9 程序的分析:

(1) 如果没有定义转换构造函数,则此程序编译出错。因为没有重载运算符使之能将一个 Rational 类对象与一个 int 数据相加。

(2) 现在,在类 Rational 中定义了转换构造函数,并具体规定了怎样构造一个有理数。对于语句:

r2 = r1 + n;

由于在 Rational 类中已重载了运算符"+",编译器将其解释为:

r2 = operator + (r1, n);

由于 n 不是 Rational 类对象,系统先调用转换构造函数 Rational(n),建立一个临时的 Rational 类对象,其值为 n/1,上面的语句调用相当于:

r2 = operator + (r1, Rational(n));

将 r1 与 n/1 相加,赋给 r2。运行结果为 18/5。

对于语句:

r3 = n + r1;

编译器最终将其处理为：

r3 = operator + (Rational(n), r1);

将 n/1 与 r1 相加，赋给 r3。运行结果仍然为 18/5。

从中得到一个重要结论：在已定义了 Rational 相应的转换构造函数的情况下，将重载运算符"＋"的函数作为 Rational 类的友元函数，在进行两个有理数相加时，可以满足数学上的交换律。如果将重载运算符"＋"的函数作为 Rational 的成员函数，交换律不适用。由于这个原因，一般情况下将双目运算符函数重载为类的友元函数，单目运算符重载为类的成员函数。

如果一定要将重载运算符"＋"的函数作为 Rational 的成员函数，而第一个操作数又不是 Rational 类对象时，只有一个办法能够解决，那就是再重载一个运算符"＋"的函数，其第 1 个参数为 int 型，第 2 个参数为 Rational 类对象的引用。当然此函数只能是友元函数，函数原型为：

friend Rational operator + (int, Rational &);

显然这样做不太方便，还是将双目运算符函数重载为友元函数方便些。

说明：

（1）为了用构造函数完成类型转换，类内至少定义一个只带一个参数（或其他参数都带有默认值）的构造函数。当需要类型转换时，系统自动调用该构造函数，创建该类的一个临时对象，该对象由被转换的值初始化，从而实现了类型转换。

（2）转换构造函数不仅可以将一个标准类型数据转换成类对象，也可以将另一个类的对象转换成转换构造函数所在的类的对象。

引用第 6 章 6.1.2 节中声明的教师类 Teacher，学生类 Student ，可以在 Teacher 类的类体内增加如下的转换构造函数定义，将 Student 类转换为 Teacher 类。

```
Teacher(Student &s)
{    strcpy(name, s.name);
     sex = s.sex;
}
```

7.8.3 类型转换函数

通过构造函数可以进行类型转换，但是它的转换功能受到限制。由于无法为基本类型定义构造函数，因此，不能利用构造函数把自定义类型的数据转换成基本类型的数据，只能从基本类型（如 int，float 等）向自定义的类型转换。类型转换函数则可以用来把源类类型转换成另一种目的类型。在类中，类型转换函数定义的一般格式为：

```
class 类名
{    ...
     operator <目的类型名>( )
     {
          <函数体>
     }
};
```

其中，类名为要转换的源类类型；目的类型名为要转换成的类型，它既可以是自定义的类型，也可以是预定义的基本类型。例如：

```
class Rational                          //声明有理数类
{public:
    Rational( );                        //无参构造函数
    Rational(int x, int y);             //有2个形参的构造函数
    Rational(int x);                    //转换构造函数
    operator int( ){  return nume;  }   //类型转换函数
    void Print( );
private:
    int nume, deno;
};
```

在此,类型转换函数的功能是将 Rational 类的对象转换为 int 类型的数据。

关于类型转换函数,有以下几点注意事项:

(1) 类型转换函数只能定义为一个类的成员函数而不能定义为类的友元函数或普通函数,因为转换的主体是本类的对象。

(2) 类型转换函数与普通的成员函数一样,也可以在类体中声明函数原型,而将函数体定义放在类外。

(3) 类型转换函数既没有参数,也不显式给出返回值类型。

(4) 类型转换函数中必须有"return 目的类型的数据;"的语句,即必须送回目的类型数据作为函数的返回值。

(5) 一个类可以定义多个类型转换函数。C++编译器将根据操作数的类型自动地选择一个合适的类型转换函数与之匹配。在可能出现二义性的情况下,应显式地使用类型转换函数进行类型转换。

(6) 通常把类型转换函数也称为类型转换运算符函数,由于它也是重载函数,因此也称为类型转换运算符重载函数(或称强制类型转换运算符重载函数)。

下面为例 7-9 的有理数类再加上类型转换函数,即有理数类的声明如下:

```
class Rational                          //声明有理数类
{public:
    Rational( );                        //无参构造函数
    Rational(int x, int y);             //有2个形参的构造函数
    Rational(int x);                    //转换构造函数
    operator int( ){  return nume;  }   //类型转换函数
    void Print( );
    friend Rational operator + (Rational a, Rational b);    //重载函数作为友元函数
private:
    int nume, deno;
    void Optimize( );
};
```

上述有理数类 Rational 中包含转换构造函数、类型转换函数和运算符重载函数。

在例 7-9 程序其余部分不变的情况下,编译此程序会出错,原因是出现二义性。在处理"r2 = r1 + n;"时出现二义性。一种解释为:调用转换构造函数,把 n 转换为 Rational 类对象,然后调用运算符"+"重载函数,与 r1 进行有理数相加。另一种解释为:调用类型转换函数,把 r1 转换为 int 型数据,然后与"3"进行相加。系统无法判断,这二者是矛盾的。如果要使用类

型转换函数,就应当删去运算符"＋"重载函数。

删去运算符"＋"重载函数后的程序运行结果如下：

6

6

说明：

使用类型转换函数可以分为显式转换和隐式转换两种。上面的程序中使用了隐式转换,在执行语句"m＝n＋r1;"时,没有找到对"＋"运算符重载的函数,而在系统中存在内部运算符函数"operator＋(int,int)",并且在 Rational 类中定义了类型转换函数 operator int( ),可以将对象 r1 转换为 int 型,匹配系统内部的 int 加法,得到一个 int 型的结果。赋值号左边的是 Rational 对象,于是将这个结果转换成 Rational 类的一个临时对象,然后将其赋值给 Rational 对象。

类型转换函数和类的某些构造函数构成了互逆操作。如构造函数 Rational(m)将一个整型转换成一个 Rational 类型,而类型转换函数 Rational∷operator int( )将 Rational 类型转换成整型。

习　题

一、简答题

1. C＋＋为什么允许运算符重载?
2. 将运算符重载为类的成员函数和类的友元函数有什么区别?

二、编程题

1. 编写程序求两个复数的和与差。自定义一个复数类 Complex,重载运算符"＋"、"－",使之能用于复数的加减法。

要求：

(1) 将运算符函数重载为 Complex 类的成员函数。

(2) 将运算符函数重载为 Complex 类的友元函数。

(3) 将运算符函数重载为非成员、非友元的普通函数。

2. 有两个矩阵 a 和 b,均为两行三列,求两个矩阵之和。

(1) 重载运算符"＋",使之能用于矩阵相加,如"c＝a＋b"。

(2) 重载流插入运算符"＜＜"和流提取运算符"＞＞",使之能用于矩阵的输出和输入。

3. 编写程序,处理一个复数和一个 double 数相加的运算。要求:结果还是一个复数。

4. 编写程序,处理一个复数和一个 double 数相加的运算。要求:结果存放在一个 double 的变量 d 中,输出 d 的值,再以复数形式输出此值。

5. 编写程序,设计一个时钟类,实现倒计时功能。

## 第8章

模 板

模板集中反映了 C++的代码重用和多态的特点,它特别适合于大型软件的开发,代表了软件开发的发展方向。它被大量地应用于 C++所提供的库功能实现上,其中最著名的就是标准模板库(Standard Template Library,STL)。

C++中的模板分为两类:函数模板和类模板。

本章介绍函数模板和类模板的概念、定义与应用,同时简要介绍 STL 有关内容。

8.1 为什么需要模板

我们知道 C++是一种强类型语言,强类型语言所使用的数据都必须明确地声明为某种严格定义的类型,并且在所有的数值传递中,编译器都强制进行类型相容性检查。虽然强类型语言有力地保证了语言的安全性和健壮性,但有时候,强类型语言对于实现相对简单的函数似乎是个障碍。请看下面的例子。

【例 8-1】 求两个数中的大者(分别考虑整数、长整数、实数的情况)。

```
# include <iostream>
using namespace std;
int Max(int x, int y) {  return x>y? x:y ;  }              //整数比较
long Max(long x, long y) {  return x>y? x:y ;  }           //长整数比较
double Max(double x, double y) {  return x>y? x:y ;  }     //实数比较
int main( ){
    int a = 12, b = 34, m;
    long c = 67890, d = 67899, n;
    double e = 12.34, f = 56.78, p;
    m = Max(a, b);
    n = Max(c, d);
    p = Max(e, f) ;
    cout<<"int_max = "<<m<<endl;
    cout<<"long_max = "<<n<<endl;
    cout<<"double_max = "<<p<<endl ;
    return 0;
}
```

程序运行结果如下:

```
int_max = 34
```

```
long_max = 67899
double_max = 56.78
```

为了节省篇幅，数据不用 cin 语句输入，而在变量定义时直接初始化。

虽然上述程序代码中的 Max 函数的算法很简单，但是强类型语言迫使我们不得不为所有希望比较的类型都显式定义一个函数，显得既笨拙又效率低下。

在模板出现之前，有一种方法可以作为这个问题的一种解决方案，那就是使用带参数宏。但是这种方法也是很危险的，因为宏的工作只是简单地进行代码文本的替换，它避开了 C++ 的类型检查机制。

例 8-1 中的 Max 函数可以用下面的宏来替换：

```
#define Max(x, y) x>y? x:y
```

实际上，只是在预编译时把程序中每一个出现 Max(x，y)的地方，都使用预先定义好的语句来替换它。这里就是用"x>y? x:y"来替换。

该定义对于简单的 Max 函数调用都能正常工作，但是在稍微复杂的调用下，它就有可能出现错误。例如，定义了如下的计算平方的带参数宏：

```
#define square(A) A * A
```

则如下的调用：

```
square(a + 2);
```

会被替换成 a+2*a+2，实际计算顺序变成了 a+(2*a)+2，而不是我们所期望的(2+a)*(2+a)。

另外，宏定义无法声明返回值的类型。如果宏运算的结果赋值给一个与之类型不匹配的变量，编译器并不能够检查出错误。

正因为使用宏在功能上的不便和不进行类型检查的危险，C++ 引入了模板的概念。C++ 中的模板分为函数模板和类模板。

上述问题的另一种解决方案就是使用函数模板。

8.2 函数模板

所谓函数模板，实际上是建立一个通用函数，其函数类型和形参类型中的全部或部分类型不具体指定，用一个虚拟的类型来代表。这个通用函数就称为函数模板。凡是函数体相同的函数都可以用这个模板来代替，不必定义多个函数，只需在模板中定义一次即可。在函数调用时系统会根据实参的类型来取代模板中的虚拟类型，从而实现了不同函数的功能。

8.2.1 函数模板的定义

先看下面的例子。

【例 8-2】 将例 8-1 的程序改为通过函数模板实现。

```
#include <iostream>
using namespace std;
//声明模板，其中 T 为类型参数，它实际上是一个虚拟的类型名
template <typename T>
//定义一个通用函数，用虚拟类型名 T 定义函数返回类型和函数形参类型
T Max(T x,T y)
```

```
    {  return x>y? x:y ;  }
int main( ){
    int a = 12, b = 34, m;
    long c = 67890, d = 67899, n;
    double e = 12.34, f = 56.78, p;
    m = Max(a, b);//调用函数模板,此时 T 被 int 取代
    n = Max(c, d); //调用函数模板,此时 T 被 long 取代
    p = Max(e, f); //调用函数模板,此时 T 被 double 取代
    cout<<"int_max = "<< m<<endl;
    cout<<"long_max = "<<n<<endl;
    cout<<"double_max = "<<p<<endl ;
    return 0;
}
```

程序运行结果与例 8-1 的相同。

定义函数模板的一般形式为:

template <typename T>		template <class T>
返回类型 函数名(形参表)		返回类型 函数名(形参表)
{	或	{
函数体		函数体
}		}

template 是定义模板的关键字,尖括号中先写关键字 typename(或 class),后面跟一个类型参数 T,这个类型参数实际上是一个虚拟的类型名,表示模板中出现的 T 是一个类型名,但是现在并未指定它是哪一种具体的类型。在函数定义时用 T 来定义变量 x,y,显然变量 x,y 的类型也是未确定的。要等到函数调用时根据实参的类型来确定 T 是什么类型。参数名 T 由程序员定义,其实也可以不用 T 而用任何一个标识符,许多人习惯用 T(T 是 Type 的第一个字母),而且用大写,以与实际的类型名相区别。

class 和 typename 的作用相同,都是表示它后面的参数名代表一个潜在的内置或用户定义的类型,二者可以互换。

说明:

(1) 在定义模板时,不允许 template 语句与函数模板之间有任何其他语句。下面的模板定义是错误的:

```
template <typename T>
int a; //错误,不允许在此位置有任何语句
T Max(T x,T y){…}
```

(2) 不要把这里的 class 与类的声明关键字“class”混淆在一起,虽然它们由相同的字母组成,但含义是不同的。为了区别类与模板参数中的类型关键字“class”,标准 C++提出了用 typename 作为模板参数的类型关键字,同时也支持使用 class。如果用 typename 其含义就很清楚,肯定是类型名而不是类名。

(3) 函数模板的类型参数可以不止一个,可根据实际需要确定个数,但每个类型参数都必须用关键字 typename 或 class 限定。

```
template <typename T1, typename T2, typename T3>
T1 Func(T1 a, T 2 b, T3 c){ … }
```

（4）当一个名字被声明为模板参数之后,它就可以使用了,一直到模板声明或定义结束为止。模板类型参数被用做一个类型指示符,可以出现在模板定义的余下部分。它的使用方式与内置或用户定义的类型完全一样,比如用来声明变量和强制类型转换。

我们可能对模板中通用函数的表示方法不太习惯,其实对于例 8-1 来说,在建立函数模板时,只要将例 8-1 程序中定义的第一个函数首部的 int 改为 T 即可,即用虚拟的类型名 T 代替具体的数据类型。

8.2.2 函数模板的实例化

当编译器遇到关键字 template 和跟随其后的函数定义时,它只是简单地知道:这个函数模板在后面的程序代码中可能会用到。除此之外,编译器不会做额外的工作。在这个阶段,函数模板本身并不能使编译器产生任何代码,因为编译器此时并不知道函数模板要处理的具体数据类型,根本无法生成任何函数代码。

当编译器遇到程序中对函数模板的调用时,它才会根据调用语句中实参的具体类型,确定模板参数的数据类型,并用此类型替换函数模板中的模板参数,生成能够处理该类型的函数代码,即模板函数。

函数模板与模板函数的关系如图 8-1 所示。

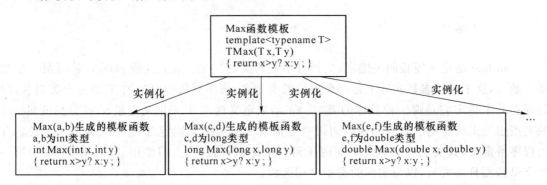

图 8-1 函数模板与模板函数关系图

例如,在例 8-2 的程序中,当编译器遇到:

```
template <typename T>
T Max(T x,T y){ … }
```

时,并不会产生任何代码,但当它遇到函数调用 Max(a,b),编译器会将函数名 Max 与模板 Max 相匹配,将实参的类型取代函数模板中的虚拟类型 T,生成下面的模板函数:

```
int Max(int x, int y)
{   return x>y? x:y;   }
```

然后调用它。例 8-2 程序中后面两行的情况与此类似。从这里我们可以看出:表面上是在调用模板,实际上是调用其实例。

那么,是否每次调用函数模板时,编译器都会生成相应的模板函数呢? 假如在例 8-2 中有下面的函数调用:

```
int u = Max(1, 2);
int v = Max(3, 4);
int w = Max(5, 6);
```

编译器是否会实例化生成 3 个相同的 Max(int,int)模板函数呢? 答案是否定的。编译器只在第 1 次调用时生成模板函数,当之后遇到相同类型的参数调用时,不再生成其他模板函数,它将调用第 1 次实例化生成的模板函数。

可以看出,用函数模板比用函数重载更方便,程序更简洁。但它只适用于函数的参数个数相同而类型不同,且函数体相同的情况,如果参数的个数不同,则不能用函数模板。

8.2.3 模板参数

1. 模板参数的匹配问题

C++在实例化函数模板的过程中,只是简单地将模板参数替换成调用实参的类型,并以此生成模板函数,不会进行参数类型的任何转换。这种方式与普通函数的参数处理有着极大的区别,在普通函数的调用过程中,C++会对类型不匹配的参数进行隐式的类型转换。

例如,在例 8-2 的 main 函数中再添加如下语句:

cout<<"2,2.3 两数中的大者为:"<<Max(2, 2.3)<<endl;

cout<<"'a',2 两数中的大者为:"<<Max('a', 2)<<endl;

编译程序,将会产生两个编译错误:

error C2782:'T __cdecl Max(T,T)' : template parameter 'T' is ambiguous

could be 'double' or 'int'

error C2782:'T __cdecl Max(T,T)' : template parameter 'T' is ambiguous

could be 'int' or 'char'

这两个错误的编号都是 C2782,它们都是同一类型的错误,即模板参数不匹配。产生这个错误的原因就是在模板实例化过程中,C++不会进行任何形式的参数类型转换。当编译器遇到下面的调用语句时:

cout<<"2,2.3 两数中的大者为:"<<Max(2, 2.3)<<endl;

它首先用调用实参的类型实例化函数模板 T Max(T x, T y),生成模板函数。由于 Max(2, 2.3)的调用实参类型分别为 int 和 double,而 Max 函数模板中只有一个类型参数 T,因此,这个调用与模板声明不匹配,于是产生上述编译错误。这种问题的解决方法有以下几种。

(1)在模板调用时进行参数类型的强制转换,如下所示:

cout<<"2,2.3 两数中的大者为:"<<Max(double(2), 2.3)<<endl;

cout<<"'a',2 两数中的大者为:"<<Max(int('a'), 2)<<endl;

(2)通过提供"< >"里面的参数类型来调用这个模板,如下所示:

cout<<"2,2.3 两数中的大者为:"<<Max<double>(2, 2.3)<<endl;

cout<<"'a',2 两数中的大者为:"<<Max<int>('a', 2)<<endl;

Max<double>(2, 2.3)告诉编译器用 double 实例化函数模板 T Max(T x, T y),之后第 1 个实参由系统自动通过标准类型转换规则转型成 double 型数据。

Max<int>('a', 2)告诉编译器用 int 实例化函数模板 T Max(T x, T y),之后第 1 个实参由系统自动通过标准类型转换规则转型成 int 型数据。

当有多个不同的模板参数时,就要在函数调用名后面的"< >"中分别提供各个模板参数的类型。

(3)指定多个模板参数。

对于例 8-2 的 Max 函数模板来说,我们可以为它指定两个不同的类型参数。

【例 8-3】 将例 8-2 的 Max 函数模板参数由一个改为两个。

include <iostream>

```
using namespace std;
template <typename T1, typename T2>
T1 Max(T1 x, T2 y){  return x>y? x:y ;  }
int main( ){
    cout<<"2,2.3 两数中的大者为:"<<Max(2, 2.3)<<endl;
    cout<<" 'a',2 两数中的大者为:"<<Max('a', 2)<<endl;
    return 0;
}
```

程序运行结果如下：

2,2.3 两数中的大者为:2

'a',2 两数中的大者为:a

编译该程序，将不再会产生编译错误。但函数的运行结果并不精确，甚至存在较大的误差，但它并不表示程序有什么错误。其原因是：Max 函数模板的返回值类型依赖于模板参数 T1。如果在调用时将精度高的数据类型作为第 1 个参数，结果将是正确的。上述语句如果改写成如下形式：

```
cout<<"2,2.3 两数中的大者为:"<<Max(2.3, 2)<<endl;
cout<<" 'a',2 两数中的大者为:"<<Max(2, 'a')<<endl;
```

将得到正确的运行结果。

2. 模板形参表

函数模板形参表中除了可以出现用 typename 或 class 关键字声明的类型参数外，还可以出现确定类型参数，称为非类型参数。如：

```
template <typename T1, typename T2, typename T3, int T4>
T1 Func(T1 a, T 2 b, T3 c){…}
```

上述函数模板形参表中的 T1、T2、T3 是类型参数，T4 是非类型参数。类型参数代表任意数据类型，在模板调用时需要用实际类型来替代。而非类型参数是指某种具体的数据类型，由一个普通的参数声明构成。

模板非类型参数名代表了一个潜在的值。它被用做一个常量值，可以出现在模板定义的余下部分。它可以用在要求常量的地方，或是在数组声明中指定数组的大小或作为枚举常量的初始值。在模板调用时只能为其提供相应类型的常量值。非类型参数是受限制的，通常可以是整型、枚举型、对象或函数的引用，以及对象、函数或类成员的指针，但不允许用浮点型（或双精度型）、类对象或 void 作为非类型参数。

【例 8-4】 用函数模板实现数组的冒泡排序，数组可以是任意类型，数组的大小由模板参数指定。

```
# include <iostream>
using namespace std;
//声明函数模板,在模板形参表中 T 为类型参数,size 为非类型参数,代表数组的大小
template <typename T,int size>
void BubbleSort(T a[size])//定义冒泡排序通用函数,用虚拟类型名 T 定义函数形参类型
{   int i, j;
    bool change;
    for ( i = size - 1,change = true; i >= 1 && change;--i )
    {   change = false;
```

```
        for ( j = 0; j < i; ++j )
            if ( a[j] > a[j+1] )
            {    T temp;
                 temp = a[j]; a[j] = a[j+1]; a[j+1] = temp;
                 change = true;
            }
        }
}
int main( )
{    int a[] = {9, 7, 5, 3, 1, 0, 2, 4, 6, 8};
     char b[] = {'A', 'C', 'E', 'F', 'D', 'B', 'U', 'V', 'W', 'Q'};
     int i;
     cout<<"********a 数组********"<<endl;
     cout<<"排序前:"<<endl;
     for ( i = 0; i < 10; i++)  cout<<a[i]<<"  ";
     cout<<endl;
     BubbleSort<int,10>(a);
     cout<<"排序后:"<<endl;
     for ( i = 0; i < 10; i++)  cout<<a[i]<<"  ";
     cout<<endl;
     cout<<"********b 数组********"<<endl;
     cout <<"排序前:"<< endl;
     for ( i = 0; i < 10; i++)  cout<<b[i]<<"  ";
     cout<<endl;
     BubbleSort<char, 10>(b);
     cout<<"排序后:"<<endl;
     for ( i = 0; i < 10; i++)  cout<<b[i]<<"  ";
     cout<<endl;
     return 0;
}
```

程序运行结果如下:

```
********a 数组********
排序前:
9  7  5  3  1  0  2  4  6  8
排序后:
0  1  2  3  4  5  6  7  8  9
********b 数组********
排序前:
A  C  E  F  D  B  U  V  W  Q
排序后:
A  B  C  D  E  F  Q  U  V  W
```

例 8-4 中,size 被声明为 BubbleSort 函数模板的非类型参数后,在模板定义的余下部分,它被当做一个常量值使用。由于 BubbleSort 函数不是通过引用来传递数组,故在模板调用时,必须显式指定模板实参,明确指定数组的大小。如果 BubbleSort 函数是通过引用来传递

数组,则在模板调用时,就可以不显式指定模板实参,而由编译器自动推断出来,如下所示:

```
template ＜typename T, int size＞
void BubbleSort( T (&a)[size] )          //声明 a 为一维数组的引用
{  …  }
```

main 函数中的两个函数调用语句改为:

```
BubbleSort(a);
BubbleSort(b);
```

不过,该程序用 VC＋＋ 6.0 的 C＋＋编译器不能编译通过,可改用其他编译器,如 VC＋＋ 7.0 的 C＋＋编译器、GNU C＋＋编译器。

另外,本程序也可以不使用模板非类型参数来指定数组的大小,而在 BubbleSort 函数的参数表中增加一个传递数组大小的 int 型参数。修改后的函数模板代码如下:

```
template ＜typename T＞
void BubbleSort(T a[], int n)//增加的形参 n 用于传递数组的大小
{   …//此处代码与例 8-4 中的相同,故省略不写
    for ( i = n－1, change = true; i＞ = 1 && change;－－i )
    …//此处代码与例 8-4 中的相同,故省略不写
}
```

同时,修改 main 函数中的两个函数调用语句为:

```
BubbleSort(a, 10);
BubbleSort(b, 10);
```

综上所述:函数模板形参表中可以出现用 typename 或 class 关键字声明的类型参数,还可以出现由普通参数声明构成的非类型参数。除此之外,函数模板形参表中还可以出现类模板类型的参数,在模板调用时需要为其提供一个类模板。关于这部分内容会在本章第 8.3.3 节中详细介绍。

8.2.4 函数模板重载

像普通函数一样,也可以用相同的函数名重载函数模板。实际上,例 8-2 中的 Max 函数模板并不能完成两个字符串数据的大小比较,如果在例 8-2 中的 main 函数中添加如下语句:

```
char * s1 = "Beijing 2008", * s2 = "Welcome to Beijing";
cout＜＜"Beijing 2008,Welcome to Beijing 两个字符串中的大者为:"＜＜Max(s1, s2)＜＜endl;
```

运行程序,可以发现上述输出语句的执行结果为:

```
Beijing 2008,Welcome to Beijing 两个字符串中的大者为:Beijing 2008
```

结果是错误的。其原因是:函数调用 Max(s1,s2)的实参类型为 char * ,编译器用 char * 实例化函数模板 T Max(T x , T y),生成下面的模板函数:

```
char * Max(char * x, char * y){  return x＞y? x:y ;  }
```

这里实际比较的不是两个字符串,而是两个字符串的地址。哪一个字符串的存储地址高,就输出那个字符串。从输出结果看,应该是"Beijing 2008"的地址高。为了验证这一点,用语句:

```
cout＜＜&s1＜＜" "＜＜&s2＜＜endl;
```

输出 s1 和 s2 的地址,结果为:

```
0012FF7C  0012FF78
```

果真是 Beijing 2008 的存储地址高。处理这种异常情况的方法可以有如下两种。

（1）对函数模板进行重载，增加一个与函数模板同名的普通函数定义。

```
char * Max(char * x, char * y)
{   cout<<"This is the overload function with char * ,char * ! max is:";
    return strcmp(x, y)>0? x:y;
}
```

此外，还要在程序开头增加如下的 include 命令：

```
# include <string>
```

（2）改变函数调用 Max(s1，s2)的实参类型为 string，这样编译器就用 string 实例化函数模板 T Max(T x，T y)，生成下面的模板函数：

```
string Max(string x, string y)  {   return x>y? x:y;  }
```

而两个 string 类型的数据是可以用"<"或">"等运算符比较大小的。此外，还要注意在程序开头增加如下的 include 命令：

```
# include <string>
```

【例 8-5】 修改例 8-2 的程序代码，使之也能完成两个字符串数据的比较。

```
# include <iostream>
# include <string>
using namespace std;
template <typename T>                    //声明函数模板
T Max(T x, T y)
{   cout<<"This is a template function! max is:";
    return x>y? x:y;
}
char * Max(char * x, char * y)           //重载的普通函数
{   cout<<"This is the overload function with char * ,char * ! max is:";
    return strcmp(x,y)>0? x:y;
}
int main( ){
    char * s1 = "Beijing 2008", * s2 = "Welcome to Beijing!";
    cout<<Max(2, 3)<<endl;               //调用函数模板,此时 T 被 int 取代
    cout<<Max(2.02, 3.03)<<endl;         //调用函数模板,此时 T 被 double 取代
    cout<<Max(s1, s2)<<endl;             //调用普通函数
    return 0;
}
```

程序运行结果如下：

```
This is a template function! max is: 3
This is a template function! max is: 3.03
This is the overload function with char * ,char * ! max is: Welcome to Beijing!
```

在例 8-5 的程序中，采用了第 1 种方法来解决两个字符串数据的比较问题，程序中同时定义有同名的函数模板和普通函数。编译器在处理 main 函数中的 Max 函数调用时，首先寻找一个参数完成匹配的普通函数，如果找到了就调用它；如果失败，再寻找函数模板，使其实例化，产生一个完全匹配的模板函数，如果可以找到，就调用它；如果还是无法匹配，编译器再尝试低一级的对函数重载的方法，例如通过类型转换可产生的参数匹配等，如果找到了，就调用

它。这种调用规则可以从下面例 8-6 程序的运行结果中进一步得到验证。

【例 8-6】 阅读程序，写出程序的运行结果。

```cpp
# include <iostream>
# include <cstring>
using namespace std;
template <typename T>                    //声明函数模板
T Max(T x, T y)
{   cout<<"This is a template function! max is：";
    return x>y? x:y;
}
char * Max(char * x, char * y)           //重载的普通函数
{   cout<<"This is the overload function with char * ,char * ! max is：";
    return strcmp(x, y)>0? x:y;
}
int Max(int x, int y)                    //重载的普通函数
{   cout<<"This is the overload function with int,int! max is：";
    return x>y? x:y;
}
int Max(int x, char y)                   //重载的普通函数
{   cout<<"This is the overload function with int,char! max is：";
    return x>y? x:y;
}
int main( ){
    char * s1 ="Beijing 2008", * s2 ="Welcome to Beijing!";
    cout<<Max(2, 3)<<endl;              //调用重载的普通函数：int Max(int x,int y)
    cout<<Max(2.02, 3.03)<<endl;       //调用函数模板,此时 T 被 double 取代
    cout<<Max(s1, s2)<<endl;           //调用重载的普通函数：char * Max(char * x,char * y)
    cout<<Max(2, 'a')<<endl;           //调用重载的普通函数：int Max(int x, char y)
    cout<<Max(2.3, 'a')<<endl;         //调用重载的普通函数：int Max(int x, char y)
    return 0;
}
```

程序运行结果如下：

```
This is the overload function with int,int! max is：3
This is a template function! max is：3.03
This is the overload function with char * ,char * ! max is：Welcome to Beijing!
This is the overload function with int,char! max is：97
This is the overload function with int,char! max is：97
```

综上所述，只要编译器能够区分开，就可以用相同的函数名重载函数模板。

【例 8-7】 编写求 2 个数、3 个数和一组数中最大数的函数模板。

```cpp
# include <iostream>
# include <string>
using namespace std;
template <typename T>                    //声明函数模板
```

```
T Max(T x, T y){  return x>y? x:y;  }        //求 x,y 两个数中的较大数
template <typename T>                         //函数模板重载
T Max(T x, T y, T z)                          //求 x,y,z 三个数中的最大数
{   if ( x < y ) x = y;
    if ( x < z ) x = z;
    return x;
}
template <typename T>                         //函数模板重载
T Max(T a[], int n)                           //求数组 a[n]中的最大数
{   T temp = a[0];
    for( int i = 1; i < n; i++)
      if ( temp < a[i] ) temp = a[i];
    return temp;
}
int main( ){
    string s1 = "Beijing 2008", s2 = "Welcome to Beijing!";
    int a[] = {1, 2, 3, 4, 5, 6, 7, 8, 9};
    cout<<Max(2, 3)<<endl;
    cout<<Max(2.02, 3.03, 4.04)<<endl;
    cout<<Max(s1, s2)<<endl;
    cout<<Max(a, 9)<<endl;
    return 0;
}
```

8.3 类模板

    运用函数模板可以设计出与具体数据类型无关的通用函数。与此类似,C++也支持用类模板来设计结构和成员函数完全相同,但所处理的数据类型不同的通用类。在设计类模板时,可以使其中的某些数据成员、成员函数的参数或返回值与具体类型无关。

    模板在 C++中更多的使用是在类的定义中,最常见的就是 STL(Standard Template Library)和 ATL(ActiveX Template Library),它们都是作为 ANSI C++标准集成在 VC++开发环境中的标准模板库。

8.3.1 类模板的定义

    类模板的一般定义格式如下:

```
template<typename T1, typename T2,…>
class 类名
{
    类体
};
```

同函数模板一样,template 是定义类模板的关键字,"< >"中的 T1、T2 是类模板的类型

参数。在一个类模板中，可以定义多个不同的类型参数。"< >"中的 typename 可以 class 用代替，它们都是表示其后的参数名代表任意类型，但它与"类名"前的 class 具有不同的含义，二者没有关系。"类名"前的 class 表示类的声明。

下面以 Stack 类模板的定义为例，说明类模板的定义方法。

【例 8-8】 设计一个堆栈的类模板 Stack。

为了简化程序代码，这里创建一个固定长度的顺序栈类模板 Stack。定义 Stack 的头文件 stack.h 的代码清单如下：

```cpp
//stack.h
const int SSize = 10;                        //SSize 为栈的容量大小
template <typename T>                        //声明类模板,T 为类型参数
class Stack
{public:
    Stack( ){  top = 0;  }
    void Push(T e);                          //入栈操作
    T Pop( );                                //出栈操作
    bool StackEmpty( ){  return top ==0;  }  //判断栈是否为空
    bool StackFull( ){  return top ==SSize;} //判断栈是否已满
private:
    T data[SSize];                           //栈元素数组,固定大小为 SSize
    int top;                                 //栈顶指针
};
template <typename T>                        //Push 成员函数的类外定义
void Stack<T>:: Push(T e)
{   if ( top ==SSize )
    {   cout<<"Stack is Full! Don't push data!"<<endl;
        return;
    }
    data[top++] = e;
}
template <typename T>                        // Pop 成员函数的类外定义,指定为内联函数
inline T Stack<T>:: Pop( )
{   if ( top ==0 )
    {   cout<<"Stack is Empty! Don't pop data!"<<endl;
        return 0;
    }
    top--;
    return data[top];
}
```

说明：

(1) 类模板中的成员函数既可以在类模板内定义，也可以在类模板外定义。

如果在类模板内定义成员函数，其定义方法与普通类成员函数的定义方法相同，如 Stack 的构造函数、判断栈是否为空的 StackEmpty 函数、判断栈是否已满的 StackFull 函数的定义。

如果在类模板外定义成员函数，必须采用如下形式：

```
template ＜模板参数列表＞
返回值类型 类名＜模板参数名表＞::成员函数名(参数列表)
{ … };
```

例如,例8-8中Stack的Push成员函数的定义:

```
template ＜typename T＞    //类模板声明
void Stack＜T＞::Push(T e){ … }
```

注意:在引用模板的类名的地方,必须伴有该模板的参数名表。

(2)如果要在类模板外将成员函数定义为inline函数,应该将inline关键字加在类模板的声明后。例如,例8-8中Stack的Pop成员函数的定义:

```
template ＜typename T＞    //类模板声明
inline T Stack＜T＞::Pop( ){ … } //指定为内联函数
```

(3)类模板的成员函数的定义必须同类模板的定义在同一个文件中。因为,类模板定义不同于类的定义,编译器无法通过一般的手段找到类模板成员函数的代码,只有将它和类模板定义放在一起,才能保证类模板正常使用。一般都放入一个.h头文件中。

8.3.2　类模板的实例化

在声明了一个类模板后,怎样使用它? 请看下面这条语句:

```
Stack＜int＞  int_stack;
```

该语句用Stack类模板定义了一个对象int_stack。编译器遇到该语句,会用int去替换Stack类模板中的所有类型参数T,生成一个针对int型数据的具体的类,一般称之为模板类。该类的代码如下:

```
class Stack{
public:
    Stack( ){  top = 0;  }
    void Push(int e);                  //入栈操作
    int Pop( );                        //出栈操作
    bool StackEmpty( ){  return top ==0;  } //判断栈是否为空
    bool StackFull( ){  return top ==10;  } //判断栈是否已满
private:
    int data[10];
    int top;                           //栈顶指针
};
```

最后,C++用这个模板类定义了一个对象int_stack。图8-2是类模板、模板类及模板对象之间的关系图。

从图8-2中可以看出,类模板、模板类及模板对象之间的关系为:由类模板实例化生成针对具体数据类型的模板类,再由模板类定义模板对象。

用类模板定义对象的形式如下:

类模板名＜实际类型名表＞ 对象名;

类模板名＜实际类型名表＞ 对象名(构造函数实参表);

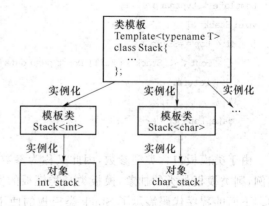

图8-2　类模板、模板类及模板对象之间的关系图

由类模板创建其实例模板类时,必须为类模板的每个模板参数显式指定模板实参。然而由函数模板创建其实例模板函数时,可以不显式指定模板实参,这时编译器会自动根据函数调用时的实参来推断出。

注意:在类模板实例化的过程中,并不会实例化类模板的成员函数,也就是说,在用类模板定义对象时并不会生成类成员函数的代码。类模板成员函数的实例化发生在该成员函数被调用时,这就意味着只有那些被调用的成员函数才会被实例化。或者说,只有当成员函数被调用时,编译器才会为它生成真正的函数代码。例如,对于例 8-8 的 Stack 类模板,假设有下面的main 函数。

```cpp
int main( ){
    Stack<int> int_stack;
    for( int i = 1; i < 10 ; i++)   int_stack.Push(i);
    return 0 ;
}
```

在上述 main 函数中并没有调用 Stack 的 Pop、StackEmpty、StackFull 成员函数,所以 C++ 编译器在 Stack<int> int_stack 的实例化过程中,不会生成 Pop、StackEmpty、StackFull 的函数代码。作为验证,可以将例 8-8 的 Stack 类模板中的 Pop 成员函数的类外定义删掉,同时将 Stack 中的 StackEmpty 和 StackFull 这两个函数的定义修改为如下的声明,然后再编译运行该程序,可以发现程序同样可以正确执行。

```cpp
template <typename T >                    //声明类模板,T 为类型参数
class Stack
{public:
    Stack( ){   top = 0;   }
    void Push(T e);                       //入栈操作
    T Pop( );                             //出栈操作
    bool StackEmpty( );                   //判断栈是否为空
    bool StackFull( );                    //判断栈是否已满
private:
    T data[SSize];                        //栈元素数组,固定大小为 SSize
    int top;                              //栈顶指针
};
template <typename T >                    //Push 成员函数的类外定义
void Stack<T >:: Push(T e)
{   if ( top ==SSize )
    {   cout<<"Stack is Full! Don't push data!"<<endl;
        return;
    }
    data[top++] = e;
}
```

由于类模板包含类型参数,因此又称为参数化的类。如果说类是对象的抽象,对象是类的实例,则类模板是类的抽象,模板类是类模板的实例。利用类模板可以建立含各种数据类型的类。下面的程序代码展示了 Stack 类模板的使用方法,在该程序的 main 函数中实现了一个整数栈和一个字符栈。

```
# include "Stack.h"
# include <iostream>
using namespace std;
int main( )
{    Stack<int> int_stack;
    Stack<char> char_stack;
    for( int i = 1; i < 10 ; i++)    int_stack.Push(i);
    cout<<"********int stack********"<<endl;
    while ( ! int_stack.StackEmpty( ) )    cout<<int_stack.Pop( ) <<"   ";
    cout<<endl;
    char_stack.Push('A');
    char_stack.Push('B');
    char_stack.Push('C');
    char_stack.Push('D');
    char_stack.Push('E');
    cout<<"\n********char stack********\n";
    while ( ! char_stack.StackEmpty( ) )    cout<<char_stack.Pop( ) <<"   ";
    cout<<endl;
    return 0 ;
}
```

8.3.3　类模板参数

1．非类型参数

与函数模板的模板参数一样,类模板的模板参数中也可以出现非类型参数。对于例 8-8 的堆栈类模板 Stack,也可以不定义一个 int 型常变量 SSize 来指定栈的容量大小,而改成为其增加一个非类型参数。

修改后的堆栈类模板 Stack 的定义如下:

```
//stack.h
template <typename T, int SSize>//SSize 为非类型参数,代表栈的容量大小
class Stack
{public:
    Stack( ){    top = 0;   }
    void Push(T e);                        //入栈操作
    T Pop( );                              //出栈操作
    bool StackEmpty( ){   return top ==0;   }   //判断栈是否为空
    bool StackFull( ){   return top ==SSize;   }  //判断栈是否已满
private:
    T data[SSize];                         //栈元素数组,固定大小为 SSize
    int top;                               //栈顶指针
};
template <typename T, int SSize>           //Push 成员函数的类外定义
void Stack<T, SSize>::Push(T e)
{    if ( top ==SSize )
```

```
    {    cout<<"Stack is Full! Don't Push data!"<<endl;
         return;
    }
    data[top++] = e;
}
template <typename T, int SSize>                    // Pop 成员函数的类外定义,指定为内联函数
inline T Stack<T, SSize>::Pop( )
{    if ( top ==0 )
    {    cout<<"Stack is Empty! Don't pop data!"<<endl;
         return 0;
    }
    top--;
    return data[top];
}
```

当需要这个模板的一个实例时,必须为非类型参数 SSize 显式提供一个编译时常数值。例如:

```
Stack<int, 10>   int_stack;
```

2. 默认模板参数

在类模板中,可以为模板参数提供默认值,但是在函数模板中却不行。例如,为了使上述的固定大小的 Stack 类模板更友好一些,可以为其非类型模板参数 SSize 提供默认值,如下所示:

```
template <typename T, int SSize = 10>
class Stack
{public:
    ...
private:
    T data[SSize];                      //栈元素数组,固定大小为 SSize
    int top;                            //栈顶指针
};
```

类模板参数的默认值是一个类型或值。当类模板被实例化时,如果没有指定实参,则使用该类型或值。注意:默认值应该是一个“对类模板实例的多数情况都适合”的类型或值。现在,如果在声明一个 Stack 模板对象时省略了第 2 个模板实参,SSize 的值将取默认值 10。

说明:

（1）作为默认的模板参数,它们只能被定义一次,编译器会知道第 1 次的模板声明或定义。

（2）指定默认值的模板参数必须放在模板形参表的右端,否则出错。

```
template <typename T1, typename T2, typename T3 = double, int N = 100>   //正确

template <typename T1, typename T2 = double, typename T3 , int N = 100>   //错误
```

（3）可以为所有模板参数提供默认值,但在声明一个实例时必须使用一对空的尖括号,这样编译器就知道说明了一个类模板。

```
template <typename T = int, int SSize = 10>
class Stack
{public:
```

```
    ...
private:
    T data[SSize];                          //栈元素数组,固定大小为 SSize
    int top;                                //栈顶指针
};
Stack<> mystack;   //same as Stack<int, 10>
```

3. 模板类型的模板参数

类模板的模板形参表中的参数类型有 3 种:类型参数、非类型参数、类模板类型的参数,函数模板的模板参数类型也与此相同。对于前两种类型的模板参数,我们已经比较熟悉了。下面看一个类模板类型的模板参数的例子。

【例 8-9】 类模板类型的模板参数。

```cpp
#include <iostream>
using namespace std;
//声明固定大小的 Array 数组类模板,数组的长度由模板非类型参数 size 指定
template <typename T, size_t size>
class Array
{public:
    Array( ){   count = 0;   }              //构造函数
    void PushBack(const T& t)               //在数组的末尾插入元素 t
    {   if ( count < size )   data[count++] = t;   }
    void PopBack( )                         //删除数组的最后一个元素
    { if ( count > 0 )  --count;   }
    T * Begin( ){   return data;   }        //返回数组的首地址
    T * End( ){   return data + count;   }  //返回数组的最后一个元素的地址
private:
    T data[size];
    size_t count;                           //数组元素个数
};
//声明 Container 类模板,它有一个类模板类型的模板参数 Seq
template <typename T, size_t size, template <typename, size_t> class Seq>
class Container{
    Seq<T, size> seq;
public:
    void Append(const T& t) {   seq.PushBack(t);   }
    T * Begin( ) {   return seq.Begin( );   }
    T * End( ) {   return seq.End( );   }
};
int main( )
{   const size_t N = 10;
    Container<int, N, Array> container;
    container.Append(1);
    container.Append(2);
    int * p = container.Begin( );
    while ( p != container.End( ) )
    cout << * p++ << endl;
```

```
    return 0;
}
```

Container 类模板有 3 个参数：类型参数 T、非类型参数 size 和类模板类型的模板参数 Seq。Seq 又有两个模板参数：类型参数 T 和非类型参数 size。在 main 函数中使用了一个持有整数的 Array 将 Container 实例化，因此，本例中的 Seq 代表 Array。

注意：在例 8-9Container 的声明中对 Seq 的参数进行命名不是必需的，可以这样写：

```
template <typename T, size_t size, template <typename U, size_t S> class Seq >
```

无论什么地方参数 U、S 都不是必需的。

特别提醒：由于 VC++ 6.0 不支持模板嵌套，例 8-9 在 VC++ 6.0 下编译通不过，可以选择高版本的 VS2005、VS2008 等。

8.4　STL 简介

STL 是 Standard Template Library（标准模板库）的缩写，是一个高效的 C++程序库，它被容纳于 C++标准程序库（C++ Standard Library）中，是 ANSI/ISO C++标准的一部分。该库包含了诸多在计算机科学领域里所常用的基本数据结构和基本算法。为广大 C++程序员们提供了一个可扩展的应用框架，高度体现了软件的可复用性。

STL 的代码从广义上讲分为三类：container（容器）、iterator（迭代器）和 algorithm（算法），几乎所有的代码都采用了模板（类模板和函数模板）的方式，这相比于传统的由函数和类组成的库来说提供了更好的代码重用机会。在 C++标准中，STL 被组织为下面的 13 个头文件：algorithm.h、deque.h、functiona.h、iterator.h、vector.h、list.h、map.h、memory.h、numeric.h、queue.h、set.h、stack.h 和 utility.h。

8.4.1　容器

从实现的角度看，STL 容器是一种类模板。STL 是经过精心设计的，为了减小使用容器的难度，大多数容器都提供了相同的成员函数，尽管一些成员函数的实现是不同的。下面先通过表 8-1～表 8-3 来了解一下 STL 中的常用容器及其公用的成员函数。

表 8-1　STL 中的常用容器及其所在的头文件

容器名	头文件名	说明
vector	vector.h	向量，从后面快速插入和删除，直接访问任何元素
list	list.h	双向链表
deque	deque.h	双端队列
set	set.h	元素不重复的集合
multiset	set.h	元素可重复的集合
stack	stack.h	堆栈，后进先出（LIFO）
map	map.h	一个键只对应一个值的映射
multimap	map.h	一个键可对应多个值的映射
queue	queue.h	队列，先进先出（FIFO）
priority_queue	queue.h	优先级队列

表 8-2　所有容器都具有的成员函数

成员函数名	说明
默认构造函数	对容器进行默认初始化的构造函数,常有多个,用于提供不同的容器初始化方法
复制构造函数	用于将容器初始化为同类型的现有容器的副本
析构函数	执行容器销毁时的清理工作
empty( )	判断容器是否为空,若为空返回 true,否则返回 false
max_size( )	返回容器最大容量,即容器能够保存的最多元素个数
size( )	返回容器中当前元素的个数
swap( )	交换两个容器中的元素

除了 priority_queue 容器之外,其他容器还有重载的赋值和关系操作符函数,如表 8-3 所示。

表 8-3　除 priority_queue 容器外其他容器还有的关系操作符重载函数

成员函数名	说明
operator＝	将一个容器赋给另一个同类容器
operator＜	如果第 1 个容器小于第 2 个容器,则返回 true,否则返回 false
operator＜＝	如果第 1 个容器小于等于第 2 个容器,则返回 true,否则返回 false
operator＞	如果第 1 个容器大于第 2 个容器,则返回 true,否则返回 false
operator＞＝	如果第 1 个容器大于等于第 2 个容器,则返回 true,否则返回 false

并且,除了 stack、queue 和 priority_queue 之外,其他容器中均有的通用成员函数还包括 begin、end、rebegin、rend、erase 以及 clear。

- begin:指向第一个元素。
- end:指向最后一个元素之后。
- rbegin:指向按反向顺序的第一个元素。
- rend:指向按反向顺序的最后一个元素之后。
- erase:删除容器中的一个或多个元素。
- clear:删除容器中的所有元素。

容器是容纳、包含一组元素或元素集合的对象。不管是 C＋＋内建的基本数据类型还是用户自定义的类类型的数据,都可以存入 STL 的容器中。

注意:如果存储在容器中的元素的类型是用户自定义的类类型,那么该自定义类中必须提供默认的构造函数、析构函数和赋值运算符重载函数。一些编译器还需要自定义类提供重载一些关系操作符的函数(至少需要重载"＝＝"和"＜",还可能需要重载"！＝"和"＞"),即使程序并不需要用到它们。另外,如果用户自定义的类中有指针数据成员,则该自定义类还必须提供复制构造函数和函数 operator＝,因为插入操作使用的是插入元素的一个副本,而不是元素本身。

STL 容器按存取顺序大致分为两种:序列(sequence)容器与关联(associative)容器。序列容器主要包括 vector(向量)、list(表)、deque(双端队列)、stack(堆栈)、queue(队列)、priority_queue(优先队列)等。其中,stack 和 queue 由于只是将 deque 改头换面,其实是一种容器适配器,但它的用途在软件领域比 deque 广泛。priority_queue 也是一种容器适配器。序列容器中只能包含一种类型的数据元素，而且各元素的排列顺序完全按照元素插入时的顺序。关联容器主要包括 set（集合）、multiset（多重集合）、map（映射）、multimap（多重映射），可以存储值的集合或键值对。键是关联容器中存储在有序序对中的特定类型的值。set 和 multiset 存储和操作的只是键，其元素是由单个数据构成。map 和 multimap 存储和操作的是键和与键相关的值，其元素是有关联的"<键,值>"数据对。

下面来学习几种常见的容器。

（1）vector（向量）

向量类似于数组，它存储具有相同数据类型的一组元素，可以从后面快速地插入与删除元素，可以快速地随机访问元素，但是在序列中间插入、删除元素较慢，因为需要移动插入或删除处后面的所有元素。向量能够动态改变自身大小，当要将一个元素插入到一个已满的向量时，会为向量分配一个更大的内存空间，将向量中的元素复制到新的内存空间中，然后释放旧的内存空间。但是重新分配更大空间需要进行大量的元素复制，从而增大了性能开销。图 8-3 是向量的一个示意图。表 8-4 列出了它的主要成员函数。

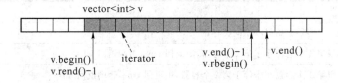

图 8-3　vector 的示意图

在图 8-3 中，v 是一个整型向量。begin、end 是向量的头尾查找函数，rbegin、rend 是反向查找向量头尾的函数。iterator 代表指向某个元素的迭代器，通过它可以遍历向量。

表 8-4　**vector 的主要成员函数**

成员函数名称	功能
void push_back(const T& el)	在向量的尾部添加一个元素 el
void pop_back( )	删除向量的最后一个元素
iterator insert(iterator i, const T& el＝T( ))	在迭代器 i 引用的元素之前插入 el，并返回新插入元素的迭代器
void insert(iterator i, size_type n, const T& el)	在迭代器 i 引用的元素之前插入 el 的 n 个副本
void insert(iterator i, iterator first, iterator last)	在迭代器 i 引用的元素之前插入迭代器 first 和 last 指示的范围中的元素
iterator erase(iterator i)	删除迭代器 i 引用的元素，返回一个迭代器，它引用被删除元素之后的元素
iterator erase(iterator first, iterator last)	删除迭代器 first 和 last 指示的范围中的元素，返回一个迭代器，它引用被删除的最后一个元素之后的元素
bool empty( ) const	判断向量是否为空，若空，返回 true，否则返回 false
T & front( )	返回向量的第一个元素
T & back( )	返回向量的最后一个元素
void clear( )	删除向量中的所有元素
iterator begin( )	返回一个迭代器，该迭代器引用向量的第一个元素
iterator end( )	返回一个迭代器，该迭代器位于向量的最后一个元素之后

成员函数名称	功能
reverse_ iterator rbegin( )	返回位于向量中最后一个元素的迭代器
reverse_ iterator rend( )	返回位于向量中第一个元素之前的迭代器
vector( )	构造空向量
vector(size_type n, const T& el=T( ))	用类型 T 的 n 个副本构造一个向量(如果没有提供 el,则使用默认的构造函数 T( ))
vector(iterator first, iterator last)	用迭代器 first 和 last 指示的范围中的元素构造一个向量
vector(const vector<T>& v)	复制构造函数

【例 8-10】 vector 容器的简单应用。

```cpp
# include <iostream>
using namespace std；
# include <vector>
# include <string>
class Person                          //声明 Person 类
{public：
    Person(char * Name, char Sex, int Age )   //构造函数
    {  strcpy(name, Name)；sex = Sex；age = Age；  }
    ~Person( ){ }                     //析构函数
    void Show( )
    {  cout<<" The person's name："<<name<<endl；
       cout<<"              sex："<<sex<<endl；
       cout<<"              age："<<age<<endl；
    }
private：                            //私有数据成员
    char name[11]；                   //姓名,不超过 5 个汉字
    char sex；                        //性别,M:男,F:女
    int age；                         //年龄
};
int main( )
{   vector<Person> v；                //构造空向量 v
    Person person1("Tom", 'M', 18)；   //定义 Person 类对象 person1
    v.push_back(person1)；            //在向量 v 的尾部插入 person1
    Person person2("Mary", 'F', 19)；  //定义 Person 类对象 person2
    v.push_back(person2)；            //在向量 v 的尾部插入 person2
    Person person3("Mike", 'M', 19)；  //定义 Person 类对象 person3
    v.push_back(person3)；            //在向量 v 的尾部插入 person3
    for ( int i = 0；i < 3；i++)   v[i].Show()；
    return 0；
}
```

程序运行结果如下：

```
The person's name：Tom
```

```
          sex：M
          age：18
The person's name：Mary
          sex：F
          age：19
The person's name：Mike
          sex：M
          age：19
```

为了使用 vector 类，在程序开头必须包含如下的 include 命令：

＃include ＜vector＞

vector＜data_type＞表示可以放入各种类型名称到“＜ ＞”之中，vector 容器会正确的产生空间存放此类型的数据。v. push_back(object)函数表示把属于该类型的数据存入 vector 容器的尾部。

STL 中的所有组件都是在 std 名字空间中声明和定义的，所以必须在程序头文件包含命令“＃include ＜iostream＞”语句的下面加入对 std 名字空间的引用的语句“using namespace std;”。

（2）list(表)

STL 中的 list 是一个双向链表，可以从头到尾或从尾到头访问链表中的节点，节点可以是任意数据类型。链表中节点的访问常常通过迭代器进行。它的每个元素间用指针相连，不能快速访问元素。为了访问表容器中指定的元素，必须从第一个位置(表头)开始，随着指针从一个元素到下一个元素，直到找到要找的元素。但插入元素比 vector 快，而且对每个元素分别分配空间，不存在空间不够、重新分配的情况。图 8-4 是 list 的一个示意图。表 8-5 列出了它的主要成员函数。

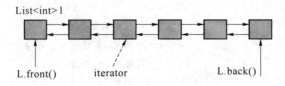

图 8-4　list 的示意图

表 8-5　list 的主要成员函数

成员函数	功能
void push_front(const T& el)	在链表头插入 el
void push_back(const T& el)	在链表尾插入 el
void pop_front( )	删除链表的第一个结点
void pop_back( )	删除链表的最后一个结点
void remove(const T & el)	删除链表中包含 el 的全部结点
iterator insert(iterator i, const T& el=T( ))	在迭代器 i 引用的结点之前插入 el，并返回引用新结点的迭代器
void insert(iterator i, size_type n, const T& el)	在迭代器 i 引用的结点之前插入 el 的 n 个副本
void insert(iterator i, iterator first, iterator last)	在迭代器 i 引用的结点之前，插入从 first 所引用的位置到 last 所引用的位置中的元素

由于 list 的 erase、clear、end、begin、rend、rbegin 等成员函数的功能与 vector 中相同的成员函数的功能相同,故不再在表 8-5 中一一列出。

【例 8-11】　list 容器的简单应用。

```
# include<iostream>
# include<list>                          //链表头文件
using namespace std;
int main( ){
    int i;
    list<int> L1, L2;
    int a1[] = { 100, 90, 80, 70, 60 };
    int a2[] = { 30, 40, 50, 60, 60, 60, 80 };
    for ( i = 0; i < 5; i++) L1.push_back(a1[i]);   //将a1数组元素加入到L1链表中
    for ( i = 0; i < 7; i++) L2.push_back(a2[i]);   //将a2数组元素加入到L2链表中
    L1.reverse( );                        //将L1链表倒序
    L1.merge(L2);                         //将L2合并到L1链表中
    cout<<"L1 的元素个数为:"<<L1.size( )<<endl;
    L1.unique( );                         //删除L1中相邻位置的相同元素,只留1个
    while ( ! L1.empty( ) )
    {   cout<<L1.front( )<<"\t";
        L1.pop front( );                  //删除L1的链首元素
    }
    cout<<endl;
    return 0;
}
```

程序运行结果如下:

```
L1 的元素个数为:12
30      40      50      60      70      80      90      100
```

例 8-11 中 a1 数组中元素是降序排列的,加入 L1 链表中也是降序排列,通过调用 L1 的元素逆序函数 reverse 后,L1 中元素变为升序排列,再调用其 merge 函数后,将 L2 合并到 L1 中,合并后的 L1 仍然是升序排列。list 容器由于采用了双向迭代器,不支持随机访问,所以 STL 标准库的 reverse、merge、sort 等功能函数都不适用,list 单独实现了 reverse、merge、sort 等函数。merge 函数的作用是将两个有序的序列合并为一个有序的序列。注意:如果一个表未排序,merge 函数仍然能产生出一个表,其中包含着原来两个表元素的并集。当然,对结果的排序就没有任何保证了。

（3）stack（堆栈）

STL 中的 stack 容器不是重新创建的,它只是对已有容器做适当的调整。默认情况下,双端队列（deque）是基础容器,但是可以用下面的声明选择向量或链表。

```
stack<int> stack1;                       //默认为双端队列
stack<int, vector<int>> stack2;          //向量
stack<int, list<int>> stack3;            //链表
```

stack 是一种较简单的操作受限的容器,只允许在一端存取元素,后进栈的元素先出栈,即 LIFO(Last In First Out)。

表 8-6 列出了 stack 的主要成员函数。

表 8-6　　stack 的主要成员函数

成员函数	功能
bool empty( ) const	如果栈为空,则返回 true,否则返回 false
void push(const T& el)	将 el 插入到栈的顶端
void pop( )	移去栈的栈顶元素
size_type size( ) const	返回栈中元素的个数
stack( )	创建一个空栈
T & top( )	返回栈的栈顶元素
const T & top( ) const	返回栈的栈顶元素

（4）set 和 multiset(集合和多重集合)

set 和 multiset 都属于关联容器,它们提供了控制数字(包括字符及串)集合的操作,集合中的数字称为关键字(也称为键),不需要有另一个值与关键字相关联。set 和 multiset 会根据特定的排序准则,自动将元素排序,两者提供的操作方法基本相同,只是 multiset 允许元素重复而 set 不允许重复。

下面通过一个例子来了解两者的用法以及区别。

【例 8-12】　set 和 multiset 容器的简单应用。

```cpp
# include<iostream>
# include<set>
using namespace std;
int main( )
{   set<int> s;
    set<int>:: iterator ps;
    multiset <int> ms;
    multiset<int>:: iterator pms;
    s.insert(1);  s.insert(8);  s.insert(2);   s.insert(1);
    ms.insert(1);  ms.insert(8);  ms.insert(2);  ms.insert(1);
    cout<<"the set:"<<endl;
    for ( ps = s.begin( ); ps ! = s.end( ); ps++)
        cout<< * ps <<" ";
    cout<<endl;
    cout<<"the multiset:"<<endl;
    for ( pms = ms.begin( ); pms ! = ms.end( ); pms++)
        cout<< * pms <<" ";
    cout<<endl;
    return 0;
}
```

程序运行结果如下:

```
the set:
1  2  8
the multiset:
```

1 1 2 8

（5）map 和 multimap（映射和多重映射）

map 和 multimap 也属于关联容器，都是映射类的模板。映射是实现关键字与值关联的存储结构，可以使用一个关键字来访问相应的数值。关键字可以是数值，如学号 070203200，它对应的值，如名字为"张三"。map 中的元素不允许重复，而 multimap 中的元素是可以重复的。它们的迭代器提供了两个数据成员：一个是 first，用于访问关键字；另一个是 second，用于访问值。

下面的例 8-13 演示 map 的用法，大家可以了解一下。

【例 8-13】 查询雇员工资。

```
# include<iostream>
using namespace std;
# include<string>
# include<map>
int main( ){
    string name[] = {"张大年","刘明海","李煜"};    //雇员姓名
    double salary[] = {1200, 2000, 1450};      //雇员工资
    map<string, double> na_sal;              //用映射存储姓名和工资
    map<string, double>∷ iterator p;         //定义映射的迭代器
    for ( int i = 0; i < 3; i++)
        na_sal.insert(make_pair(name[i], salary[i]));   //将姓名/工资加入映射
    na_sal["tom"] = 3400;                    //通过下标运算加入 map 元素
    na_sal["bob"] = 2000;
    for ( p = na_sal.begin( ); p ! = na_sal.end( ); p++)    //输出映射中的全部元素
        cout<<p->first<<"\t"<<p->second<<endl;   //输出元素的键和值
    string Name;
    cout<<"输入查找人员的姓名:";
    cin >> Name;
    for ( p = na_sal.begin( ); p ! = na_sal.end( ); p++)//据姓名查工资,找到就输出
        if ( p->first ==Name )
        {   cout<<"Congratulate you! find."<<endl;
            cout<<"salary = "<<p->second<<endl; break;
        }
    if ( p ==na_sal.end( ) ) cout<<"Sorry, not find!"<<endl;
    return 0;
}
```

（6）string（字符串）

STL 中的 string 是一种特殊类型的容器，原因是它除了可作为字符类型的容器外，更多的是作为一种数据类型——字符串，可以像 int、double 之类的基本数据类型那样定义 string 类型的数据，并进行各种运算。

string 容器在 STL 中被实现为一个类——string 类，该类提供了用于字符串赋值（assign）、比较（compare）的函数，同时还重载了赋值和比较运算符。表 8-7 列出了 string 类重载的运算符。

表 8-7 String 类重载的运算符

运算符	举例(s1、s2 是 string 类型)	说明
=	s2=s1	赋值运算,将 s1 赋值给 s2
>	s1>s2	若 s1 大于 s2,结果为真,否则为假
==	s1==s2	若 s1 等于 s2,结果为真,否则为假
>=	s1>=s2	若 s1 大于或等于 s2,结果为真,否则为假
<	s1<s2	若 s1 小于 s2,结果为真,否则为假
<=	s1<=s2	若 s1 小于或等于 s2,结果为真,否则为假
!=	s1!=s2	若 s1 不等于 s2,结果为真,否则为假
+=	s1+=s2	将 s2 连接在 s1 后面,并赋值给 s1
[]	s[1]='a'	string 可用数组方式访问元素,起始下标为 0

注意:与 char * 字符串不同的是,string 类型的字符串不一定以"\0"终止(考虑了字符串本身的末尾字符就是'\0'字符),其长度可用成员函数 length 读取,可用下标运算符[]访问其中的单个字符,起始下标为 0,终止下标是字符串长度减 1。

出于介绍 string 类提供的成员函数的需要,事先定义两个 string 类型变量 s1、s2。

string s1 = "ABCDEFG";

string s2 = "0123456123";

string 类提供的常用成员函数如下。

substr(n1, n):取子串函数,从当前字符串的 n1 下标开始,取出 n 个字符。如"s=s1.substr(2,3)"的结果为:s = "CDE"。

swap(s):将当前字符串与 s 交换。如"s1.swap(s2)"的结果为:s1 = "0123456123",s2 = "ABCDEFG"。

size( )/length():计算当前字符串中目前存放的字符个数。如"s1.length( )"的结果为:7。

capacity( ):计算字符串的容量(即在不增加内存的情况下,可容纳的字符个数)。该函数返回值随字符串实际长度的变化而变化,初始值为 31,步长=32。若 s1="ABCDEFG","s1.capacity()"的结果为:31,若 s1="ABCDEFGABCDEFGABCDEFGABCDEFGABCDEFG",则"s1.capacity( )"的结果为:63。注意:不同的 C++编译器,该函数的返回值不同,以上结果针对 VC++6.0 编译器。

max_size( ):计算 string 类型数据的最大容量。如"s1.max_size( )"的结果为:4294967293。与 capacity( )类似,不同的 C++编译器,该函数的返回值也不同,以上结果针对 VC++6.0 编译器。

find(s):在当前字符串中查找子串 s,若找到,就返回 s 在当前字符串中的起始位置;若没找到,返回常数 string::npos。如"s1.find("EF")"的结果为:4。

rfind(s):同 find,但从后向前进行查找。如"s1.rfind("BCD")"的结果为:1。

find_first_of(s):在当前串中查找子串 s 第一次出现的位置。如"s2.find_first_of("123")"的结果为:1。

find_last_of(s):在当前串中查找子串 s 最后一次出现的位置。如"s2.find_last_of("123")"的结果为:9。

replace(n1,n,s):替换当前字符串中的字符,n1 是替换的起始下标,n 是要替换的字符个数,s 是用来替换的字符串。

replace(n1,n,s,n2,m):替换当前字符串中的字符,n1 是替换的起始下标,n 是要替换的字符个数,s 是用来替换的字符串,n2 是 s 中用来替换的起始下标,m 是 s 中用于替换的字符个数。如"s1.replace(2,3,s2,2,3)"的结果为:s1 = "AB234FG"。

insert(n,s):在当前串的下标位置 n 之前,插入 s 串。

insert(n1,s,n2,m):在当前串的 n1 下标之后插入 s 串,n2 是 s 串中要插入的起始下标,m 是 s 串中要插入的字符个数。

8.4.2 迭代器(iterator)

迭代器是 STL 中算法和容器的黏合剂,用来将算法和容器联系起来,起到一种关联的作用。迭代器类似于指针,但它是基于模板的"功能更强大、更智能、更安全的指针",用于指示容器中的元素位置,通过迭代器能够遍历容器中的每个元素。STL 算法利用它们对容器中的对象序列进行遍历。

迭代器提供的主要操作如下。

operator   :返回当前位置上的元素值。

operator++:将迭代器前进到下一个元素位置。

operator－－:将迭代器后退到前一个元素位置。

operator=:为迭代器赋值。

begin( ):指向容器起点(即第一个元素)位置。

end( ):指向容器的结束点(最后一个元素之后)位置。

rbegin( ):指向按反向顺序的第一个元素位置。

rend( ):指向按反向顺序的最后一个元素后的位置。

迭代器常常与容器联合使用。下面看一个链表中迭代器的应用例子。

【例 8-14】 迭代器的应用。

```
# include<iostream>
using namespace std;
# include<list>
int main( ){
    int i;
    list<int> L1, L2, L3(10);              //L1、L2 为空链表,L3 为有 10 个元素的链表
    list<int>:: iterator iter;              //定义迭代器 iter
    list<int>:: reverse_iterator rsiter;    //定义逆向迭代器 rsiter
    int a1[] = { 100, 90, 80, 70, 60 };
    int a2[] = { 30, 40, 50, 60, 60, 60, 80 };
    for ( i = 0; i < 5; i++)
        L1.push_back(a1[i]);               //插入 L1 链表元素,在表尾插入
    for ( i = 0; i < 7; i++)
        L2.push_front(a2[i]);              //插入 L2 链表元素,在表头插入
    //通过迭代器顺序输出 L1 的所有元素
    for ( iter = L1.begin( ); iter != L1.end( ); iter++)
```

```
            cout<< * iter<<"\t";
        cout<<endl;
        int sum = 0;
        //通过逆向迭代器输出 L2 的所有元素,并求 L2 中所有元素之和
        for ( rsiter = L2.rbegin( ); rsiter != L2.rend( ); rsiter++){
            cout<< * rsiter<<"\t";
            sum += * rsiter;
        }
        cout<<"\nL2: sum = "<<sum<<endl;
        int data = 0;
        //通过迭代器修改 L3 链表的内容
        for ( iter = L3.begin( ); iter != L3.end( ); iter++)
            * iter = data += 10;
        //通过迭代器输出 L3 的所有元素
        for ( iter = L3.begin( ); iter != L3.end( ); iter++)
            cout<< * iter<<"\t";
        cout<<endl;
        //通过迭代器反序输出 L3 的所有元素
        for ( iter =--L3.end( ); iter != L3.begin( ); iter--)
            cout<< * iter<<"\t";
        cout<< * L3.begin( )<<endl;
        //通过逆向迭代器反序输出 L3 的所有元素
        for ( rsiter =--L3.rend( ); rsiter != L3.rbegin( ); rsiter--)
            cout<< * rsiter<<"\t";
        cout<< * L3.rbegin( )<<endl;
        return 0;
    }
```

程序运行结果如下：

```
100    90    80    70    60
30     40    50    60    60    60    80
L2: sum = 380
10     20    30    40    50    60    70    80    90    100
100    90    80    70    60    50    40    30    20    10
10     20    30    40    50    60    70    80    90    100
```

例 8-14 演示了迭代器的应用。通过定义迭代器 iter 和 rsiter 来遍历三个链表 L1、L2、L3。

若某个容器要使用迭代器,就必须先定义迭代器。定义迭代器时,必须指定迭代器所使用的容器类型。如语句：

```
list<int>::iterator iter;
list<int>:: reverse_iterator rsiter;
```

定义了迭代器 iter 和 rsiter,STL 会自动将它们转换成链表所需要的双向迭代器,可使用它们遍历任何 int 型的 list 容器,可以正向遍历,也可以反向遍历。

> STL 中的迭代器分为输入迭代器、输出迭代器、前向迭代器、双向迭代器和随机访问迭代器。上面定义的 iter 和 rsiter 都属于双向迭代器,若想了解其他几种迭代器的用法,可参阅 C++的帮助文档或 STL 的相关书籍。

8.4.3 算法

C++的函数库对代码的重用起着至关重要的作用。例如,一个求方根的函数可以在很多地方多次重复的调用。而C++通过模板机制允许数据类型的参数化,进一步提高了可重用性,STL就是利用这一点提供了大约70个通用算法。这些算法都是用模板技术实现的。

STL算法用于操控各种容器,同时也可以操控内建数组。比如find函数用于在容器中查找等于某个特定值的元素,for_each算法用于将某个函数应用到容器中的各个元素上,sort函数用于对容器中的元素排序等。这样一来,只要熟悉了STL,许多代码可以被大大的简化,只要通过调用一两个算法,就可以完成所需要的功能并大大地提高效率。

STL算法主要由头文件algorithm.h、numeric.h和functional.h组成。

algorithm.h是所有STL头文件中最大的一个,它是由很多函数模板组成的。可以认为每个函数模板在很大程度上都是独立的,其中常用到的功能范围涉及比较、交换、查找、遍历、赋值、修改、移动、移除、反转、排序、合并等。如果在自己编写的程序中需要使用这些函数模板,在程序开头必须包含如下的include命令:

```
# include <algorithm>
```

numeric.h体积很小,只包括几个在序列上面进行简单数学运算的函数模板,包括加法和乘法在序列上的一些操作。

functional.h中则定义了一些类模板,用以声明函数对象。

下面看一个STL中的copy函数和sort函数应用的例子。

【例8-14】 STL中copy函数和sort函数的应用。

```cpp
//STL演示程序:输入--排序--输出
# include <iostream>
using namespace std;
# include <string>            //用于人机界面交互
# include <vector>            //为了使用vector容器
# include <algorithm>         //为了使用sort算法
# include <iterator>          //为了使用输入输出迭代器
int main(void)
{    typedef vector<int> IntVector;
     typedef istream_iterator<int> IstreamItr;
     typedef ostream_iterator<int> OstreamItr;
     typedef back_insert_iterator<IntVector> BackInsItr;
     // STL中的vector容器
     IntVector num;
     //从标准输入设备读入整数,直到输入的是非整型数据为止
     cout<<"请输入整数序列,按任意非数字键并回车结束输入\n";
     copy(IstreamItr(cin), IstreamItr( ), BackInsItr(num));
     //提示程序状态
     cout<<"排序中……\n";
     // STL中的排序算法
     sort(num.begin( ), num.end( ));
     cout<<"排序完毕的整数序列:\n";
```

```
copy(num.begin( ), num.end( ), OstreamItr(cout, "\n"));
//使输出窗口暂停以观察结果
system("pause");
return 0;
}
```

程序中的语句：

```
copy(IstreamItr(cin), IstreamItr( ), BackInsItr(num));
```

调用 copy 函数将整型输入数据流从头到尾逐一"复制"到 num 这个整型容器里。这里，copy 函数的第 1 个参数展开后的形式为"istream_iterator(cin)"，第 2 个参数展开后的形式为"istream_iterator( )"，其效果是产生两个迭代器的临时对象，前一个指向整型输入数据流的开始，后一个则指向"pass-the-end value"，第 3 个参数展开后的形式为"back_insert_iterator(num)"，其效果也是产生一个迭代器对象，它引导 copy 算法每次在容器末端插入一个数据。

程序中的语句：

```
sort(num.begin( ), num.end( ));
```

调用 sort 函数将 num 容器中从 num.begin( )到 num.end( )之间的元素按升序排序。

程序中的语句：

```
copy(num.begin( ), num.end( ), OstreamItr(cout, "\n"));
```

此 copy 函数中的第 3 个参数展开后的形式为"ostream_iterator(cout, "\n")"，其效果是产生一个处理输出数据流的迭代器对象，其位置指向数据流的起始处，并以"\n"作为分隔符。这个 copy 函数将会从头到尾将 num 容器中的内容"复制"到输出设备，第 1 个参数所代表的迭代器将会从开始位置每次累进，最后到达第 2 个参数所代表的迭代器所指向的位置。

在上面的程序中，数据的输入+排序+输出，仅仅是通过 3 行语句来实现的，其中每一行对应一种操作。对于数据的操作被高度抽象化了，而算法和容器之间的组合，就像搭积木一样轻松自如。这就是闪烁着泛型之光的 STL 的伟大力量。如此简洁、如此巧妙、如此神奇！如果大家想了解有关 STL 更详细的内容，可参阅 C++的帮助文档或 STL 的相关书籍。

习　　题

一、程序分析题

1. 分析以下程序的执行结果。

```
#include<iostream>
using namespace std;
template <typename T>
T ABS(T x) {   return ( x > 0 ? x : -x); }
int main( )
{   cout<<ABS(-3)<<","<<ABS(-2.6)<<endl;
    return 0;
}
```

2. 分析以下程序的执行结果。

```
# include<iostream>
using namespace std;
template <typename T>
T Max(T x, T y){   return ( x > y ? x : y ); }
int main( )
{     cout<<Max(2, 5)<<","<<Max(3.5, 2.8)<<endl;
    return 0;
}
```

3. 分析以下程序的执行结果。

```
# include<iostream>
using namespace std;
template <typename T>
class Sample
{ public:
    Sample(T i){   n = i; }
    void operator++( );
    void Disp( ){   cout<<"n = "<<n<<endl; }
private:
    T n;
};
template <typename T>
void Sample<T>∷ operator++( )
{   n += 1; } // 不能用 n++;因为 double 型不能用++
int main( )
{   Sample<char> s('a');
    s++;
    s.Disp( );
    return 0;
}
```

二、编程题

1. 设计一个函数模板求一个数组中最大的元素,并以整数数组和字符数组进行测试。

2. 用类模板方式设计一个通用的单链表类 List<T>,实现链表节点的插入、删除、查找及链表数据的输出操作,并建立一个整数链表和一个字符串链表。

3. 编写一个程序,随机产生 10 个 1~100 的正整数,利用 vector 容器存储数据,并用 sort 算法对它们进行排序。要求输出排序前后的这 10 个随机数。

## 第9章

输入/输出流

完成程序的基本功能需要有初始数据的输入和运行结果的输出,数据的输入和数据的输出都是数据的流动,C++系统中除了可以使用 C 语言中的 stdio. h 中定义的输入/输出库函数,其自身也有一套方便、安全,又可以扩充的输入/输出系统。本章重点介绍 C++输入/输出流库、预定义类型数据的输入/输出、格式控制、自定义类型数据的输入/输出以及文件的输入/输出等内容。

9.1 C++的输入和输出概述

C++除保留 C 语言的输入/输出系统之外,还利用继承的机制创建出一套自己的方便、一致、安全、可扩充的输入/输出系统,这套输入/输出系统就是 C++的输入/输出(I/O)流库。C++自有的输入/输出通过编译系统对数据类型进行严格的检查,凡是类型不正确的数据都不可能通过编译。而且 C++的 I/O 操作是可扩展的,不仅可以用来输入/输出标准类型的数据,也可以用于用户自定义类型的数据。C++对标准类型的数据和对用户自定义类型的数据的输入/输出,采用同样的方法处理。C++通过 I/O 流类库来实现丰富的 I/O 功能。C++的输入/输出优于 C 语言中的库函数 printf 和 scanf,但是相对来说比较复杂,要掌握许多细节。

9.2 C++的标准输入/输出流

流表示了信息从源到目的端的流动。C++的输入/输出流是指由若干字节组成的字节序列,这些字节中的数据按顺序从一个对象传送到另一对象。在输入操作时,字节流从输入设备(如键盘、磁盘)流向内存,在输出操作时,字节流从内存流向输出设备(如屏幕、打印机、磁盘等)。流中的内容可以是 ASCII 字符、二进制形式的数据、图形图像、数字音频视频或其他形式的信息。

C++的 I/O 流库中的类称为流类(stream class)。用流类定义的对象称为流对象。前面曾提到:cout 和 cin 并不是 C++语言中提供的语句,它们是 I/O 流类的对象。在未学习类和对象时,在不致引起误解的前提下,为叙述方便,把它们称为 cout 语句和 cin 语句。在学习了类和对象后,对 C++的输入/输出应当有更深刻的认识。

9.2.1 iostream 类库中有关的类及其定义的流对象

1. iostream 类库中有关的类

C++系统提供了用于输入/输出的 iostream 类库。在 iostream 类库中包含许多用于输入/输出的类。这些类的继承层次结构如图 9-1 所示。ios 是抽象基类,由它派生出 istream 类和 ostream 类。istream 类支持输入操作,ostream 类支持输出操作。iostream 类是从 istream 类和 ostream 类通过多重继承而派生的类,iostream 类支持输入/输出操作。

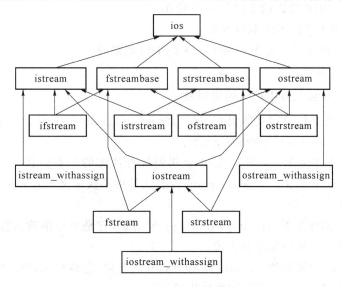

图 9-1   ios 类及其派生类的层次结构

为了实现对文件的操作,C++的 iostream 类库中派生定义了用于文件操作的类,它们分别是如下几个类。

fstreambase 类:这是一个公共基类,文件操作中不直接使用这个类。

ifstream 类:派生自 fstreambase 类和 istream 类,负责对文件进行提取操作。

ofstream 类:派生自 fstreambase 类和 ostream 类,负责对文件进行插入操作。

fstream 类:派生自 fstreambase 类和 iostream 类,负责对文件进行插入和提取操作。

另外,C++的 iostream 类库中还派生定义了用于字符串操作的类,它们分别是:
istrstream、ostrstream 和 strstream。

从图 9-1 中可以看出,iostream 类库中还有其他派生类,但对于一般用户来说,以上这些就足够了。如果想深入了解 iostream 类库的内容,可参阅所使用的 C++系统的类库手册。

iostream 类库中不同的类的声明被放在不同的头文件中,见表 9-1。用户在程序中用预处理命令"#include"包含了有关的头文件就相当于在本程序中声明了所需要用到的类。

表 9-1   C++流库中流类名、作用及所包含在的头文件

类名	作用	所包含在的头文件
ios	抽象基类	iostream. h
istream	通用输入流和其他输入流的基类	iostream. h
ostream	通用输出流和其他输出流的基类	iostream. h
iostream	通用输入/输出流和其他输入/输出流的基类	iostream. h
ifstream	输入文件流类	fstream. h
ofstream	输出文件流类	fstream. h
fstream	输入/输出文件流类	fstream. h
istrstream	输入字符串流类	strstream. h
ostrstream	输出字符串流类	strstream. h
strstream	输入/输出字符串流类	strstream. h

编程时常用的头文件如下。

iostream.h：包含了对输入/输出流进行操作所需的基本信息。

fstream.h：用于用户管理的文件的 I/O 操作。

strstream.h：用于字符串的 I/O 操作。

stdiostream.h：用于混合使用 C 和 C++的 I/O 机制时。

iomanip.h：用于格式化 I/O 时。

2. 在 iostream.h 头文件中定义的流对象

在 iostream.h 头文件中定义的类有：ios、istream、ostream、iostream、istream_withassign、ostream_withassign、iostream_withassign 等。

iostream.h 头文件包含了对输入/输出流进行操作所需的基本信息。因此大多数 C++程序都包括 iostream.h 头文件。在 iostream.h 头文件中不仅定义了有关的类，还定义了 4 种流对象供用户使用。

cin：是 istream 的派生类 istream_withassign 的对象，它是从标准输入设备（键盘）输入到内存的数据流，称为 cin 流或标准输入流。

cout：是 ostream 的派生类 ostream_withassign 的对象，它是从内存输出到标准输出设备（显示器）的数据流，称为 cout 流或标准输出流。

cerr 和 clog：作用相似，均为向输出设备（显示器）输出出错信息。它们的区别是 cerr 提供不带缓冲区的输出，clog 提供带缓冲区的输出。

从键盘输入时用 cin 流，向显示器输出时用 cout 流。向显示器输出出错信息时用 cerr 或 clog 流。

9.2.2 C++的标准输出流

标准输出流是流向标准输出设备（显示器）的数据。ostream 类定义了 3 个输出流对象，即 cout、cerr 和 clog。

1. cout、cerr 和 clog 流对象

（1）cout 流对象

cout 必须和运算符"<<"一起使用。用 cout 进行输出的一般形式为：

cout<<输出项 1<<输出项 2<<…；

它的功能是将输出项 1、输出项 2…插入到输出流 cout 中，然后由 C++系统将 cout 中的内容输出到显示屏上。

在 C++的头文件 iostream.h 中，定义了一个代表回车换行的控制符"endl"，其作用与"\n"相同。如下列 3 个输出语句是等价的：

```
cout<<"C++Program\n";
cout<<"C++Program"<<"\n";
cout<<"C++Program"<<endl;
```

cout 流在内存中对应开辟了一个缓冲区，用来存放流中的数据，当向 cout 流插入一个"endl"时，不论缓冲区是否已满，都立即输出流中的所有数据，然后插入一个换行符，并刷新流（清空缓冲区）。

需要注意的是：

① 系统已经对"<<"运算符作了重载函数,因此用"cout<<"输出基本类型的数据时,可以不必考虑数据是什么类型。

② 在iostream.h头文件中只对"<<"和">>"运算符用于标准类型数据的输入/输出进行了重载,但未对用户自定义类型数据的输入/输出进行重载。

③ 在用cout进行输出时,每输出一项都要用一个"<<"运算符。例如,输出语句:

cout<<"a = "<<a<<","<<"b = "<<b<<endl;

不能写成:

cout<<"a = ", a, ",", "b = ", b<<endl;

（2）cerr流对象

cerr流对象是标准出错流,它的作用是向输出设备输出出错信息。cerr与标准输出流cout的作用和用法类似。但不同的是:cout流通常是传送到显示器输出,但也可以被重定向输出到磁盘文件,而cerr流中的信息只能在显示器输出。当调试程序时,如果不希望程序运行时的出错信息被送到其他文件,这时应该用cerr。

【例9-1】 检测输入的一个数是否是正数,如果是,就输出;如果不是,输出错误信息。

```
# include <iostream>
using namespace std;
int main( )
{   float a;
    cout<<"please input a:";
    cin >> a;
    if ( a==0 ) //将有关出错信息插入cerr流,在屏幕输出
        cerr<<a<<" is equal to zero. error!"<<endl;
    else if (a < 0)
    {   cerr<<a<<" is not a proper data. error!"<<endl;   }
    else
        cout<<"a = "<<a<<endl;
    return 0;
}
```

程序运行情况如下:

① please input a: 0↙

0 is equal to zero. error!

② please input a: -1↙

-1 is not a proper data. error!

③ please input a: 1↙

a = 1

（3）clog流对象

clog流对象也是标准出错流,它的作用和cerr相同,都是在终端显示器上显示出错信息。只不过cerr是不经过缓冲区,直接向显示器上输出有关信息,而clog中的信息存放在缓冲区中,缓冲区满后或遇endl时才向显示器输出。

2. 用流成员函数put输出字符

ostream类的成员函数put提供了一种将单个字符送进输出流的方法,其使用方法如下:

char a = 'm';

```
cout.put(a);                          //输出字符 m
cout.put('m');                        //输出字符 m
```

另外，调用 put 函数的实参还可以是字符的 ASCII 代码或者一个整型表达式，例如：

```
cout.put(65 + 32);                    //显示字符 a，因为 97 是字符 a 的 ASCII 代码
```

可以在一个语句中连续调用 put 函数，例如：

```
cout.put(71).put(79).put(79).put(68).put('\n');   //在屏幕上显示 GOOD
```

还可以用 putchar 函数输出一个字符。putchar 函数是 C 语言中使用的，在 stdio.h 头文件中定义。C++保留了这个函数，在 iostream.h 头文件中定义。

3. 用流成员函数 write 输出字符

ostream 类的成员函数 write 是一种将字符串送到输出流的方法，该函数在 iostream 类体中的原型声明语句如下：

```
ostream& write( const char * pch, int nCount );
ostream& write( const unsigned char * puch, int nCount );
ostream& write( const signed char * psch, int nCount );
```

其中，第 1 个参数是待输出的字符串，第 2 个参数是输出字符串的字符个数。如输出字符串常量"C++ program"，可以这样实现：

```
cout.write("C + + program", strlen("C + + program"));
```

【例 9-2】 分析下列程序的输出结果。

```
# include <iostream>
# include <string>
using namespace std;
void WriteString(char * str)
{   cout.write(str, strlen(str)).put('\n');
    cout.write(str, 6)<<"\n";
}
int main( )
{   char ss[] = "C++ program";
    cout<<"The string is："<<ss<<endl;
    WriteString(ss);
    return 0;
}
```

程序运行结果如下：

```
The string is：C++ program
C++ program
C++ pr
```

例 9-2 程序中使用 write 函数显示字符，不但可以显示整个字符串的内容，也可以显示部分字符串的内容。

9.2.3　C++的标准输入流

标准输入流是从标准输入设备（键盘）流向内存的数据。

1. cin 流对象

cin 必须和运算符"＞＞"一起使用。用 cin 实现输入的一般形式为：

cin ＞＞ 变量名或对象名 ＞＞ 变量名或对象名…;

在上述语句中,流提取运算符"＞＞"可以连续写多个,每个后面跟一个变量或对象,它们是获得输入值的。看下面的例子。

【例 9-3】 定义两个变量,从键盘输入其值,并输出。

```
＃include＜iostream＞
using namespace std;
int main( )
{   int m, n;
    cout＜＜"Input two integers:";
    cin ＞＞ m ＞＞ n;
    cout＜＜"m = "＜＜m＜＜", "＜＜"n = "＜＜n＜＜endl;
    return 0;
}
```

执行该程序在屏幕上显示如下内容:

```
Input two integers: 1 2 ↙
m = 1, n = 2
```

这里从键盘上输入的两个 int 型数之间用空白符分隔[包括空格、制表符('\t')、换行符('\n')]。程序中的变量通过流提取符"＞＞"从流中提取数据。流提取符"＞＞"从流中提取数据时通常跳过输入流中的空格、制表符、换行符等空白字符。注意:只有在输入完数据并按回车键后,该行数据才被送入键盘缓冲区,形成输入流,流提取运算符"＞＞"才能从中提取数据。

2. 用成员函数 get 获取一个字符

istream 类的成员函数 get 可以从输入流中获取一个字符,该函数在 iostream 类体中的原型声明语句如下:

```
int get( );                                    //从输入流中获取单个字符或 EOF,并返回它
istream& get( char& rch );                      //从输入流中获取单个字符
istream& get( unsigned char& ruch );
istream& get( signed char& rsch );
istream& get( char * pch, int nCount, char delim = '\n' );
istream& get( unsigned char * puch, int nCount, char delim = '\n' );
istream& get( signed char * psch, int nCount, char delim = '\n' );
istream& get( streambuf& rsb, char delim = '\n' );
```

(1) 无参数的 get 函数

无参数 get 函数的作用是从指定的输入流中提取一个字符(包括空白字符),函数的返回值就是读取的字符的 ASCII 码。若遇到输入流中的文件结束符,则函数值返回文件结束标志 EOF(一般情况下认为是−1)。看下面的例子。

【例 9-4】 用 get 函数读取字符。

```
＃include ＜iostream＞
using namespace std;
int main( )
{   int c;
    cout＜＜"Input a sentence:"＜＜endl;
    while ( (c = cin.get( ) ) != EOF)   cout.put(c);
```

```
        cout<<"OK!";
        return 0;
    }
```

执行该程序在屏幕上显示如下内容：

Input a sentence:

Today is Sunday.✓　　　（输入一行字符）

Today is Sunday.　　　（输出上行字符）

~Z✓（程序结束）

OK!

　　C 语言中的 getchar 函数与 istream 类的成员函数 get 的功能相同,在 C++中依旧可以使用。

　　（2）有一个参数的 get 函数

　　以"istream& get(char& rch);"为例介绍,其调用形式为:

$$cin.get(c)$$

　　其作用是从输入流中读取一个字符(包括空白字符),并将它存储在字符变量 c 中,该函数返回被应用的 istream 对象。例 9-4 可以改写为如下的例 9-5。

【例 9-5】　用 get 函数读取字符。

```
# include <iostream>
using namespace std;
int main( )
{   char c;
    cout<<"Input a sentence:"<<endl;
    while( cin.get(c) )//读取一个字符赋给字符变量 c,如果读取成功,cin.get(c)为真
        cout.put(c);
    cout<<"OK!"<<endl;
    return 0;
}
```

　　（3）有 3 个参数的 get 函数

　　以"istream& get(char * pch, int nCount, char delim='\n');"为例介绍,使用该函数可以实现输入一行字符。在 get 函数的 3 个形参中,pch 可以是一个字符数组或一个字符指针。nCount 是一个 int 型数,用来限制从输入流中读取的字符个数,最多只能读 nCount-1 个,因为要留出最后一个位置存放结束符。delim 是读取字符时指定的结束符,其默认值为"\n",终止字符也可以用其他字符,如 cin.get(ch, 10, 'x')。

　　上述有 3 个形参的 get 函数的作用是从输入流中读取 nCount-1 个字符,赋给指定的字符数组(或字符指针),如果在读取 nCount-1 个字符之前遇到指定的终止字符,则提前结束读取。该函数返回被应用的 istream 对象。再将例 9-5 改写如下:

```
# include <iostream>
using namespace std;
int main( )
{   char ch[20];
    cout<<"Input a sentence:"<<endl;
    cin.get(ch, 10, '\n');      //指定换行符为终止字符
```

```
cout<<ch<<endl;
cout<<"OK!"<<endl;
return 0;
}
```

执行该程序在屏幕上显示如下内容：

Input a sentence：

This is a book.↙（输入一行字符）

This is a   （输出上行中的部分字符，前10个字符，最后一个是换行符）

OK!

3. 用成员函数 getline 函数读取一行字符

istream 类的成员函数 getline 的作用是从输入流中读取一行字符,该函数在 iostream 类体中的原型声明语句如下：

```
istream& getline( char * pch, int nCount, char delim = '\n' );
istream& getline( unsigned char * puch, int nCount, char delim = '\n' );
istream& getline( signed char * psch, int nCount, char delim = '\n' );
```

该函数的形参表和用法与上面讲述的利用 get 函数输入一行字符的功能类似。在此不再赘述。

4. 用成员函数 read 读取一串字符

istream 类的成员函数 read 可以从输入流中读取指定数目的字符并将它们存放在指定的数组中,该函数在 iostream 类体中的原型声明语句如下：

```
istream& read( char * pch, int nCount );
istream& read( unsigned char * puch, int nCount );
istream& read( signed char * psch, int nCount );
```

其中,pch 是用来存放读取来的字符的字符指针或者是字符数组,nCount 是一个 int 型数,用来指定从输入流中读取字符的个数。

【例 9-6】 利用 read 函数读取字符串,并输出。

```
# include <iostream>
using namespace std;
int main( )
{   const int S = 10;
    char buf[S] = "";
    cout<<"Input …\n";
    cin.read(buf, S);
    cout<<buf<<endl;
    return 0;
}
```

执行该程序在屏幕上显示如下内容：

Input …

123↙

4567↙

^Z↙（程序结束）

123

4567

5. istream 类的其他成员函数

除了以上介绍的用于读取数据的成员函数外,istream 类还有其他在输入数据时用得着的一些成员函数。常用的有以下几个。

(1) eof 函数

eof 是 end of file 的缩写，表示"文件结束"。从输入流读取数据，如果到达文件末尾（遇文件结束符），eof 函数值为非零值（表示真），否则为 0（假）。其调用格式为：

$$cin.eof( );$$

【例 9-7】 逐个读取一行字符，将其中的非空格字符输出。

```
# include <iostream>
using namespace std;
int main( )
{   char c;
    cout<<"Input …\n";
    while ( ! cin.eof( ) )              //eof 函数返回值为假表示未遇到文件结束符
        if ( ( c=cin.get( )) != ' ' )   //检查读取的字符是否为空格字符
            cout.put(c);
    return 0;
}
```

执行该程序在屏幕上显示如下内容：

```
Input …
I am a student. ↙
Iamastudent.
^Z ↙（程序结束）
```

(2) peek 函数

peek 函数的作用是从输入流中返回下一个字符，但它只是观测，指针仍停留在当前位置，遇到流结束标志时返回 EOF。其调用形式为：

$$char ch = cin.peek( );$$

【例 9-8】 编制程序，检测字符 1 后面是字符 2 的连续字符组的个数。

```
# include<iostream>
using namespace std;
int main( )
{   int ch, i = 0;
    cout<<"Please input a string…\n";
    while ( (ch=cin.get( )) != EOF )
    {   if ( ch=='1' && cin.peek( )=='2' )   i++;   }
    cout<<i<<endl;
    return 0;
}
```

执行该程序在屏幕上显示如下内容：

```
3124512127812 ↙
^Z
4
```

在例 9-8 程序中使用 peek 函数从输入流中返回字符，但不输出，可以利用该函数的这一特点来检查字符 1 后面是否是字符 2。如果字符 1 后面是字符 2，则 i 加 1。由输出结果可以判断输入流中由 4 个连续的字符组。

（3）putback 函数

putback 函数的调用形式为：

$$cin.putback(ch);$$

其作用是将前面用 get 或 getline 函数从输入流中读取的字符 ch 返回到输入流，插入到当前指针位置，以供后面读取。

【例 9-9】 putback 函数的用法。

```
#include <iostream>
using namespace std;
int main( )
{   char ch[10];
    cout<<"Please enter a sentence:"<<endl;
    cin.getline(ch, 8, '/');
    cout<<"The first part is: "<<ch<<endl;
    cin.putback(ch[0]);                    //将第一个句子的第一个字符插入到指针所指处
    cin.getline(ch, 8, '/');
    cout<<"The second part is: "<<ch<<endl;
    return 0;
}
```

执行该程序在屏幕上显示如下内容：

```
Please enter a sentence:
banana./ea./↙
The first part is: banana.
The second part is: bea.
```

（4）ignore 函数

ignore 函数在 iostream 类中的原型声明语句如下：

```
istream & ignore(int n = 1, int = EOF);
```

其中，第 1 个参数为要提取的字符个数，默认值为 1，第 2 个参数为终止字符，默认值为 EOF。ignore 函数的作用是跳过输入流中指定个数的字符，或在遇到指定的终止字符时提前结束（此时跳过包括终止字符在内的若干字符）。下面的语句实现跳过输入流中 5 个字符，遇到字符 A 后就不再跳了。

```
ignore(5, 'A');
```

【例 9-10】 用 ignore 函数跳过输入流中的字符。

```
#include <iostream>
using namespace std;
int main( )
{   char ch[20];
    cout<<"Please enter a sentence:"<<endl;
    cin.get(ch, 20, '/');
    cout<<"The first part is: "<<ch<<endl;
    //cin.ignore( );                    //跳过输入流中一个字符
    cin.get(ch, 20, '/');
```

```
        cout<<"The second part is:"<<ch<<endl;
        return 0;
}
```

执行该程序在屏幕上显示如下内容：

Please enter a sentence:

Good news./It's a good news./

The first part is: Good news.

The second part is:

从程序的运行结果可以看出，程序中的第 2 个"cin. get(ch, 20，'/');"语句没有从输入流中读取有效字符到字符数组 ch。如果希望第 2 个"cin. get(ch, 20，'/');"语句能读取"It's a good news."，就应该设法跳过输入流中第一个"/"，把注释"cin. ignore( );"设置为正常语句后，就可以实现此目的。

以上介绍的各个成员函数，不仅可以用 cin 流对象来调用，而且也可以用 istream 类的其他流对象来进行调用。

9.3　输入与输出运算符及其重载

9.3.1　输入运算符

输入运算符">>"也称为流提取运算符，它是一个二目运算符，有两个操作数，左操作数是 istream 类的一个对象，右操作数既可以是一个预定义的变量，也可以是重载了该运算符的类对象。因此，输入运算符不仅能够识别预定义类型的变量，如果某个类中重载了这个运算符，它也能识别这个类的对象。

在使用输入运算符时需要注意以下几点。

（1）在默认情况下，运算符">>"跳过空白符，然后读取与输入变量类型相对应的值。因此，给一组变量输入值时可以用空格或换行符把输入的数值间隔开。

（2）当输入字符串时，运算符">>"的作用是跳过空白符，读取的字符串中不要有空格，否则认为是结束。

（3）不同类型的变量一起输入时，系统除了检查是否有空白符外，还完成输入数据与变量类型的匹配。例如：

```
int n;
float x;
cin >> n >> x;
```

如果输入：33.33 22.22

则得到的结果为 n = 33,x = 0.33.

（4）输入运算符采用左结合方式，可以将多个输出操作组合到一个语句中。

9.3.2　输出运算符

输出运算符"<<"也称为流插入运算符，它是一个二目运算符，有两个操作数，左操作数

是 ostream 类的一个对象,右操作数既可以是一个预定义的变量,也可以是重载了该运算符的类对象。因此,输出运算符不仅能够识别预定义类型的变量,如果某个类中重载了这个运算符,它也能识别这个类的对象。

在使用输出运算符时需要注意以下几点。

(1)输出运算符也采用左结合方式,可以将多个输出操作组合到一个语句中。例如:

int n = 1;

double m = 1.1;

cout<<n<<",",<<m<<endl;

输出结果就是:

1, 1.1

(2)使用输出运算符时,不同类型的数据也可以组合在一条语句中,编译程序会根据在"<<"右边的变量或常量的类型,决定调用重载该运算符的哪个重载函数。

9.3.3　输入与输出运算符的重载

C++的 I/O 流类库的一个重要特征是能够支持新的数据类型的输入/输出,用户可以通过对输入运算符">>"和输出运算符"<<"进行重载来支持新的数据类型的输入/输出。

关于输入/输出运算符">>"和"<<"重载的知识已经在第 7 章中做过详细介绍,在此不再赘述。

9.4　C++格式输入/输出

在输出数据时,为简便起见,往往不指定输出的格式,而由系统根据输出数据的类型采取默认的格式,但有时我们希望数据按指定的格式输出。有两种方法可以达到此目的:一种是使用流对象的有关成员函数;另一种是使用控制符。

9.4.1　用 ios 类提供的格式化函数控制输入/输出格式

1. 控制格式的标志位

在 ios 类中声明了数据成员 long x_flags,它存储控制输入/输出格式的状态标志,每个状态标志占一位。状态标志的值只能是 ios 类中定义的枚举量,如表 9-2 所示。

表 9-2　状态标志位及含义

标志位	值	含义	输入/输出
skipws	0x0001	跳过输入流中的空白符	i
left	0x0002	输出数据按输出域左对齐	o
right	0x0004	输出数据按输出域右对齐	o
internal	0x0008	数据的符号左对齐,数据本身右对齐,符号和数据之间为填充符	o
dec	0x0010	转换基数为十进制形式	i/o
oct	0x0020	转换基数为八进制形式	i/o
hex	0x0040	转换基数为十六进制形式	i/o

标志位	值	含义	输入/输出
showbase	0x0080	输出的数值数据前面带有基数符号（0 或 0x）	o
showpoint	0x0100	浮点数输出带有小数点	o
uppercase	0x0200	用大写字母输出十六进制数值	o
showpos	0x0400	正数前面带有"＋"符号	o
scientific	0x0800	浮点数输出采用科学表示法	o
fixed	0x1000	使用定点数形式表示浮点数	o
unitbuf	0x2000	完成输出操作后立即刷新流的缓冲区	o
stdio	0x4000	完成输出操作后刷新系统的 stdout,stderr	o

如果设定了某个状态标志，则 x_flags 中对应位为 1，否则为 0。这些状态标志之间是或的关系，可以几个标志并存。

2. 使用成员函数设置标志字

ios 类中定义了数据成员 x_flags 来记录当前格式化的状态，即各标志位的设置值，这个数据成员被称为标志字。格式标志在类 ios 中被定义为枚举值。因此在引用这些格式标志时要在前面加上类名 ios 和域运算符"::"。设置这个标志字的成员函数为 setf。其调用格式如下：

$$\text{stream\_obj.setf(ios::flags);}$$

这里，stream_obj 是要设置格式标志的流对象，编程时常用的是 cin 和 cout。要设置多个标志时，彼此用位运算符"|"来分隔。例如：

```
cout.setf(ios::dec|ios::scientific);
```

注意：

（1）清除状态标志。unsetf 函数用来清除一个状态标志，即把指定的状态标志位置 0。函数调用格式为：

$$\text{stream\_obj.unsetf(ios::flags);}$$

其使用方法与 setf 是类似的。

（2）取状态标志值。flags 函数用来取当前状态标志。有两种使用方法：

$$\text{stream\_obj.flags( );}$$
$$\text{stream\_obj.flags(ios::flags);}$$

不带参数的函数是返回与流相关的当前状态标志值。带参数的 flags 函数是把状态标志值设置为由参数 flags 指定的值，并返回设置前的状态标志值。注意：函数 setf 是在原有的基础上追加设定，而 flags 函数是用新值覆盖以前的值。

【例 9-11】 用 flags 函数设置 161 在不同数制下的数值。

```
# include <iostream>
using namespace std;
int main( )
{   cout.flags(ios::oct);
    cout<<"OCT:161 = "<<161<<endl;
    cout.flags(ios::dec);
    cout<<"DEC:161 = "<<161<<endl;
    cout.flags(ios::hex);
```

```
    cout<<"Hex:161 = "<< 161<<endl;
    cout.flags(ios::uppercase|ios::hex);
    cout<<"UPPERCASE:161 = "<<161<<endl;
    return 0;
}
```

程序运行结果如下：

```
OCT:161 = 241
DEC:161 = 161
Hex:161 = a1
UPPERCASE:161 = A1
```

在例 9-11 程序中采用 flags 函数进行覆盖设置,会显示出 161 在不同数制下的数值。

3. 使用成员函数设置域宽、填充字符、精度

在 ios 类中,除了提供了操作状态标志的成员函数外,还提供了设置域宽、填充字符和对浮点数设置精度的成员函数来对输出进行格式化。

（1）设置域宽的成员函数 width

该成员函数有以下两种形式。

① int width( )

该函数用来返回当前输出数据时的宽度。

② int width(int wid)

该函数用来设置当前输出数据的宽度为参数值 wid,并返回更新前的宽度值。

注:如果输出宽度没有设置,那么默认情况下为数据所占的最少字符数。所设置的域宽仅对下一个输出流有效,当一次输出完成后,域宽恢复为 0。

（2）设置填充字符的成员函数 fill

该成员函数有以下两种形式。

① char fill( )

该函数用来返回当前所使用的填充字符。

② char fill(char c)

带参数的 fill 函数用来设置填充字符为参数 c 字符,并返回更新前的填充字符。

注意:如果填充字符省略,那么默认填充字符为空格符。如果所设置的数据宽度小于数据所需的最少字符数,则数据宽度按默认宽度处理。

（3）设置浮点数输出精度的成员函数 precision

该成员函数有以下两种形式。

① int precision( )

该函数返回当前浮点数的有效数字的个数。

② int precision(int n)

该函数设置浮点数输出时的有效数字个数,并返回更新前的值。

注意:float 型实数最多提供 7 位有效数字,double 型实数最多提供 15 位有效数字,long double 型实数最多提供 19 位有效数字。

【例 9-12】 利用格式化成员函数来设置输出数据的格式。

```
#include <iostream>
```

```
using namespace std;
int main( )
{    cout<<"1234567890"<<endl;
     cout<<"Default width is:"<<cout.width( )<<endl;
     int i = 1234;
     cout<<i<<endl;
     cout.width(12);
     cout<<i<<endl;
     cout<<"Default fill is:"<<cout.fill( )<<endl;
     cout.width(12);
     cout.fill('*');
     cout.setf(ios::left);
     cout<<i<<endl;
     cout<<"Default precision is:"<<cout.precision( )<<endl;
     float j = 12.3456789;
     cout<<j<<endl;
     cout.width(12);
     cout.setf(ios::right);
     cout.precision(5);
     cout<<j<<endl;
     return 0;
}
```

程序运行结果如下：
```
1234567890
Default width is:0
1234
        1234
Default fill is:
1234********
Default precision is:6
12.3457
*****12.346
```

在例 9-12 程序中，分别输出了默认宽度，然后设置宽度为 12，再输出相关数据。又输出了默认填充字符，然后设置填充字符为"＊"后，再输出相关数据。最后输出了浮点数精度的默认值，然后设置为 5，再输出相关数据。运行结果里出现的 12.3457 和 12.346 是经过四舍五入后的结果。

9.4.2　用控制符控制输入/输出格式

使用 ios 类的成员函数来控制输入或输出格式时，必须由流对象来进行调用，使用不方便。我们可以使用特殊的、类似于函数的控制符来进行控制。控制符可以直接嵌入到输入或输出操作的语句中。C＋＋提供的控制符如表 9-3 所示。

表 9-3　控制符及含义

控制符名称	含义	输入/输出
dec	数据采用十进制表示	i/o
hex	数据采用十六进制表示	i/o
oct	数据采用八进制表示	i/o
setbase(int n)	设置数据格式为 n(取值 0,8,10 或 16),默认值为 0	i/o
showbase/noshowbase	显示/不显示数值的基数前缀	o
showpoint/noshowpoint	显示/不显示小数点(只有当小数部分存在时才显示小数点)	o
showpos/noshowpos	在非负数中显示/不显示＋	o
skipws/noskips	输入数据时,跳过/不跳过空白字符	i
upercase/nouppercase	十六进制显示为 0X/0x,科学计数法显示 E/e	o
ws	跳过开始的空白字符	i
ends	插入空白字符,然后刷新 ostream 缓冲区	o
endl	插入换行字符,然后刷新 ostream 缓冲区	o
flush	刷新与流相关联的缓冲区	o
resetiosflags(long f)	清除参数所指定的标志位	i/o
setiosflags(long f)	设置参数所指定的标志位	i/o
setfill(char c)	设置填充字符	o
setprecision(int n)	设置精度	o
setw(int n)	设置域宽	o

　　这些控制符是在 iomanip. h 中定义的,因此如果在程序中使用这些控制符必须把头文件 iomanip. h 包含进来。看下面的例子。

【例 9-13】　用控制符控制输出格式。

```
# include <iostream>
using namespace std;
# include <iomanip>                      //不要忘记包含此头文件
int main( )
{   int a = 161;
    cout<<"dec:"<<dec<<a<<endl;          //以十进制形式输出整数
    cout<<"hex:"<<hex<<a<<endl;          //以十六进制形式输出整数 a
    cout<<"oct:"<<setbase(8)<<a<<endl;   //以八进制形式输出整数 a
    char * pt = "Hello world";           //pt 指向字符串"Hello world"
    cout<<setw(16)<<pt<<endl;            //指定域宽为 16,输出字符串
    cout<<setfill('*')<<setw(16)<<pt<<endl;
    double k = 12.345678;
    cout<<setiosflags(ios::scientific)<<setprecision(8);      //按指数形式输出,8 位小数
    cout<<"k = "<<k<<endl;
    cout<<"k = "<<setprecision(4)<<k<<endl;          //改为 4 位小数
    cout<<"k = "<<setiosflags(ios::fixed)<<k<<endl;  //改为小数形式输出
    return 0;
}
```

程序运行结果如下:

dec:161	（十进制形式）
hex:a1	（十六进制形式）
oct:241	（八进制形式）
Hello world	（域宽为16）
＊＊＊＊＊Hello world	（域宽为16,空白处以″＊″填充）
k = 1.23456789e + 001	（指数形式输出,8 位小数）
k = 1.2346e + 001	（指数形式输出,4 位小数）
k = 12.35	（小数形式输出,精度仍为 4）

9.5　文件操作与文件流

9.5.1　文件的概念

前面讨论的输入/输出是以系统指定的标准设备（输入设备为键盘,输出设备为显示器）为对象的。在实际应用中,常以磁盘文件作为对象,即从磁盘文件读取数据,将数据输出到磁盘文件。

所谓"文件",一般指存储在外部介质上数据的集合。一批数据是以文件的形式存放在外部介质上的。操作系统是以文件为单位对数据进行管理的,也就是说,如果想找存储在外部介质上的数据,必须先按文件名找到指定的文件,然后再从文件中读取数据。要向外部介质上存储数据也必须先建立一个文件（以文件名标识）,才能向它输出数据。

根据文件中数据的组织形式,文件可分为 ASCII 文件和二进制文件。ASCII 文件也称文本文件,其每个字节存一个 ASCII 代码,表示一个字符。这样的文件使用比较方便,但占用的存储空间较大。二进制文件,是把内存中的存储形式原样写到外存中。使用起来可以节省外存空间和转换时间,但是它的一个字节不对应一个字符。

为了实现文件的输入/输出,首先要创建一个文件流,当把这个流和实际的文件相关联时,就称为打开文件。完成输入/输出后要关闭这个文件,即取消文件和流的关联。下面介绍C++的I/O流类库中提供的文件流类。

9.5.2　文件流类及其流对象

在 C++的 I/O 流类库中定义了几种文件流类,专门用于对磁盘文件的输入/输出操作。它们是:ifstream 类（支持从磁盘文件的输入）、ofstream 类（支持向磁盘文件的输出）和fstream 类（支持对磁盘文件的输入/输出）。

由前面的知识可以知道在以标准设备为对象的输入/输出中,必须定义流对象,如 cin、cout 就是流对象,C++是通过流对象进行输入/输出的。同理如果以磁盘文件为对象进行输入/输出,也必须先定义一个文件流类的对象,通过文件流对象将数据从内存输出到磁盘文件或者从磁盘文件将数据输入到内存。

由于 cin 和 cout 已在 iostream. h 中事先定义,所以用户不需自己定义就可以使用。但在通过文件流对象对磁盘文件进行操作时,文件流对象没有事先统一定义,必须由用户自己定义。文件流对象是用文件流类定义的,看下面的语句:

```
ofstream outfile;  //定义一个输出文件流对象 outfile
```

```
ifstream infile;    //定义一个输入文件流对象 infile
```

需要注意的是:在程序中定义文件流对象,必须包含头文件 fstream.h。

9.5.3 文件的打开与关闭

磁盘文件的打开和关闭使用 fstream 类中定义的成员函数 open 和 close。

1. 文件的打开

要对磁盘文件进行读/写操作,首先必须要先打开文件。所谓打开文件就是将文件流对象与具体的磁盘文件建立联系,并指定相应的使用方式。以上工作可以通过以下两种不同的方法实现。

(1) 先定义一个 fstream 类的对象,再调用该对象的成员函数 open 打开指定的文件。例如,以输出方式打开一个文件的方法如下:

```
ofstream outfile;                    //定义 ofstream 类(输出文件流类)对象 outfile
outfile.open("f1.dat", ios::out);    //使文件流与 f1.dat 文件建立关联
```

上面第 1 句定义 ofstream 类对象 outfile,第 2 句通过 outfile 调用其成员函数 open,提供了两个实参:第 1 个实参是要被打开的文件名,使用文件名时可以包括路径,如"c:\\new\\f1.dat",如果默认路径,则默认为当前目录下的文件;第 2 个实参说明文件的访问方式。文件访问方式多种,如表 9-4 所示。

表 9-4 文件访问方式

方式名	用途
ios::in	以输入(读)方式打开文件
ios::out	以输出(写)方式打开文件
ios::app	以追加方式打开文件,新增加的内容添加在文件尾
ios::ate	文件打开时,文件指针定位于文件尾
ios::trunc	如果文件存在,将其清除;如果文件不存在,创建新文件
ios::binary	以二进制方式打开文件,默认时为文本文件
ios::nocreate	打开已有文件,若文件不存在,则打开失败
ios::noreplace	若打开的文件已经存在,则打开失败

(2) 在定义文件流对象时同时指定参数。

在声明文件流类时定义了带参数的构造函数,其中包含了打开磁盘文件的功能。因此,可以在定义文件流对象时指定参数,调用文件流类的此构造函数来实现打开文件的功能。如要实现(1)中说明的以输出方式打开一个文件,方法如下:

```
ofstream outfile("f1.dat", ios::out);
```

一般多用此形式,相比(1)来说比较方便。作用与 open 函数相同,参数含义相同。

注意:对于表 9-4 中的访问方式可以用"位或"运算符"|"对输入/输出方式进行组合。另外,如果打开操作失败,open 函数的返回值为 0(假),如果是用调用构造函数的方式打开文件的,则流对象的值为 0。

2. 文件的关闭

当结束一个磁盘文件的读/写操作后,应关闭该文件。关闭文件用成员函数 close。如

"outfile. close( );"。看下面的例子。

【例9-14】 文件操作演示程序。

```cpp
# include <iostream>
# include <fstream>
using namespace std;
int main( )
{   int n;
    double d;
    ofstream outfile ;
    outfile.open("f1.dat", ios::out);
    outfile<<10<<endl;
    outfile<<10.1<<endl;
    outfile.close( );
    ifstream infile("f1.dat", ios::in);
    infile >> n >> d;
    cout<<n<<", "<<d<<endl;
    infile.close( );
    return 0;
}
```

程序运行结果如下：

```
10, 10.1
```

9.5.4 对文本文件的操作

如果文件的每一个字节中均以 ASCII 代码形式存放数据，即一个字节存放一个字符，这个文件就是 ASCII 文件（或称文本文件）。程序可以从 ASCII 文件中读取若干个字符，也可以向它输出一些字符。

对文本文件的读写操作可以用流插入运算符"<<"和流提取运算符">>"输入/输出标准类型的数据，也可以用文件流的 put、get、getline 等成员函数进行字符的输入/输出。

【例9-15】 把文本写入指定的文件中。

```cpp
# include <fstream>
# include <iostream>
# include <stdlib>
using namespace std;
int main( )
{   fstream outfile("f2.dat", ios::out);       //定义文件流对象,打开磁盘文件"f2.dat"
    if ( ! outfile )                           //如果打开失败,outfile返回0值
    {   cerr<<"f2.dat error! \n"<<endl;
        exit(1);
    }
    outfile<<"Hello world.\n";                 //向磁盘文件"f2.dat"输出数据
    outfile<<"Hello country.\n";
    outfile.close( );                          //关闭磁盘文件"f2.dat"
    return 0;
```

```
}
```

执行该程序,将两行字符串写到了文件 f2.dat 中。如果能打开文件 f2.dat,会写入那两个字符串,如果打不开,会显示出错信息。可以用记事本来打开文件 f2.dat 来看一下字符串是否已经被写入。

下面再看一个从文本文件中读出信息的例子。

【例 9-16】　从文本文件中读出文本信息。

```cpp
# include <fstream>
# include <iostream>
# include <stdlib.h>
using namespace std;
int main( )
{   char s[100];
    fstream infile("f2.dat", ios::in);          //定义文件流对象,打开磁盘文件"f2.dat"
    if ( ! infile )                             //如果打开失败,infile 返回 0 值
    {   cerr<<"f2.dat error! \n"<<endl;
        exit(1);
    }
    while ( ! infile.eof( ) )
    {   infile.getline(s, sizeof(s));
        cout<<s<<endl;
    }
    infile.close( );                            //关闭磁盘文件"f2.dat"
    return 0;
}
```

执行该程序,将从 f2.dat 中读出如下信息:

```
Hello world.
Hello country.
```

对于单字符的输入/输出可以使用成员函数 get 和 put。下面再举一个使用 get 函数和 put 函数进行文件读/写的例子。

【例 9-17】　使用 get 函数和 put 函数进行文本文件读/写。

```cpp
# include <fstream>
# include <iostream>
# include <stdlib.h>
# include <string>
using namespace std;
int main( )
{   fstream infile, outfile;                    //定义文件流对象
    char ch, str[] = "Hello world";
    outfile.open("ff.dat", ios::out);
    if ( ! outfile )                            //如果打开失败,outfile 返回 0 值
    {   cerr<<"ff.dat error! \n"<<endl;
        exit(1);
    }
```

```
        for ( int i = 0; i <= strlen(str); i++)
            outfile.put(str[i]);
    outfile.close( );
    infile.open("ff.dat", ios::in);
    if ( ! infile )                      //如果打开失败,infile 返回 0 值
    {   cerr<<"ff.dat error! \n"<<endl;
        exit(1);
    }
    while ( infile.get(ch) )
        cout<<ch;
    cout<<endl;
    infile.close( );                     //关闭磁盘文件"ff.dat"
    return 0;
}
```

执行该程序,会输出结果:

Hello world

例 9-17 程序中,先打开文件 ff.dat,然后将一个字符数组中的字符串通过 put 函数将其逐个字符写到文件中,关闭文件。接下来再打开,通过 get 函数将文件中的字符逐个读出。

9.5.5 对二进制文件的操作

二进制文件中的信息不是字符数据,而是字节中的二进制形式的信息,因此又称它为字节文件。对二进制文件的操作同样是使用时要先打开文件,用完后要关闭文件。在打开时要用 ios::binary 指定为以二进制形式传送和存储。二进制文件除了可以作为输入文件或输出文件外,还可以是既能输入又能输出的文件。这是和 ASCII 文件不同的地方。

向二进制文件中写入信息时,使用 write 函数,从二进制文件中读信息,使用 read 函数。例 9-18 利用这两个函数对一个二进制文件进行读/写操作。

【例 9-18】 将 4 个学生的信息写到 student.dat 文件中,并读出检测。

```
# include <fstream>
# include <iostream>
# include <stdlib>
using namespace std;
struct  Person
{   char name[20];
    int age;
    char sex;
};
int main( )
{   Person stud[4] = {"Jack" ,18, 'M', "John" ,19, 'M', "Mary",17, 'F', "Mike" ,18, 'M'};
    ofstream outfile("student.dat",ios::binary);
    if ( ! outfile )
    {   cerr<<"open error! "<<endl;
        abort( );               //退出程序
    }
```

```
for ( int i = 0; i < 4; i++)
    outfile.write((char *)&stud[i], sizeof(stud[i]));
outfile.close( );
ifstream infile("student.dat", ios::binary);
if ( ! infile )
{   cerr<<"open error!"<<endl;
    abort( );
}
for ( int i = 0; i < 4; i++)
    infile.read((char *)&stud[i], sizeof(stud[i]));
infile.close( );
for ( int i = 0; i < 4; i++)
{   cout<<" name："<<stud[i].name<<" \t"
    cout<<" age："<<stud[i].age<<" \t";
    cout<<" sex："<<stud[i].sex<<endl;
}
return 0;
}
```

程序运行结果如下：

name：Jack	age：18	sex：M
name：John	age：19	sex：M
name：Mary	age：17	sex：F
name：Mike	age：18	sex：M

在例 9-18 中，利用语句"ofstream outfile("student.dat", ios::binary);"定义了输出文件流对象 outfile，并且参数 ios::binary 指示采用二进制的方式来操作，在后面的 for 循环中，将数组 stud 中数据写入了文件中；利用"ifstream infile ("student.dat",ios::binary);"语句定义了输入文件流对象 infile，并且参数 ios::binary 指示采用二进制的方式来操作，然后用循环将文件中内容读出并显示在屏幕上。

9.5.6　随机访问二进制文件

前面的例子都是按顺序访问方式访问文件的。但是对于二进制文件，还可以对它进行随机访问。在对一个二进制文件进行读/写操作时，系统会为该文件设置一个读/写指针，用于指示当前读/写的位置。iostream 类对读指针进行操作提供了 3 个成员函数：

```
istream& istream::seekg(<流中位置>)
istream& istream::seekg(<偏移量>, <参照位置>)
istream& istream::tellg( )
```

其中，<流中位置>、<偏移量>都是 long 型量，并以字节为单位。<参照位置>可以被设置为以下 3 个值之一。

(1) ios::cur:表示相对于文件的当前读指针位置。

(2) ios::beg:表示相对于文件的开始位置。

(3) ios::end:表示相对于文件的结尾位置。

例如,设 input 是一个 istream 类型的流,则

```
    input.seekg( -100, ios::cur);
```

表示使读指针以当前位置为基准向前移动 100 个字节。

iostream 类对写指针进行操作也提供了 3 个成员函数：

```
ostream& ostream::seekp(<流中位置>)

ostream& ostream::seekp(<偏移量>,<参照位置>)

ostream& ostream::tellp( )
```

这 3 个成员函数的含义与操作同读指针的 3 个成员函数的含义相同，只是在这里表示操作写指针。

【例 9-19】 随机访问二进制文件。

```cpp
# include <fstream>

# include <iostream>

# include <stdlib.h>

using namespace std;

struct Person

{   char name[20];

    int age;

    char sex;

};

int main( )

{   Person stud[4] = {"Jack",18,'M',"John",19,'M',"Mary",17,'F',"Mike",18,'M'};

    fstream iofile("student.dat", ios::in|ios::out|ios::binary);

    if ( ! iofile )

    {   cerr<<"open error!"<<endl;

        abort( );

    }

    for ( int i = 0; i < 4; i++)                          //向磁盘文件输出 4 个学生的数据

        iofile.write( (char *)&stud[i], sizeof(stud[i]));

    Person stud1[4];                                     //用来存放从磁盘文件读取的数据

    //先后读取序号为 0,2 的学生数据,存放在 stud1[0]和 stud1[2]中

    for ( i = 0; i < 4; i = i + 2)

    {   iofile.seekg(i * sizeof(stud[i]), ios::beg); //定位于第 i 学生数据开头

        //读取第 i 学生数据,存放在 stud1[i]中

        iofile.read((char *)&stud1[i], sizeof(stud1[i]));

        //输出 stud1[i]各数据成员的值

        cout<<stud1[i].name<<","<<stud1[i].age <<",";

        cout<<stud1[i].sex<<endl;

    }

    cout<<endl;

    //修改第 2 个学生(序号为 2)的数据

    strcpy(stud[2].name, "Jenny"); stud[2].age = 18; stud[2].sex = 'F';

    iofile.seekp(2 * sizeof(stud[0]), ios::beg);         //定位于第 2 个学生数据开头

    iofile.write((char *)&stud[2], sizeof(stud[2]));     //更新第 2 个学生数据

    iofile.seekg(0, ios::beg);
```

```
    for ( int i = 0; i < 4; i++)              //读取 4 个学生的数据并显示
    {   iofile.read((char *)&stud1[i], sizeof(stud1[i]));
        cout<<stud1[i].name<<","<<stud1[i].age<<",";
        cout<<stud1[i].sex<<endl;
    }
    iofile.close( );
    return 0;
}
```

程序运行结果如下：

```
Jack, 18, M
Mary, 17, F


Jack, 18, M
John, 19, M
Jenny, 18, F
Mike, 18, M
```

例 9-19 程序先是建立一个输入/输出二进制文件流对象 iofile，采用了 ios::in|ios::out|ios::binary 方式，表示打开的文件是可读可写的二进制文件。程序首先通过调用 write 函数向二进制磁盘文件 student.dat 输出 4 个学生的数据。然后通过 seekg 函数定位，调用 read 函数读出文件中的第 0 个和第 2 个学生的数据。接下来程序又通过 seekp 函数定位，更新文件 student.dat 中的第 2 个学生的数据。最后再次通过 seekg 函数定位，读出文件 student.dat 中的全部学生的数据。

9.6 学生信息管理系统中的文件操作

在学生信息管理系统中，关于文件的操作主要是写入学生信息和读出学生信息，因为在系统中没有用到数据库，所以一切信息都是写入到文件中的。系统中的学生类 Student 和函授生类 Correspodence 都提供了实现读写学生信息的成员函数 ReadFromFile 和 WriteToFile。这些成员函数的实现代码参见第 4 章 4.8 节。

习　　题

一、简答题

1. 理解 C++中"流"的概念，并用流来解释什么是提取操作？什么是插入操作？
2. 屏幕输出一个字符串（字符）有哪些方法？试举例说明。
3. 键盘输入一个字符串（字符）有哪些方法？试举例说明。

二、编程题

设有一学生情况登记表如表 9-5 所示。编写一个 C++程序，依次实现如下操作：

（1）定义一个结构体类型和结构体数组，将表 9-5 中信息存入结构体数组中。

（2）打开一个可读写的新文件 student.dat，用 write 函数将结构体数组内容写入文件 student.dat 中。

（3）从文件 student.dat 中读出各个学生的信息，读完后关闭文件。

表 9-5　学生信息表

学号（num）	姓名（name）	性别（sex）	年龄（age）	成绩（grade）
001	Zhangsan	M	18	90
002	Lisi	F	19	80
003	Wangwu	F	18	98
004	Zhaoliu	M	18	68
005	Tianqi	F	19	77
006	Liuba	M	18	87
007	Gaojiu	M	18	86
008	Sunshi	F	17	95
009	Zhouhao	M	18	93
010	Maoyu	M	18	88

第10章
异常处理

一个好的程序不仅要保证能实现所需要的功能,而且还应该有很好的容错能力。在程序运行过程中如果有异常情况出现,程序本身应该能解决这些异常,而不是终止程序或出现死机。本章介绍异常处理的基本概念、C++异常处理语句、析构函数与异常处理。通过本章的学习,掌握了C++异常处理的机制,就可以在编制程序时灵活地加以运用,从而使编制的程序在遇到异常情况时能摆脱大的影响,避免出现程序终止或死机等现象。

10.1　异常处理的概念及C++异常处理的基本思想

程序中常见的错误有两大类:语法错误和运行错误。在编译时,编译系统能发现程序中的语法错误(如关键字拼写错误、变量名未定义、语句末尾缺分号、括号不配对等),程序员通过编译系统提供的错误提示可以进行修改。

有的程序虽然能通过编译,也能投入运行,但是在运行过程中会出现异常,得不到正确的运行结果,甚至导致程序不正常终止或出现死机现象,这些都说明程序中存在运行错误。运行错误相对来说比较隐蔽,是程序调试中的一个难点,该错误又可分为逻辑错误和运行异常两类。逻辑错误是由设计不当造成的,如对算法理解有误、在一系列计算过程中出现除数为0、数组的下标溢出等。这些错误只要我们在编程时多加留意是可以避免的。但是,运行异常是由系统运行环境造成的,导致程序中内存分配、文件操作及设备访问等操作的失败,可能会造成系统运行失常并瘫痪。

在运行没有异常处理的程序时,如果运行过程中出现异常,由于程序本身不能处理,只能终止程序运行。如果在程序中设置了异常处理,则在程序运行出现异常时,由于程序本身已设定了处理的方法,于是程序的流程就转到异常处理代码段处理。

需要说明的是:只要程序运行时出现与期望的情况不同,都可以认为是异常,并对它进行异常处理。因此,所谓异常处理是指对程序运行时出现的差错以及其他例外情况的处理。

在一个小的程序中,可以用比较简单的方法处理异常,如用 if 语句判断除数是否为0,如果为0则输出一个出错信息。而一个大的系统包含许多模块,每个模块又包含许多函数,函数之间又互相调用,比较复杂。如果在每一个函数中都设置处理异常的程序段,会使程序过于复杂和庞大。因此,C++中的异常处理的基本思想是:发现异常的函数可以不具备处理异常的能力,如果在函数执行过程中出现异常,不是在本函数中立即处理,而是发出一个异常信息,并将异常抛掷给它的上一级(即调用它的函数),它的上级捕捉到这个信息后进行处理。如果上一级的函数也不能处理,就再抛掷给其上一级,由其上一级处理。如此逐级上送,如果到最高一级还无法处理，最后只好异常终止程序的执行。

这样做使异常的发现与处理不由同一函数来完成。好处是使底层的函数专门用于解决实际任务，而不必再承担处理异常的任务，以减轻底层函数的负担，把处理异常的任务上移到某一层去处理，这样可以提高效率。

10.2　异常处理的实现

10.2.1　异常处理语句

C++处理异常的机制由 3 个部分组成：检查（try）、抛出（throw）和捕捉（catch）。把需要检查的语句放在 try 块中，throw 用来当出现异常时抛出一个异常信息，而 catch 则用来捕捉异常信息，如果捕捉到了异常信息，就处理它。try-throw-catch 构成了 C++异常处理的基本结构，形式如下：

```
try{
    ...
    if(表达式 1)    throw x₁
    ...
    if(表达式 2)    throw x₂
    ...
    if(表达式 n)    throw xₙ
    ...
}
catch(异常类型声明 1)
{  异常处理语句序列 1  }
catch(异常类型声明 2)
{  异常处理语句序列 2  }
    ...
catch(异常类型声明 n)
{  异常处理语句序列 n  }
```

这里，try 语句块内为需要受保护的待检测异常的语句序列，如果怀疑某段程序代码在执行时有可能发生异常，就将它放入 try 语句块中。当这段代码的执行出现异常时，即某个 if 语句中的表达式的值为真时，会用其中的 throw 语句来抛掷这个异常。

throw 语句的语法格式如下：

$$throw \ 表达式;$$

throw 语句是在程序执行发生了异常时用来抛掷这个异常的，其中表达式的值可以是 int、float、字符串、类类型等，把异常抛掷给相应的处理者，即类型匹配的 catch 语句块。如果程序中有多处需要抛掷异常，应该用不同类型的操作数来互相区别。throw 抛出的异常，通常是被 catch 语句捕获。

catch 语句块是紧跟在 try 语句块后面的，即 try 块和 catch 块作为一个整体出现，catch块是 try-catch 结构中的一部分，必须紧跟在 try 块之后，不能单独使用，在二者之间也不能插入其他语句。但是在一个 try-catch 结构中,可以只有 try 块而无 catch 块。即在本函数中只检查异常而不处理异常,把 catch 块放在其他函数中。一个 try-catch 结构中只能有一个 try 块,但却可以有多个 catch 块,以便与不同类型的异常信息匹配。在执行 try 块中的语句时如果出现异常执行了 throw 语句,系统会根据 throw 抛出的异常信息类型按 catch 块出现的次序,依次检查每个 catch 参数表中的异常声明类型与抛掷的异常信息类型是否匹配,当匹配时,该 catch 块就捕获这个异常,执行 catch 块中的异常处理语句来处理该异常。

在 catch 参数表中,一般只写异常信息的类型名,如 catch(double)。

系统只检查所抛掷的异常信息类型是否与 catch 参数表中的异常声明类型相匹配,而不检查它们的值。假如变量 a,b,c 都是 int 型,即使它们的值不同,在 throw 语句中写 throw a、throw b 或 throw c 的作用也均是相同的。因此,如果需要检测多个不同的异常信息,应当由 throw 抛出不同类型的异常信息。

异常信息类型可以是 C++ 系统预定义的标准类型,也可以是用户自定义的类型(如结构体或类)。如果由 throw 抛出的异常信息属于该类型或其子类型,则 catch 与 throw 二者匹配,catch 捕获该异常信息。注意:系统在检查异常信息数据类型的匹配时,不会进行数据类型的默认转换,只有与所抛掷的异常信息类型精确匹配的 catch 块才会捕获这个异常。

在 catch 参数表中,除了指定异常信息的类型名外,还可以指定变量名,如:catch(double d)。此时,如果 throw 抛出的异常信息是 double 型的变量 a,则 catch 在捕获异常信息 a 的同时,还使 d 获得 a 的值。如果希望在捕获异常信息时,还能利用 throw 抛出的异常信息的值,这时就需要在 catch 参数表中写出变量名。例如:

```
catch(double d)
{  cout<<"throw"<<d;   }
```

这时会输出 d 的值(也就是 a 值)。当抛出的是类对象时,有时希望在 catch 块中显示该对象中的某些信息。

【例 10-1】 求解一元二次方程 $ax^2+bx+c=0$。其一般解为 $x_{1,2}=\dfrac{-b\pm\sqrt{b^2-4ac}}{2a}$,但若 $a=0$ 或 $b^2-4ac<0$ 时,用此公式计算会出错。编程序,从键盘输入 a,b,c 的值,求 x_1 和 x_2。如果 $a=0$ 或 $b^2-4ac<0$,输出出错信息。

```cpp
# include <iostream>
using namespace std;
# include <cmath>
int main( )
{   double a, b, c;
    double disc;
    cout<<"Please input a,b,c:";
    cin >> a >> b >> c;
    try {
        if ( a==0 )   throw 0;
        else
        {   disc = b*b-4*a*c; //计算平方根下的值
            if ( disc < 0 ) throw "b*b-4*a*c < 0";
            cout<<"x1 = "<<(-b+sqrt(disc)) / (2*a)<<endl;
```

```
                cout<<"x2="<<(-b-sqrt(disc))/(2*a)<<endl;
            }
        }
    catch(int)  //用 catch 捕捉 a=0 的异常信息并作相应处理
        {   cout<<"a="<<a<<endl<<"This is not fit for a."<<endl;   }
    catch(const char * s)  //用 catch 捕捉 b*b-4*a*c<0 异常信息并作相应处理
        {   cout<<s<<endl<<"This is not fit for a,b,c."<<endl;   }
    return 0;
}
```

下面列出程序在 3 种情况下的运行结果：

① 1 6 2 ✓   （输入 a,b,c 的值）
x1 = -0.354249   （计算出方程根）
x2 = -5.64575
② 0 4 5 ✓   （输入 a,b,c 的值）
a = 0   （异常处理）
This is not fit for a.
③ 2 4 5 ✓   （输入 a,b,c 的值）
b*b-4*a*c < 0   （异常处理）
This is not fit for a, b, c.

现在结合例 10-1 的程序分析异常处理的进行情况。

（1）首先在 try 后面的花括号中放置上可能出现异常的语句块或程序段。

（2）程序运行时将按正常的顺序执行到 try 块，执行 try 块中花括号内的语句。如果在执行 try 块内的语句过程中没有发生异常，则忽略所有的 catch 块，流程转到 catch 块后面的语句继续执行。如例 10-1 运行情况的第①种情况。

（3）如果在执行 try 块内的语句过程中发生异常，则由 throw 语句抛出一个异常信息。throw 语句抛出什么样的异常由程序设计者自定，可以是任何类型的异常，在例 10-1 中抛出了整型和字符串类型的异常。

（4）这个异常信息提供给 try-catch 结构，系统会寻找与之匹配的 catch 块。如果某个 catch 参数表中的异常声明类型与抛掷的异常类型相匹配，该 catch 块就捕获这个异常，执行 catch 块中的异常处理语句来处理该异常。只要有一个 catch 块捕获了异常，其余的 catch 块都将被忽略。如例 10-1 运行情况的第②种情况，由 try 块内的 throw 语句抛掷一个整型异常，被第 1 个 catch 块捕获；例 10-1 运行情况的第③种情况，由 try 块内的 throw 语句抛掷一个字符串类型异常，被第 2 个 catch 块捕获。

当然，异常类型可以声明为省略号（…），表示可以处理任何类型的异常。需要说明的是，catch(…)语句块应该放在最后面，因为如果放在前面，它可以用来捕获任何异常，那么后面其他的 catch 语句块就不会被检查和执行了。

（5）在进行异常处理后，程序并不会自动终止，继续执行 catch 块后面的语句。

（6）如果 throw 抛掷的异常信息找不到与之匹配的 catch 块，则系统就会调用一个系统函数 terminate，在屏幕上显示"abnormal program termination"，并终止程序的运行。

（7）抛掷异常信息的 throw 语句可以与 try-catch 结构出现在同一个函数中，也可以不出现在同一函数中。在这种情况下，当 throw 抛出异常信息后，首先在本函数中寻找与之匹配的 catch 块，如果在本函数中无 try-catch 结构或找不到与之匹配的 catch 块，就转到离开出现异

常最近的 try-catch 结构去处理。将上面例 10-1 的程序做修改,修改为如下的代码:

```cpp
#include <iostream>
using namespace std;
#include <cmath>
double deta(double a, double b, double c);
int main()
{   double a, b, c;
    double disc;
    cout<<"Please input a,b,c:";
    cin >> a >> b >> c;
    try   //在 try 块中包含要检查的函数
    {   disc = sqrt( deta(a, b, c) );
        cout<<"x1 = "<<(-b+disc)/(2*a)<<endl;
        cout<<"x2 = "<<(-b-disc)/(2*a)<<endl;
    }
    catch( int )                    //用 catch 捕捉 a=0 的异常信息并作相应处理
    {   cout<<"a = "<<a<<endl<<"This is not fit for a."<<endl;   }
    catch( const char * s )         //用 catch 捕捉 b*b-4*a*c<0 异常信息并作相应处理
    {   cout<<s<<endl<<"This is not fit for a,b,c."<<endl;   }
    return 0;
}
double deta(double a, double b, double c)        //计算平方根下的值
{   double disc;
    if ( a==0 )   throw 0;
    else if ( ( disc = b*b-4*a*c ) < 0 )   throw "b*b-4*a*c<0";
    else   return disc;
}
```

在上述程序代码中,如果在执行 try 块内的函数调用 deta(a,b,c)过程中发生异常,则 throw 抛出一个异常信息,此时,流程立即离开本函数(deta 函数),转到其上一级的 main 函数,在 main 函数中的 try-catch 结构中寻找与抛出的异常类型相匹配的 catch 块。如果找到,则执行该 catch 块中的语句,否则程序非正常终止。

(8) 异常处理还可以应用在函数嵌套的情况下。下面以例 10-2 为例观察在函数嵌套情况下异常检测的处理情况,了解程序执行顺序。

【例 10-2】 在函数嵌套的情况下进行异常处理。

```cpp
#include <iostream>
using namespace std;
int main()
{   void Func1();
    try
    {   Func1();   }                                    //调用 Func1 函数
    catch(double)
    {   cout<<"OK0!"<<endl;   }
    cout<<"end0"<<endl;
```

```
      return 0;
    }
    void Func1( )
    {   void Func2( );
        try
        {   Func2( );    }                              //调用 Func2 函数
        catch(char)
        {   cout <<″OK1!″<<endl;   }
        cout<<″end1″<<endl;
    }
    void Func2( )
    {   double a = 0;
        try
        {    throw a;   }                               //抛出 double 类型异常信息
        catch(float)
        {   cout<<″OK2!″<<endl;   }
        cout<<″end2″<<endl;
    }
```

下面分 4 种情况分析程序运行情况：

① 执行上面的程序，运行结果如下：

OK0!   （在 main 函数中捕获异常）

end0   （执行 main 函数中最后一个语句时的输出）

② 如果将 Func2 函数中的 catch 块改为：

catch(double){   cout<<″OK2!″<<endl;   }

而程序中的其他部分不变，则程序运行结果如下：

OK2!   （在 Func2 函数中捕获异常）

end2   （执行 Func2 函数中最后一个语句时的输出）

end1   （执行 Func1 函数中最后一个语句时的输出）

end0   （执行 main 函数中最后一个语句时的输出）

③ 如果将 Func1 函数中的 catch 块改为：

catch(double){   cout<<″OK1!″<<endl;   }

而程序中的其他部分不变，则程序运行结果如下：

OK1!   （在 Func1 函数中捕获异常）

end1   （执行 Func1 函数中最后一个语句时的输出）

end0   （执行 main 函数中最后一个语句时的输出）

④ 如果将 Func1 函数中的 catch 块改为：

catch(double){   cout<<″OK1!″<<endl;   throw;   }

而程序中的其他部分不变，则程序运行结果如下：

OK1!   （在 Func1 函数中捕获异常）

OK0!   （在 main 函数中捕获异常）

end0   （执行 main 函数中最后一个语句时的输出）

在第①种情况下，程序在 main 函数中执行 try 块进入到 Func1 函数中，在 Func1 函数中执行 try 块进入到 Func2 函数中，在 Func2 函数中执行 try 块抛出 double 型异常信息 a，由于在 Func2 函数中没有找到和 a 类型相匹配的 catch 块,流程就跳出 Func2 函数,回退到 Func1 函数中,继续进行寻找和 a 类型相匹配的的 catch 块,发现 char 类型和 double 类型还是不匹配,因此流程继续回退到 main 函数中,此时 main 函数中的 catch 块类型为 double 类型,因此执行 main 函数中的 catch 块,输出"OK0!",执行完毕后继续执行 main 函数中的 catch 块后面的语句,输出"end0",程序结束。

在第②种情况下,将 Func2 函数中的 catch 参数表改为 catch(double),而程序中的其他部分不变,则 Func2 函数中的 throw 抛出的异常信息立即被 Func2 函数中的 catch 块捕获,于是执行 Func2 函数中的 catch 块,输出"OK2!",执行完毕后继续执行 Func2 函数中 catch 块后面的语句,输出"end2",此时 Func2 函数已经完全执行完毕。流程回退到 Func1 函数中调用 Func2 函数处继续往下执行,由于在 Func1 函数中已经执行完 try 块,因为此时抛出的异常已经解决,故不再执行 Func1 函数中的 catch 块,而是执行 catch 块后面的语句,输出"end1",Func1 函数已经执行完毕。流程继续回退,回退到 main 函数中调用 Func1 函数处继续往下执行,执行 catch 块后面的语句,输出"end0"。至此程序执行完毕。

对于第③种情况,请大家自己分析。

第④种情况与第③种情况不同的是:第④种情况的 catch 块的花括号中多了一个语句"throw;"。在 throw 语句中可以不包括表达式,即写成如下形式:

```
throw;
```

此时它将把当前正在处理的异常信息再次抛出。再次抛出的异常不会被同一层的 catch 块所捕获,它将被传递给上一层的 catch 块处理。

修改后的 Func1 函数中的 catch 块捕获 throw 抛出的异常信息 a,输出"OK1!",但它立即用"throw;"将 a 再次抛出。被 main 函数中的 catch 块捕获,输出"OK0!",执行完毕后继续执行 main 函数中的 catch 块后面的语句,输出"end0",程序结束。

注意:只能从 catch 块中再次抛出异常,这种方式有利于构成对同一异常的多层处理机制,使异常能够在恰当的地方被处理,增强了异常处理的能力。

10.2.2　在函数声明中进行异常情况指定

为便于阅读程序,使用户在看程序时能够知道所用的函数是否会抛出异常信息以及抛出的异常信息的类型,C++允许在函数声明时指定函数抛出的异常信息的类型,例如:

```
double deta(double, double, double) throw(double);
```

表示 deta 函数只能抛出 double 类型的异常信息。如果写成:

```
double deta(double, double, double) throw(int, float, double, char);
```

则表示 deta 函数可以抛出 int、float、double 或 char 类型的异常信息。

异常指定是函数声明的一部分,必须同时出现在函数声明和函数定义的首行中,否则编译时,编译系统会报告"类型不匹配"。如果在函数声明时不指定函数抛出的异常信息的类型,则该函数可以抛出任何类型的异常。例如:

```
int Func(int, char);                //函数 Func 可以抛出任何异常
```

如果在函数声明时指定 throw 参数表为不包括任何类型的空表,则不允许函数抛出任何异常。例如:

```
int Func(int, char) throw( );        //不允许函数 Func 抛出任何异常
```

这时即使在函数中出现了 throw 语句,实际上在函数执行出现异常时也并不执行 throw

语句,并不抛出任何异常信息,程序将非正常终止。

10.2.3 析构函数与异常

如果类对象是在 try 块(或 try 块中调用的函数)中定义的,在执行 try 块(包括在 try 块中调用其他函数)的过程中如果发生了异常,此时流程立即离开 try 块(如果是在 try 块调用的函数中发生异常,则流程首先离开该函数,回退到调用该函数的 try-catch 结构的 catch 块处)。这样流程就有可能离开该对象的作用域而转到其他函数,所以应当事先做好结束对象前的清理工作,C++的异常处理机制会在 throw 抛出异常信息被 catch 捕获时,对有关的局部对象调用析构函数,然后再执行与异常信息匹配的 catch 块中的语句。看下面的例子。

【例 10-3】 类 AA 的私有数据成员 a 赋值空间是小于等于 100 的数,如果赋值大于 100 会产生异常,此时释放类 AA 的对象空间,执行返回而结束运行。

```cpp
# include<iostream>
using namespace std;
class AA
{public:
    AA( ){   cout<<"In AA constructor..."<<endl;   }
    ~AA( ){   cout<<"In AA destructor..."<<endl;   }
    void SetData(int i)
    {   if ( i > 100 ) throw i;
        else a = i;
    }
private:
    int a;
};
int main( )
{   try{
        AA obj;
        obj.SetData(111);
    }
    catch(int e)
    {   cout<<"Catch an exception when set data for  A."<<endl;
        cout<<"The value of a is "<<e<<". Invalid!"<<endl;
    }
    cout<<"In the end."<<endl;
    return 0;
}
```

程序运行结果如下:

```
In AA constructor...
In AA destructor...
Catch an exception when set data for A.
The value of a is 111. Invalid!
In the end.
```

例 10-3 程序中声明了一个类 AA,它有一个构造函数、一个析构函数和一个给私有数据成员赋值的成员函数 SetData。异常是在成员函数 SetData 中抛出的,当数据不符合规定的时候就抛出异常,否则就给 a 赋值。在 main 函数中,创建对象 obj 和调用该对象的 SetData 成员函数都是在 try 语句中进行的,在创建对象 obj 的时候还是正确的,当调用 obj 对象的 SetData 成员函数时,由于实参的值为 111,超出了正常范围,因此由 SetData 成员函数中的 throw 语句抛掷异常,流程转到 main 函数中的 catch 块。在执行与异常信息匹配的 catch 块之前,先调用 obj 对象的析构函数,然后再执行与异常信息匹配的 catch 块中的语句。最后执行 main 函数中 catch 块后面的 cout 语句。

如果把程序再改一下,把语句"AA obj;"放在 try 语句块前面,那么结果又是什么呢?请大家自己测试。

10.3　学生信息管理系统中的异常处理

在学生信息管理系统中,异常处理是经常要用到的,如当输入的学生信息中有错误,不符合条件(输入的学生学号为 0 或负数)时,就要用到异常处理。下面举一个简单的例子来分析一下,例 10-4 程序对学生信息管理系统中的相应语句做了简化,将与异常处理无关的内容做了删除。

【例 10-4】 在学生信息管理系统中,当输入错误数据时,进行异常处理。

```
# include <iostream>
using namespace std;
# include <string>
class Student
{public:
    Student(int n, string nam)              //定义构造函数
    {   cout<<"constructor--"<<n<<endl;
        num = n; name = nam;     }
    ~Student(){   cout<<"destructor--"<<num<<endl;} //定义析构函数
    void GetData();                         //成员函数声明
private:
    int num;
    string name;
};
void Student::GetData()                     //定义成员函数 GetData
{   if ( num <= 0 )   throw "num <= 0";      //如 num<= 0,抛出字符串类型异常
    else cout<<num<<" "<<name<<endl;        //若 num>0,输出 num,name
}
void Func()
{   Student stud1(1101, "John");            //创建对象 stud1
    stud1.GetData();                        //调用 stud1 的 GetData 函数
    Student stud2(0, "Tom");                //创建对象 stud2
    stud2.GetData();                        //调用 stud2 的 GetData 函数
}
```

```
int main( )
{   try
    {   Func( );   }                              //调用 Func 函数
    catch(char * s)
    {   cout<<s<<", error!"<<endl;   }            //表示 num< = 0 出错
    return 0;
}
```

程序运行结果如下：

constructor--1101

1101 John

constructor--0

destructor--0

destructor--1101

num < = 0, error!

在例 10-4 中,定义了 Student 类,其 GetData 成员函数对输入的学生学号做了异常处理。当输入的学号为 0 或负数时抛掷字符串类型的异常信息。在 Func 函数中调用了 GetData 函数,在 main 函数中设置了 try-catch 结构,在 try 块中调用 Func 函数,在 catch 块处理字符串类型异常,在 num 为 0 或负数时,输出出错信息。在学生信息管理系统中只要是不符合要求的地方都可以设置异常处理。在此不再赘述。

习　　题

一、简答题

简述 try-throw-catch 异常处理的过程。

二、编程题

1. 给出三角形的三边 a,b,c,求三角形的面积。只有在 $a>0,b>0,c>0$,且 $a+b>c$, $b+c>a,c+a>b$ 时才能构成三角形。设置异常处理,对不符合三角形条件的输出警告信息,不予计算。

2. 设计一个堆栈,如果栈已满还要往栈中压入元素,就抛出一个栈满的异常;如果栈已空还要从栈中弹出元素,就抛出一个栈空的异常。

第11章
图形界面C++程序设计

通过前 10 章的学习,我们已经深刻领会了 C++语言中的各种机制,并且可以将之用于各种应用场合。不过,到目前为止,我们所编写的 C++程序的运行窗口都是"黑洞洞"的 DOS 窗口,有没有什么办法可以摆脱这个窗口,设计出具有 Windows 风格的 C++程序呢?答案是肯定的,这可以借助于微软的 MFC 类库来实现。通过本章的学习,了解图形界面 C++程序的设计步骤,消除开发窗口程序的神秘感,会编写基本的基于对话框的和基于单文档的图形界面 C++程序,为下一步的"Windows 程序设计"课程的学习或者自学找到感觉。同时,能更深入地体会到编程基本功的根源所在,在今后能自觉地学好专业基础课,而不是只浮躁地追求开发平台和表面的技能。

借助于微软公司提供的 MFC 类库,可以方便、快捷、高效地设计出具有丰富图形界面元素的 C++程序。MFC 是 Microsoft Foundation Class 的缩写,即微软基本类库,大多数 Windows API 函数被封装在该库的不同类中,提供了对 API 函数更快捷的操作方式。同时,MFC 还提供了一种称为应用程序框架的程序设计方法,利用该方法可以快捷地构建出具有标准的 Windows 程序窗口、菜单、工具条、状态栏及基本的消息处理能力的应用程序框架,然后扩展该框架的功能,就能够快速地设计出功能强大的 Windows 应用程序,提高开发效率。建议在 C++的基础上用 MFC 来编程,一是省去了很多编程,二是用上了 C++的面向对象编程的思想。

Visual C++由 MFC 所支持,在 Visual C++6.0 集成开发环境下,利用 MFC 应用程序向导(MFC AppWizard)可以创建 3 种类型的 C++应用程序:单文档(Simple document)、多重文档(Multiple documents)和基本对话框(Dialog based)。单文档界面应用程序的特点是一次只能处理一个文档,如 Windows 下的记事本、写字板和画图等应用程序。而多文档界面应用程序一次可以处理多个文档,如 Word、Photoshop。基本对话框应用程序只是些小的工具软件,如 Windows 下的计算器、录音机等应用程序。本章介绍基于对话框和基于单文档的图形界面 C++程序设计。

11.1　基于对话框的图形界面C++程序设计

基于对话框的图形界面 C++程序设计相对比较简单,看下面这个例子。

【例 11-1】 设计如图 11-1 所示的求长方形周长和面积的对话框图形界面 C++程序。

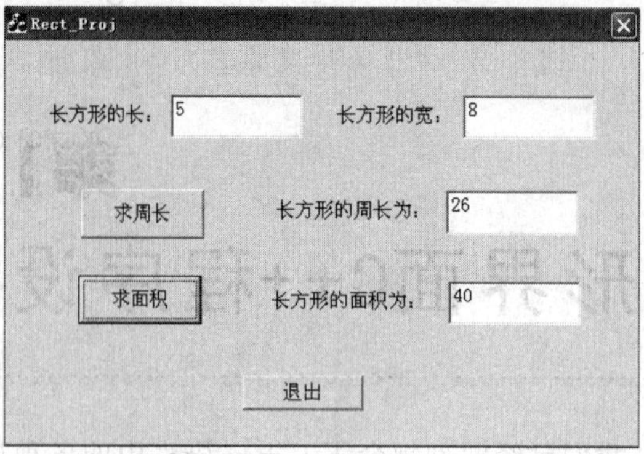

图 11-1　求长方形的周长和面积的对话框图形用户界面

1. 设计长方形类

首先设计长方形类，其 UML 类图如图 11-2 所示。从图 11-2 可以看出，根据题意设计的长方形类 CRectangle 有 length 和 width2 个私有的数据成员，2 个构造函数，1 个虚析构函数，1 个计算长方形周长的成员函数 Perimeter，1 个计算长方形面积的函数 Area。

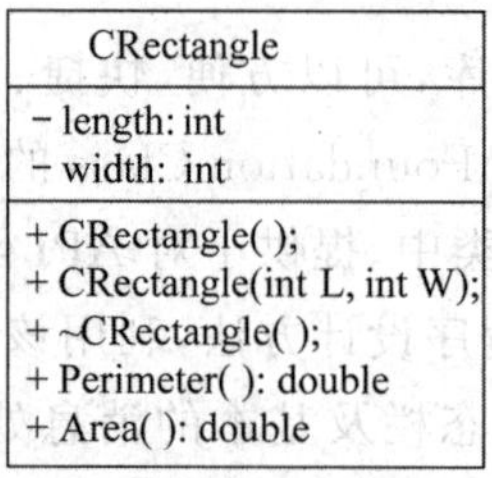

CRectangle
− length: int − width: int
+ CRectangle( ); + CRectangle(int L, int W); + ~CRectangle( ); + Perimeter( ): double + Area( ): double

图 11-2　CRectangle 类的 UML 类图

把 CRectangle 类的声明代码放在名为 MyRectangle.h 的头文件中，其成员函数的定义不放在类体内，放在名为 MyRectangle.cpp 文件中。将类的声明放在头文件中，而实现的代码分放在另一个源文件中，是项目开发中的一般做法，要学会和习惯于这样做。

MyRectangle.h 文件的内容如下：

```
//MyRectangle.h
class CRectangle
{public:
        CRectangle( );                      //默认构造函数,不指定参数时,默认长和宽均为1
        CRectangle(double L, double W);     //带 2 个形参的构造函数
        virtual ~CRectangle( );             //虚析构函数
        double Perimeter(void);             //计算并返回长方形的周长
        double Area(void);                  //计算并返回长方形的面积
private：
        double length, width;               //长方形的长和宽
};
```

MyRectangle.cpp 文件的内容如下：

```
//MyRectangle.cpp
```

```
#include "StdAfx.h"//一定包含 StdAfx.h 头文件
#include "MyRectangle.h"
CRectangle::CRectangle( ) {  length = 1; width = 1;  }
CRectangle::CRectangle(double L, double W) {  length = L; width = W;  }
CRectangle::~CRectangle( ) {}
double CRectangle::Perimeter(void) {  return ( 2 * (length + width) );  }
double CRectangle::Area(void) {  return ( length * width );  }
```

注意：

（1）在 MyRectangle.cpp 文件的开始加入了包含头文件 StdAfx.h 的预处理命令,因为在 StdAfx.h 头文件中包含了标准系统包含头文件以及经常使用的项目特定的包含文件。

（2）这里没有提及 main 函数,长方形类内也没有显示长方形信息的成员函数,因为这些是给 DOS 窗口准备的。

2. 基于对话框的图形界面程序设计

（1）新建基于对话框的 MFC 应用程序

① 在 Visual C++ 6.0 集成开发环境下,执行"文件"→"新建"命令,在弹出的"新建"对话框的"工程"选项卡中,选择 MFC AppWizard[exe]项目,输入项目名称并指定存放位置,如图 11-3 所示。单击"确定"按钮,弹出"MFC 应用程序向导—步骤 1"对话框。

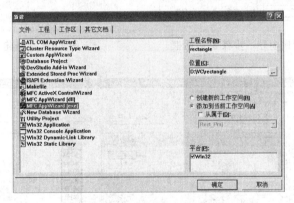

图 11-3 "新建"对话框

② "MFC 应用程序向导—步骤 1"对话框用于选择应用程序类型,这里选择"基本对话框",如图 11-4 所示。单击"下一步"按钮,弹出"MFC 应用程序向导—步骤 2"对话框。

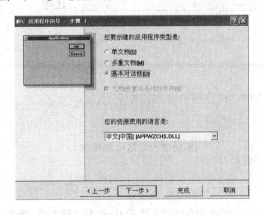

图 11-4 "MFC 应用程序向导—步骤 1"对话框

③ 在"MFC 应用程序向导—步骤 2"对话框中,输入对话框标题"求长方形的周长和面积",其他选项使用默认设置,如图 11-5 所示。

就例 11-1 而言,可以单击图 11-5 中的"完成"按钮了。不过作为体验而言,可以继续单击"下一步"按钮看看,不过在随后出现的对话框中,不要改变默认的选项。这里选择单击"完成"按钮。

④ IDE 会显示工程骨架,如图 11-6 所示。单击"确定"按钮,MFC 应用程序向导结束,打开如图 11-7 所示的对话框编辑窗口。

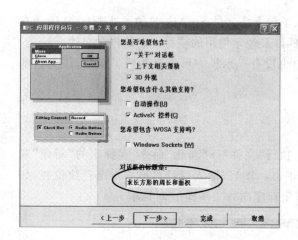

图 11-5 "MFC 应用程序向导—步骤 2"对话框

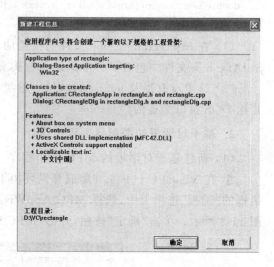

图 11-6 "新建工程信息"对话框

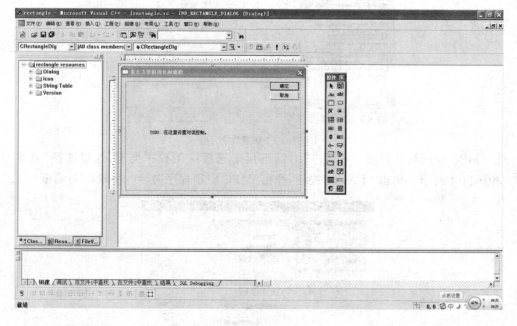

图 11-7 对话框编辑窗口

（2）定制界面

① 设置对话框属性

在对话框空白区域右击,在弹出的快捷菜单中选择"属性",弹出图 11-8 所示的"对话 属性"对话框。在图 11-8 中,保持对话框的 ID 默认值不变;在"标题"文本框中输入"求长方形的周长和面积",将对话框的标题修改为"求长方形的周长和面积";单击"字体"按钮,对对话框中显示的文字的字体进行设置;保持"菜单"组合框的默认的空值;其他选项可根据需要进行外观、风格上的设置。

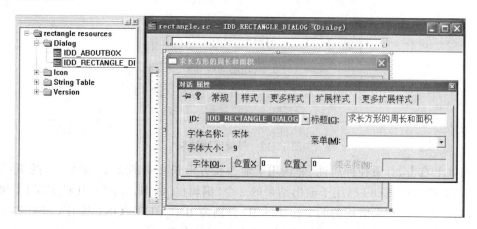

图 11-8 "对话 属性"对话框

② 添加控件、设置控件属性

首先删除对话框编辑窗口中已有的控件,然后添加新控件。

添加"静态文本"控件:从"工具箱"中找到"静态文本"控件,拖到对话框编辑窗口中。在该控件上右击,在弹出的快捷菜单中选择"属性",弹出图 11-9 所示的"Text 属性"对话框。"静态文本"控件的 ID 保持默认值;在"标题"文本框中输入"长方形的长:",将"静态文本"控件的标题修改为"长方形的长:";其他选项可根据需要进行外观、风格上的设置。

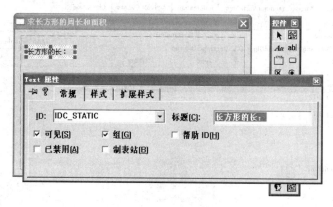

图 11-9 "Text 属性"对话框

仿照添加"静态文本"控件的方法,在对话框编辑窗口中添加 4 个"静态文本"控件、4 个"编辑框"控件和 2 个按钮,设计结果如图 11-10 所示。4 个"静态文本"控件对其右侧的"编辑框"控件起提示作用,上面的 2 个"编辑框"控件分别用于输入长方形的长和宽,下面的 2 个"编辑框"控件分别用于输出长方形的周长和面积,2 个按钮将来单击后可以分别完成求长方形的周长和面积。

如果控件位置用鼠标拖拽总对不齐,则可以通过"格式"菜单中的"排列"命令来设置。

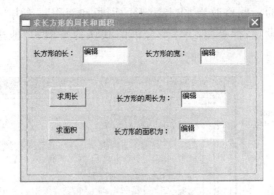

图 11-10　界面定制结果

在控件上右击,查看控件属性,确认用于输入长方形长和宽的 2 个"编辑框"的 ID 分别为 IDC_EDIT1 和 IDC_EDIT2,用于输出结果的 2 个"编辑框"的 ID 分别为 IDC_EDIT3 和 IDC_EDIT4,用于求周长和求面积的两个按钮的 ID 分别为 IDC_BUTTON1 和 IDC_BUTTON2。

选择"布局"→"测试"命令,可以看到将来运行时的外观。

(3)将"编辑框"控件与变量绑定

为了让应用程序在运行时能提取到用户从"编辑框"控件中输入的长方形的长和宽的值,并把计算结果输出到相应"编辑框"控件中,要设置变量,并与控件绑定。

在对话框内的空白区域右击鼠标,选择"建立类向导"命令,在弹出的"MFC ClassWizard"对话框中,单击"Member Variables"选项卡,实现将"编辑框"控件与变量的绑定,如图 11-11 所示。

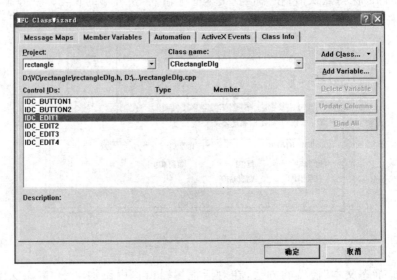

图 11-11　"Member Variables"选项卡

在图 11-11 中,单击"Control IDs"列表框中的 IDC_EDIT1 项,再单击"Add Variable"按钮,或者直接双击 IDC_EDIT1 项,弹出如图 11-12 所示的对话框。在"Member variable name"文本框中输入 m_L(或者自己喜欢的其他标识符),从"Category"组合框的下拉列表中选择 Value,从"Variable type"组合框的下拉列表中选择 double。这样就实现了"编辑框"控件 IDC_EDIT1 与变量 m_L 的绑定。单击"OK"按钮。

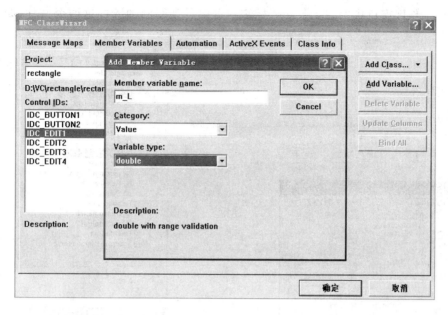

图 11-12 "Add Member Variable"对话框

按照同样的方法将其余几个"编辑框"控件分别与变量绑定,变量名分别为 m_W、m_P 和 m_S,绑定结果如图 11-13 所示。

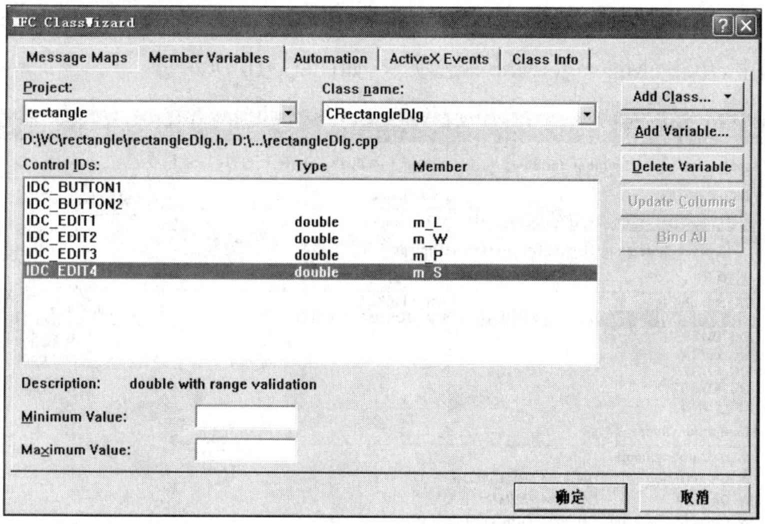

图 11-13 "编辑框"控件与变量绑定结果

为"编辑框"控件绑定变量的意义在于搭建起了程序中用到的变量和图形界面中的"编辑框"控件之间的桥梁。应用程序可以通过变量操作"编辑框"控件,读取程序运行时用户从"编辑框"中输入的值,并将程序处理结果显示到"编辑框"控件中。

(4)添加用户自定义代码

首先把前面编写的长方形类的两个文件 MyRectangle.h 和 MyRectangle.cpp 复制到工程文件夹下,再执行"工程"→"增加到工程"→"文件"命令,弹出如图 11-14 所示的"插入文件到工程"对话框,同时选中 MyRectangle.h 和 MyRectangle.cpp 两个文件,单击"确定"按钮。

C++程序设计（第2版）

在应用程序工作区窗口中的"FileView"标签中可以看到刚刚加入的这两个文件，如图 11-15 所示。

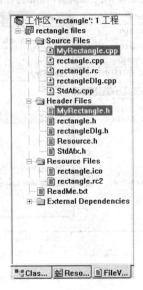

图 11-14　"插入文件到工程"对话框　　　　图 11-15　应用程序工作区窗口中的"FileView"标签

（5）添加消息映射

再次在对话框内的空白区域右击鼠标，选择"建立类向导"命令，在弹出的"MFC Class-Wizard"对话框中，单击"Message Maps"选项卡，如图 11-16 所示。

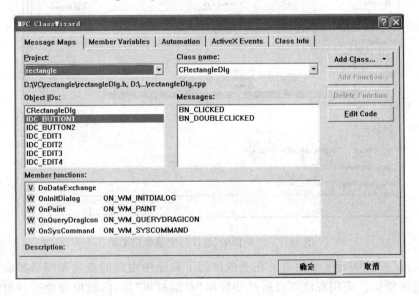

图 11-16　"Message Maps"选项卡

在图 11-16 的"Obejct IDs"列表框中单击 IDC_BUTTON1 项，在"Messages"列表框中单击 BN_CLICKED 项，再单击右侧的"Add Function"按钮，在新出现的弹出式窗口中单击"OK"按钮，如图 11-17 所示，为按钮 IDC_BUTTON1 添加 BN_CLICKED 消息映射。

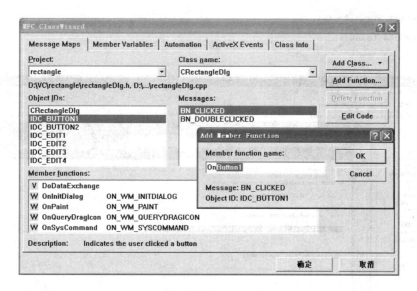

图 11-17 "Add Member Function"对话框

按照同样的方法为按钮 IDC_BUTTON2 添加 BN_CLICKED 消息映射,添加结果如图 11-18 所示,可以看到"Member functions"列表框中增加了成员函数 OnButton1 和OnButton2。

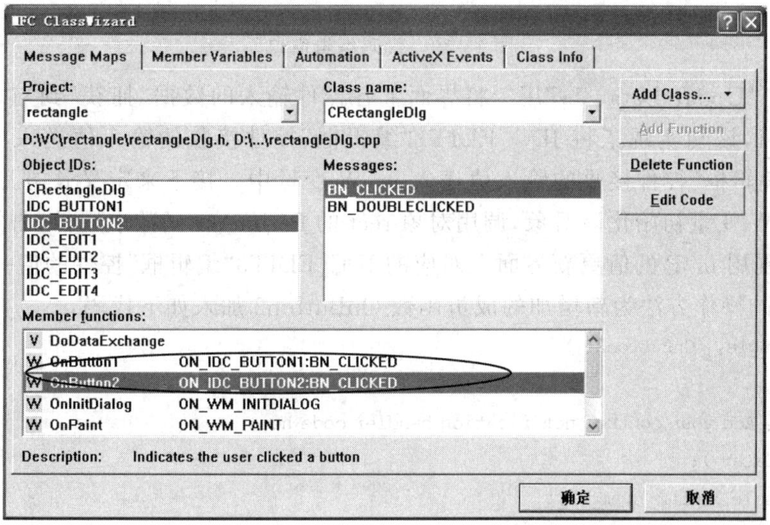

图 11-18 CRectangleDlg 按钮消息映射添加结果

现在可以添加按钮消息映射处理函数了。在图 11-18 中,在"Member functions"列表框中单击 OnButton1 成员函数,再单击"Edit Code"按钮,或者直接双击新增加的成员函数 OnButton1,打开如图 11-19 所示的代码编辑窗口,在窗口中输入如下完成求长方形周长的代码。

```
void CRectangle∷OnButton1( )
{
    //TODO：Add your control notification handler code here
    UpdateData( );
    CRectangle rect(m_L, m_W);
```

```
        m_P = rect.Perimeter( );
        UpdateData(false);
    }
```

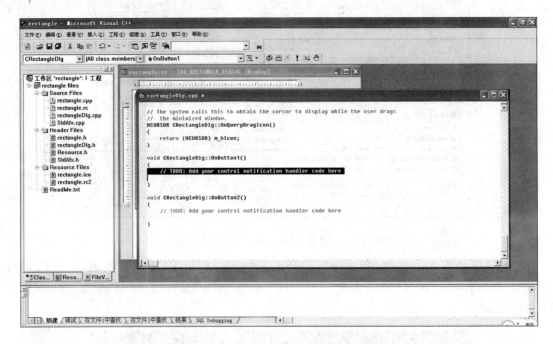

图 11-19　代码编辑窗口

其中,语句"UpdateData( );"用于将界面上各控件输入的数据"捕获"到与之绑定的变量中,针对例 11-1,该句实现了将 IDC_EDIT1"编辑框"控件接收的输入值送入 m_L 变量,将 IDC_EDIT2"编辑框"控件接收的输入值送入 m_W 变量中。接下来定义长方形类对象 rect,并用 m_L、m_W 变量初始化该对象,调用对象 rect 的 Perimeter 函数求周长,语句"UpdateData(false);"实现用 m_P 的值更新界面上对应的 IDC_EDIT3"编辑框"控件的值。

按照同样的操作方法为新增加的成员函数 OnButton2 加入如下代码:

```
void CRectangle∷OnButton2( )
{
    //TODO: Add your control notification handler code here
    UpdateData( );
    CRectangle rect(m_L, m_W);
    m_S = rect.Area( );//求面积
    UpdateData(false);
}
```

在加入的上面这 4 行代码中,只有第 3 行代码与成员函数 OnButton1 中的不一样,这里的第 3 行代码实现求长方形的面积。

（6）组建和运行工程

执行"组建"→"组建"命令,组建工程,再选择"组建"→"执行"命令,程序执行效果如图 11-20 所示。

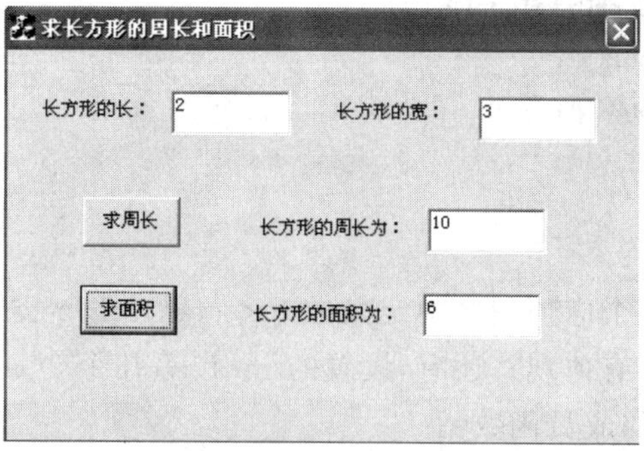

图 11-20 例 11-1 程序运行效果

至此,第 1 个基于对话框的图形用户界面 C++程序设计完毕。

请将项目中由向导自动生成的各个文件浏览一下,将会发现我们确实已经学过了其中所包含的面向对象程序设计机制。

以 rectangleDlg. h 为例,定义的是 CRectangleDlg 对话框。代码如下所示:

```
class CRectangleDlg : public CDialog
{
// Construction(构造)
public:
    CRectangleDlg(CWnd * pParent = NULL);  // standard constructor(标准构造函数)

// Dialog Data(对话框数据)
    //{{AFX_DATA(CRectangleDlg)
    enum { IDD = IDD_RECTANGLE_DIALOG };
    double   m_L;
    double   m_W;
    double   m_P;
    double   m_S;
    //}}AFX_DATA


    // ClassWizard generated virtual function overrides
    //{{AFX_VIRTUAL(CRectangleDlg)
    protected:
    virtual void DoDataExchange(CDataExchange * pDX);  // DDX/DDV support
    //}}AFX_VIRTUAL

// Implementation(实现)
protected:
    HICON m_hIcon;

    // Generated message map functions(生成的消息映射函数)
    //{{AFX_MSG(CRectangleDlg)
    virtual BOOL OnInitDialog( );
    afx_msg void OnSysCommand(UINT nID, LPARAM lParam);
    afx_msg void OnPaint();
```

```
    afx_msg HCURSOR OnQueryDragIcon();
    afx_msg void OnButton1( );
    afx_msg void OnButton2( );
    //}}AFX_MSG
    DECLARE_MESSAGE_MAP( )
};
```

从代码中可以看到，这个应用程序中定义的 CRectangleDlg 类继承了 CDialog 类，其中的构造函数、虚函数等机制都有体现。还有，设置的 m_L 等几个变量，都是这个类的数据成员，而 OnButton1()为这个类的成员函数。

再对照 RectangleDlg.cpp 阅读，可以看到这个派生类是如何实现的。

如果说阅读中的障碍，就是其中 DoDataExchange 等函数了。这些是在基类 CDialog 类，甚至 CDialog 类的基类中定义的了。这需要在长期的学习中，深入了解 MFC 及其机制。尤其是，理解和运用 Windows 编程中的消息机制。

从例 11-1，我们看到了自定义的类如何参与到实际的项目中来。因为学习了面向对象程序设计，我们还可以看到利用向导生成的程序原来也是建立在 OOP 的基础上，程序中对话框、编辑框、按钮等均是 MFC 中类的实例，MFC 中提供的类是可以被用户程序继承来使用的。这就是软件工程中强调的尽可能利用已有"类库"的最生动的案例。

11.2 基于单文档的图形界面 C++程序设计

本节介绍求长方形的周长和面积的另外一种图形界面，即基于单文档的图形界面。看下面的例 11-2，通过该例，可以看到利用类向导（ClassWizard）声明自定义类的方法，自定义对话框的创建与使用方法，图形用户界面最常用的菜单、工具栏和状态栏的设计方法。

【例 11-2】 设计如图 11-21 所示的求长方形周长和面积的单文档图形界面 C++程序。图形界面中包括菜单栏、工具栏和状态栏，执行"案例"→"Rectangle"命令，先弹出如图 11-22 所示的"输入长方形参数"对话框。参数输入完毕，单击"确定"按钮，计算该长方形的周长和面积并显示计算结果。

图 11-21 求长方形的周长和面积的单文档图形用户界面

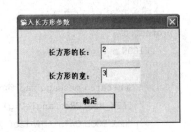

图 11-22 "输入长方形参数"对话框

1. 设计长方形类

设计长方形类 CRectangle，其 UML 类图如图 11-23 所示。CRectangle 类的结构与例 11-1 基本类似，只是这里缺少了一个带有 2 个形参的构造函数，而增加了一个用于设置长方形的长和宽的 Input 成员函数。例 11-1 是在创建长方形对象时进行对象数据成员的初始化，例 11-2 改为创建长方形对象后，通过调用该对象的 Input 函数去设置其数据成员的值，数据源自用户通过"输入长方形参数"对话框输入的长和宽的值。

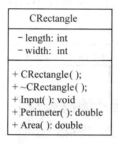

图 11-23　CRectangle 类的 UML 类图

2. 基于单文档的图形界面程序设计

（1）新建基于单文档的 MFC 应用程序

利用 Visual C++的 MFC 应用程序向导新建单文档类型的 MFC 应用程序，步骤如下：

① 在 Visual C++ 6.0 集成开发环境下，执行"文件"→"新建"命令，在弹出的"新建"对话框的"工程"选项卡中选择 MFC AppWizard[exe]项目，输入项目名称并指定存放位置。单击"确定"按钮，弹出"MFC 应用程序向导—步骤 1"对话框。

② 在"MFC 应用程序向导—步骤 1"对话框中选择"单文档"程序类型，其他选项使用默认设置。单击"下一步"按钮，在随后出现的对话框中，不需要改变默认的选项，或者直接单击对话框中的"完成"按钮，IDE 显示工程骨架，单击"确定"按钮，MFC 应用程序向导将生成应用程序框架。图 11-24 为 MFC 应用程序向导生成的单文档应用程序工作区窗口中的"ClassView"标签，该标签显示了单文档应用程序框架中的类，主要的 4 个类为：CRectangle2App、CRectangle2Doc、CRectangle2View、CMainFrame，类名中的"Rectangle2"为项目名称。

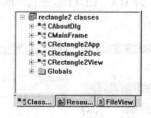

图 11-24　应用程序工作区窗口中的"ClassView"标签

CRectangle2App 类：应用程序类，从 CWinApp 派生，管理应用程序的初始化；负责维护文档、视图和框架类之间的联系；负责接收 Windows 消息，并将这些消息发送给相应的目标窗口。

CRectangle2Doc 类：文档类，从 CDocument 类派生，主要任务是对数据进行管理和维护，数据将保存在文档类的成员变量中，视图通过对这些变量的访问来获取或返回数据，并能通过这种方式来更新并显示数据。

CRectangle2View 类：视图类，从 CWnd 类派生，视图窗口用来显示文档中的数据，并根据视图对象提供的基本功能,指定用户使用什么方式查看文档数据,接受用户对数据的交互操作(包括选择和编辑),并将更改后的数据回传给文档,是文档和用户之间的中间媒介。

CMainFrame类:框架窗口类,从CFrameWnd派生,其作用是为应用程序提供一个可供使用的窗口,并负责工具栏、状态栏的创建、初始化和撤销。

图11-25为单文档应用程序上面4个类产生的对象之间的联系图,文档对象用来保存和管理数据,视图对象用于数据交互,应用程序框架用来管理文档的显示界面,应用程序对象负责维护文档、视图和框架之间的联系,并负责接收Windows消息,并将这些消息发送给相应的框架窗口和视图。

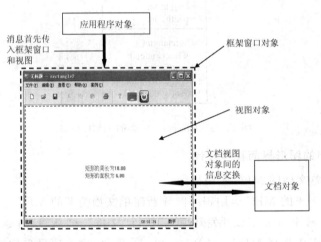

图11-25 SDI文档/视图应用程序示意图

（2）对话框设计

设计一个对话框用于输入长方形的长和宽,步骤如下:

① 新建对话框资源:将应用程序工作区窗口切换到"ResourceView"标签,单击加号展开资源树目录,在"Dialog"目录上右击,在弹出的快捷菜单中选择"插入Dialog"命令,弹出如图11-26所示的对话框编辑窗口。新建的对话框资源的ID系统默认为IDD_DIALOG1。在对话框内添加2个"静态文本"控件、2个"编辑框"控件,上面的"编辑框"控件的ID为IDC_EDIT1,下面的"编辑框"控件的ID为IDC_EDIT2,删除"取消"按钮,把"确定"按钮移动到适当的位置,设计结果如图11-27所示。

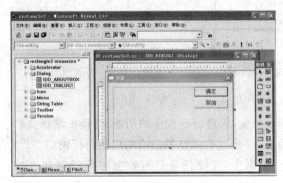

图11-26 对话框编辑窗口

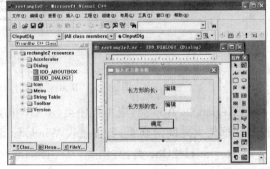

图11-27 "输入长方形参数"对话框设计结果

② 为对话框资源创建新类:双击对话框,弹出"Adding a Class"对话框,如图11-28所示,

保持默认设置 Create a new class（添加一个新类），单击"OK"按钮，弹出如图 11-29 所示的 "New Class"对话框，在"Name"文本框中输入对话框类名 CInputDlg，其他选项默认，单击 "OK"按钮。

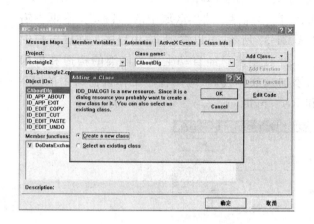

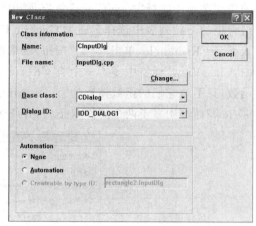

图 11-28 "Adding a Class"对话框   图 11-29 "New Class"对话框

③ 为对话框类 CInputDlg 添加成员变量：执行"查看"→"建立类向导"命令，在打开的 MFC ClassWizard 对话框中单击"Member Variable"标签，为对话框类 CInputDlg 添加成员变 量 m_L、m_W。其中 m_L 与 IDC_EDIT1"编辑框"控件绑定，类型为 double，代表长方形的长 度；m_W 与 IDC_EDIT2"编辑框"控件绑定，类型为 double，代表长方形的宽度。设计结果如 图 11-30 所示。

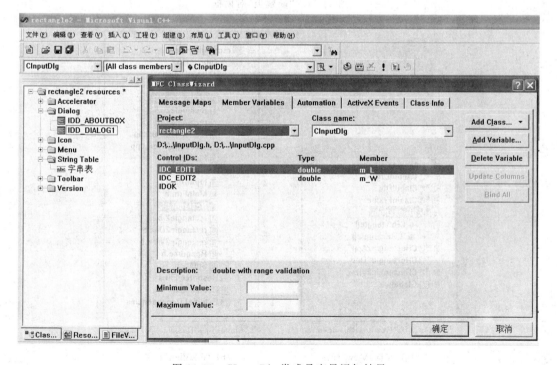

图 11-30 CInputDlg 类成员变量添加结果

（3）添加自定义类 CRectangle 的代码

这里采用与例 11-1 不同的方式添加自定义类代码，步骤如下。

① 将应用程序工作区窗口切换到"ClassView"标签，右击 rectangle2 classes 选项，在弹出的快捷菜单中选择"New Class"命令，弹出"新建类"对话框，如图 11-31 所示。从"类的类型"组合框的下拉列表中选择普通类 Generic Class，在"类信息"选项区域中的"名称"文本框中输入类名 CRectangle，单击"确定"按钮，结果如图 11-32 所示，可以看到：应用程序工作区窗口中的"ClassView"标签中多了一个类 CRectangle，并且系统已经自动生成了该类的构造和析构函数，只不过它们的函数体皆为空，需要自己添加函数体代码；应用程序工作区窗口中的"FileView"标签中多了两个文件 Rectangle.h 和 Rectangle.cpp。

图 11-31 "新建类"对话框

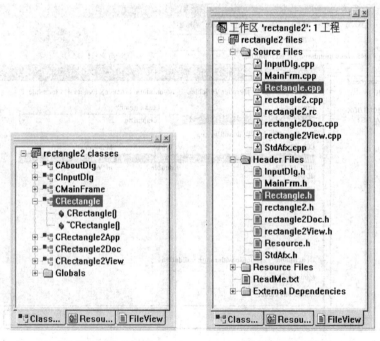

(a) "ClassView"标签　　　　　　　(b) "FileView"标签

图 11-32 添加 CRectangle 类后的应用程序工作区窗口中"ClassView"和"FileView" 标签

② 将应用程序工作区窗口切换到"FileView"标签,单击加号展开资源树目录,再展开"Header Files"目录,双击 Rectangle.h 文件,在 CRectangle 类的类体中加入如下字体加粗的代码。

```
class CRectangle
{
public：
    CRectangle( );
    virtual ～CRectangle( );
    void Input( );                      //利用从对话框获取的长和宽值设置数据成员 length、width
    double Perimeter(void);             //计算长方形的周长
    double Area(void);                  //计算并返回长方形的面积
private：
    double length, width;
};
```

展开 Source Files 目录,双击 Rectangle.cpp 文件,在 Rectangle.cpp 中,找到 CRectangle 类的构造函数的函数体,加入语句"length＝1;"和"width＝1;"。CRectangle 类的析构函数的函数体不做修改,保持函数体为空。在 CRectangle 类的析构函数的后面添加成员函数 Input、Perimeter 和 Area 的类外定义,代码如下：

```
void CRectangle::Input( )                 //利用从对话框获取的长和宽值设置数据成员 length、width
{
    CInputDlg m_InputDlg;                 //定义对话框类对象
    if ( IDOK ＝＝ m_InputDlg.DoModal( ) )     //单击"确定"按钮
    {
        length = m_InputDlg.m_L;          //读取对话框里用户输入的长度值,并赋值给 length
        width = m_InputDlg.m_W;           //读取对话框里用户输入的宽度值,并赋值给 width
    }
}
double CRectangle::Perimeter(void) {  return ( 2 * (length + width) );  }  //计算长方形周长
double CRectangle::Area(void) {  return ( length * width );  }           //计算长方形面积
```

由于 Input()函数中使用了输入对话框类,因此在 Rectangle.cpp 开始处要使用"＃include "InputDlg.h""预处理命令,将对话框类包含进来。

对一个应用而言,这些用户自定义的代码是核心。用术语讲,叫做"业务逻辑"。

(4) 菜单设计

菜单是图形用户界面中最重要的界面元素,是用户与应用程序进行交互的重要工具,它为应用程序提供了传递用户命令的选择区域。通常情况下,使用 MFC 应用程序向导创建单文档应用程序时,系统会为用户自动生成默认的菜单。下面使用菜单编辑器编辑这个默认菜单,添加一个包含"Rectangle"子菜单项的"案例"菜单项。步骤如下。

① 将应用程序工作区窗口切换到"ResourceView"标签,单击加号展开资源树目录,再展开"Menu"目录,双击 IDR_MAINFRAME 项,打开菜单编辑器,如图 11-33 所示。

可以使用菜单编辑器对菜单进行添加菜单项、增加子菜单项、插入分隔线、删除菜单项、修改菜单项的属性等操作。

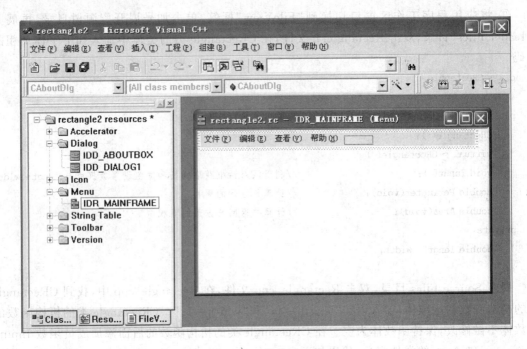

图 11-33 菜单编辑器

② 添加菜单项

双击"帮助"菜单项右侧的虚线框，弹出新建顶层菜单项的属性设置对话框，如图 11-34 所示。在"标明"文本框中输入菜单项的标题"案例(&C)"，标题中"&C"的作用是在应用程序运行时用户可以按"Alt ＋ C"组合键直接打开该菜单项，在显示时，"&C"会自动转换为添加了下划线的"C"。"弹出"复选框默认被选中，表明这是一个弹出菜单项，允许有子菜单项。关闭菜单项属性设置对话框，系统自动保存修改。

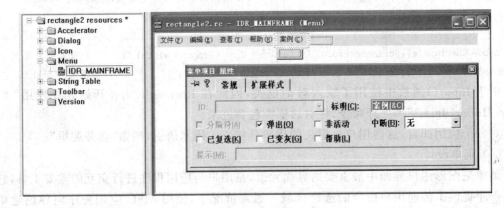

图 11-34 菜单项属性设置对话框

这时，会发现在"案例(C)"菜单项的右侧和下方各出现一个虚线框。

如果要调整某菜单项的位置，选中该菜单项用鼠标拖动至适当位置即可。

③ 添加子菜单项

双击"案例"菜单项下方的虚线框，弹出如图 11-35 所示的对话框。在"ID"文本框中输入 ID_MENURectangle，在"标明"文本框中输入 Rectangle，在"提示"文本框中输入求长方形的周长和面积。设置"提示"文本框内容的作用是当鼠标移动到"Rectangle"子菜单项上时，会在程序的状态栏的第1个信息窗格显示"求长方形的周长和面积"。

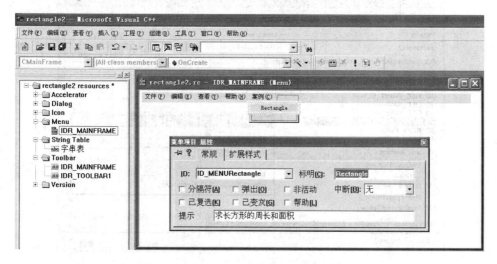

图 11-35　子菜单项属性设置对话框

如果要删除某菜单项,选中该菜单项,单击工具栏上的"剪切"按钮或按键盘上的"Del"键即可。在删除带有子菜单项的菜单项时,系统会弹出一个信息提示框,提醒用户该操作将删除子菜单以及它所包含的全部内容。

④ 添加子菜单项消息处理函数

使用菜单编辑器编辑菜单只是菜单设计的第1步,接下来还需要为子菜单项添加消息处理函数。步骤如下。

（Ⅰ）执行"查看"→"建立类向导"命令,在打开的 MFC ClassWizard 对话框中单击"Message Maps"标签,如图 11-36 所示。在"Class name"列表框中选择 CRectangle2View 项,在"Object IDs"列表框中选择 ID_MENURectangle 项,在"Message"列表框中选择 COMMAND 项后,单击"Add function"按钮,弹出对话框,默认菜单成员函数的名称为"OnMENURectangle",如图 11-37 所示。在图 11-37 对话框中单击"OK"按钮,则在"Member Functions"列表框中添加了成员函数,该函数是 CRectangle2View 类的成员函数,如图 11-38 所示。

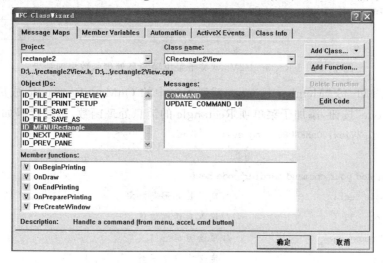

图 11-36　"Message Maps"标签

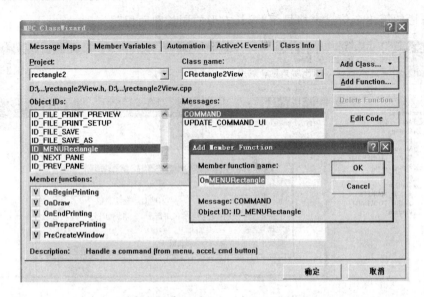

图 11-37 "Add Member Function"对话框

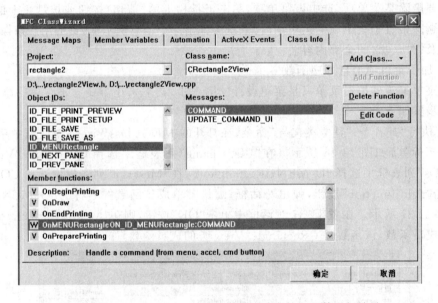

图 11-38 CRectangle2View 类子菜单项消息处理函数添加结果

（Ⅱ）单击图 11-38 "Member functions"列表框中的 OnMenuRectangle 成员函数,再单击右侧的"Edit Code"按钮,添加子菜单项 Rectangle 的消息处理函数,函数代码如下。

```cpp
void CRectangle2View::OnMENURectangle()
{
    // TODO：Add your command handler code here
    CRectangle rect;                  //定义长方形类对象
    rect.Input( );                    //读入对话框的值
    RedrawWindow( );                  //重绘窗口
    CString str;                      //定义字符串变量
    CClientDC dc(this);               //定义客户区对象
```

```
dc.SetTextColor( RGB(0, 0, 255) );  //定义文字颜色为蓝色
str.Format("矩形的周长为%5.2f", rect.Perimeter());     //设置输出格式
dc.TextOut(200, 160, str);          //输出周长
str.Format("矩形的面积为%5.2f", rect.Area());          //设置输出格式
dc.TextOut(200, 180, str);          //输出面积
}
```

（5）工具栏设计

工具栏的作用是为常用的菜单命令提供一种快捷操作方式。使用 MFC 应用程序向导创建单文档应用程序，在 AppWizard 的步骤 4 中接受默认的工具栏设置时（如例 11-2），向导自动为应用程序创建一个工具栏，称为标准工具栏，该工具栏上有与默认的"文件"、"编辑"和"帮助"菜单项的子菜单项相对应的按钮。标准工具栏的 ID 值为 IDR_MAINFRAME。MFC 应用程序框架在类 CMainFrame 中定义了一个工具类 CToolBar 的对象 m_wndToolBar，通过在 CMainFrame::OnCreate 函数中调用 CToolBar::LoadToolBar 函数装入工具栏资源，调用 CToolBar::CreateEx 函数来创建工具栏，如果要改变工具栏的默认风格或外观，可以修改 CreateEx 函数的调用参数。

下面使用资源编辑器编辑这个标准工具栏，添加一个与"案例"菜单项的"Rectangle"子菜单项相对应的按钮，再添加一个"退出"按钮，使之满足例 11-2 的要求。步骤如下。

① 打开工具栏编辑器

将应用程序工作区窗口切换到"ResourceView"标签，单击加号展开资源树目录，再展开 "Toolbar"目录，双击 IDR_MAINTRAME 项，则在主界面的右边出现工具栏编辑器，如图 11-39 所示。

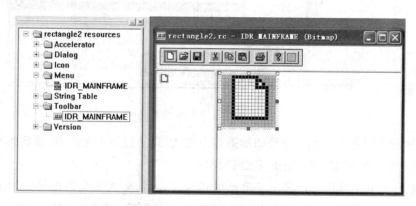

图 11-39　工具栏编辑器

② 添加工具栏按钮

单击工具栏最右边的空白按钮，开始编辑按钮位图。编辑按钮位图的方法有两种：a. 利用绘图工具与调色板直接进行绘制。b. 先利用专用绘图工具软件制作，然后粘贴到按钮上。这里采用后一种方法。编辑结果如图 11-40 所示。

双击工具栏上新添加的按钮，打开工具栏属性设置对话框，如图 11-41 所示。从"ID"组合框的下拉列表中选择 ID_MENURectangle，使按钮的 ID 与子菜单项 Rectangle 的 ID 相同，这样此按钮就成为了子菜单项 Rectangle 在工具栏上的快捷按钮，应用程序运行时，单击此按钮

与执行子菜单命令 Rectangle 结果相同。

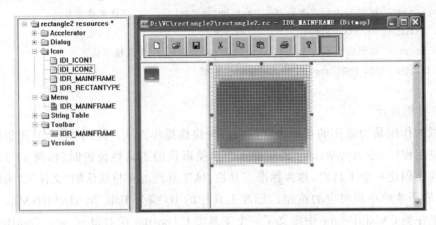

图 11-40　编辑工具栏按钮

这时，会发现图 11-41 工具栏上有一个新的空白按钮出现在当前正在编辑的按钮的右侧。

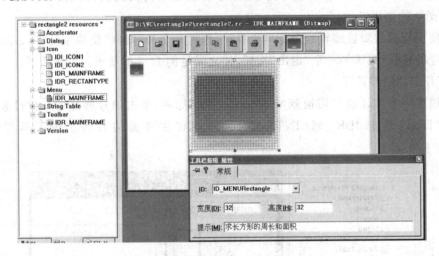

图 11-41　设置工具栏属性对话框

按照同样的方法在工具栏上继续添加第 2 个按钮，只不过该按钮的 ID 设置为与"文件"菜单的"退出"子菜单的 ID 值（ID_APP_EXIT）相同。

注意：例 11-2 的工具栏按钮都与子菜单项相对应，不需要为工具栏按钮添加消息处理函数。如果新创建的工具栏按钮不与任何一个子菜单项相关联，则需要为该按钮添加消息处理函数，方法与给子菜单项添加消息处理函数一样，在此不再赘述。

完成编辑后的工具栏如图 11-42 所示。

到此为止，已经清楚了对 MFC AppWizard 向导自动生成的标准工具栏的编辑操作。但是对于一个复杂的应用程序，可能需要创建多个不同的工具栏。创建一个新的自定义工具栏的步骤：a. 创建工具栏资源；b. 构建一个工具栏对象；c. 调用 CToolBar::LoadToolBar 函数装入工具栏资源；d. 调用 CToolBar::CreateEx 函数创建工具栏窗口。下面就为例 11-2 再创建一个自定义工具栏，工具栏按钮有两个：一个是与"案例"菜单项的"Rectangle"子菜单项相对应的按钮，另一个是"退出"按钮，与在标准工具栏上添加的那两个按钮完全相同，以此介绍为应用程序添加自定义工具栏的 4 个步骤的具体实现。

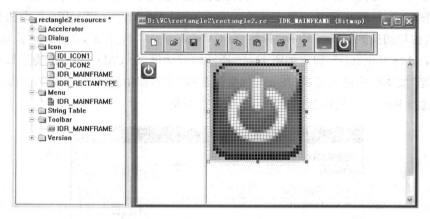

图 11-42 工具栏设计结果

a. 创建新的工具栏资源

将应用程序工作区窗口切换到"ResourceView"标签，单击加号展开资源树目录，右击"Toolbar"目录，在弹出的快捷菜单中选择"插入 Toolbar"命令，打开工具栏编辑器，如图 11-43 所示。新添加的工具栏资源的的 ID 系统默认为 IDR_ToolBar1。按照前面讲述的在标准工具栏上添加工具栏按钮的步骤在 IDR_ToolBar1 上添加 2 个工具栏按钮，编辑完成后的 IDR_ToolBar1 如图 11-44 所示。

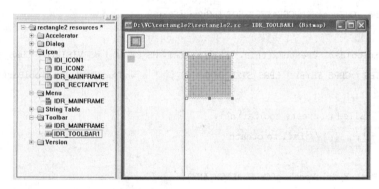

图 11-43 自定义工具栏 IDR_ToolBar1 编辑窗口

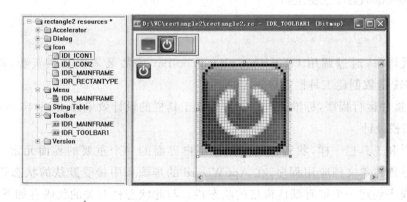

图 11-44 自定义工具栏 IDR_ToolBar1 设计结果

b. 构建一个工具栏对象

在 CMainFrame 类中定义一个工具类 CToolBar 的对象 m_wndToolBar1,方法为:将应用程序工作区窗口切换到"Class View"标签,在 CMainFrame 项上右击,在弹出的快捷菜单中选择"Add Member Variable",弹出如图 11-45 所示的对话框,为 CMainFrame 类添加成员变量。在"变量类型"文本框中输入 CToolBar,在"变量名称"文本框中输入 m_wndToolBar1,在"Access"选项选择 Private。这样就创建了一个工具栏对象。

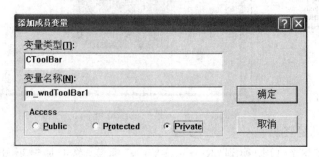

图 11-45 "添加成员变量"对话框

c. 添加代码

打开 CMainFrame 类的实现文件 MainFrm. cpp,在其 OnCreate 函数的"return 0;"语句的前面添加如下代码:

```
int CMainFrame::OnCreate(LPCREATESTRUCT lpCreateStruct)
{  …
   if (! m_wndToolBar1.CreateEx(this, TBSTYLE_FLAT, WS_CHILD | WS_VISIBLE | CBRS_TOP | CBRS_GRIP-
PER | CBRS_TOOLTIPS | CBRS_FLYBY | CBRS_SIZE_DYNAMIC) || ! m_wndToolBar1.LoadToolBar(IDR_TOOLBAR1))
   {
     TRACE0("Failed to create toolbar\n");
     return -1;      // fail to create
   }
   m_wndToolBar1.EnableDocking(CBRS_ALIGN_ANY);
   EnableDocking(CBRS_ALIGN_ANY);
   DockControlBar(&m_wndToolBar1);
   …
}
```

在上述代码中,通过调用 CToolBar::LoadToolBar 函数装入工具栏资源,调用 CTool-Bar::CreateEx 函数创建工具栏窗口。

编译、连接并运行程序,标准工具栏和自定义工具栏的设计效果如图 11-46 所示。

(6)状态栏设计

与菜单栏和工具栏一样,状态栏也是图形用户界面的一个重要的界面元素。使用 MFC 应用程序向导创建单文档应用程序,在 AppWizard 的步骤 4 中接受默认的状态栏设置,向导自动为应用程序创建一个带有默认窗格的状态栏。与此状态栏有关的代码有如下 3 处。

① 在框架窗口类 CMainFrame 的定义文件 MainFrm. h 中,声明了一个名为 m_wndSta-tusBar 的 CStausBar 对象,代码如下:

CStausBar m_wndStatusBar;

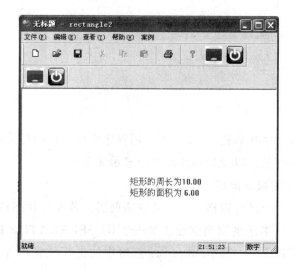

图 11-46 工具栏设计效果

② 在框架窗口类 CMainFrame 的实现文件 MainFrm.cpp 中,定义了一个静态数组 indicators 数组,它被 MFC 用做状态栏的定义,如图 11-47 所示。indicators 数组中的每个元素代表状态栏上一个窗格的 ID 值,这些 ID 值在应用程序的串表资源 String Table 中进行了说明。默认的 indicators 数组包含了 4 个元素:

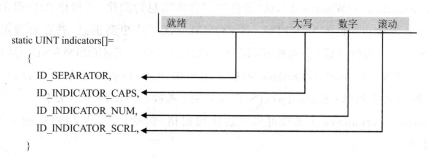

图 11-47 indicators 数组元素与标准状态栏窗格的关系

• ID_SEPARATOR:用于标识信息行窗格,菜单项或工具栏按钮的提示信息都在这个信息行窗格中显示。

• ID_INDICATOR_CAPS:用于标识指示器窗格,显示出 CapsLock 键的状态(大写)。

• ID_INDICATOR_NUM:用于标识指示器窗格,显示出 NumLock 键的状态(数字)。

• ID_INDICATOR_SCRL:用于标识指示器窗格,显示出 ScrollLock 键的状态(滚动)。

通过增加新的 ID 标识可以增加用于显示状态信息的窗格。

③ 在 CMainFrame 的 OnCreate 函数中,调用 CStausBar 的 Create 函数,创建状态栏窗口,由如下几行代码完成:

```
int CMainFrame::OnCreate(LPCREATESTRUCT lpCreateStruct)
{   ...
    if (! m_wndStatusBar.Create(this) ||
```

```
        ! m_wndStatusBar.SetIndicators(indicators, sizeof(indicators)/sizeof(UINT)))
    {
        TRACE0("Failed to create status bar\n");
        return -1;          // fail to create
    }
    ...
}
```

每个应用程序只有一个状态栏,在了解了应用程序中状态栏的相关代码后,下面介绍如何在状态栏上增加和减少窗格? 以及如何在窗格中显示文本?

a. 在状态栏上增加和减少窗格

状态栏中的窗格分为信息行窗格和指示器窗格两类。若要在状态栏中增加一个信息行窗格,则只需要在 indicators 数组的适当位置增加一个 ID_SEPARATOR 标识即可;若要在状态栏中增加一个用户指示器窗格,则在 indicators 数组中的适当位置增加一个在字符串表中定义过的资源 ID,其字符串的长度表示用户指示器窗格的大小。若要在状态栏减少一个窗格,其操作与增加相类似,只需减少 indicators 数组元素即可。

b. 在状态栏上显示文本

方法有 3 种:(Ⅰ)调用 CWnd::SetWindowText 更新信息行窗格(或窗格 0)中的文本。由于状态栏也是一种窗口,故在使用时可直接调用。若状态栏变量为 m_wndStatusBar,则语句"m_wndStatusBar.SetWindowText("消息");"将在信息行窗格(或窗格 0)内显示"消息"字样;(Ⅱ)手动处理状态栏的 ON_UPDATE_COMMAND_UI 更新消息,并在处理函数中调用 CCmdUI::SetText 函数;(Ⅲ)手动处理状态栏的 ON_UPDATE_COMMAND_UI 更新消息,并在处理函数中调用 CCmdUI::Enable 函数启用窗格,然后根据窗格显示内容的不同,选择合适的事件处理函数调用 CStatusBar::SetPaneText 函数更新窗格显示文本。

CStatusBar::SetPaneText 函数可以更新任何窗格(包括信息行窗格)中的文本,此函数原型描述如下:

```
BOOL SetPaneText(int nIndex, LPCTSTR lpszNewText, BOOL bUpdate = TRUE);
```

其中,nIndex 表示设置的窗格索引(第 1 个窗格的索引为 0),lpszNewText 表示要显示的字符串,若 bUpdate 为 TRUE,则系统自动更新显示的结果。

下面在例 11-2 的状态栏中添加一个显示系统时间的指示器窗格。步骤如下:

① 向字符串表添加一个新的字符串。

将应用程序工作区窗口切换到"ResourceView"标签,单击加号展开资源树目录,再展开"String Table"目录,双击"String Table"项,则在主界面的右边出现字符串表编辑器。上下滚动字符串列表,为新项找到合适的字符串表区域,在最后一个字符串表项上右击鼠标,在弹出的快捷菜单中选择"新字符串"命令,弹出"String 属性"对话框。在"ID"组合框中直接输入 ID_INDICATOR_CLOCK,在"标题"文本框中输入 00:00:00,定义窗格中数据输出格式及长度,如图 11-48 所示。

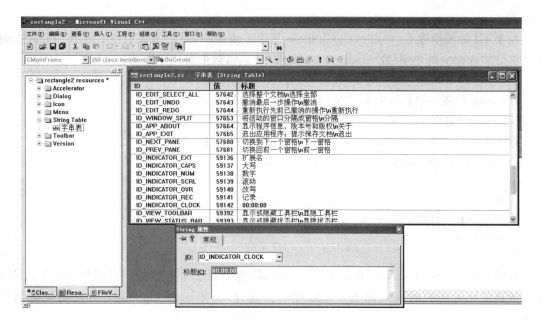

图 11-48 "String 属性"对话框

② 将新的字符串 ID(ID_INDICATOR_CLOCK)添加到状态栏的静态数组 indicators 中。打开 MainFrm. cpp 文件,将原先的 indicators 数组修改如下:

```
static UINT indicators[ ] =
{   ID_SEPARATOR,                     //显示命令功能提示
    ID_INDICATOR_CLOCK,
    ID_INDICATOR_CAPS,               //显示大写锁定键状态
    ID_INDICATOR_NUM,                //显示数字锁定键状态
    ID_INDICATOR_SCRL,               //显示滚动锁定键状态
};
```

这样新字符串 ID(ID_INDICATOR_CLOCK)将标识状态栏窗格。

③ 启用 ID_INDICATOR_CLOCK 指示器。

首先在 MainFrm. cpp 文件中添加一个新的框架窗口消息映射入口,将 ID 与一个 UI 处理函数相关联,代码如下:

```
ON_UPDATE_COMMAND_UI(ID_INDICATOR_CLOCK, OnUpdateClockShow)
```

这行代码将 ID_INDICATOR_CLOCK 与处理函数 OnUpdateClockShow 相关联。由于类向导(ClassWizard)不能将字符串表中 ID 识别为对象 ID,所以上述代码必须手工加入。其位置应在 IMPLEMENT_DYNCREATE(CMainFrame,CFrameWnd)和 END_MESSAGE_ MAP( )两个宏之间,最好在//}}AFX_MSG_MAP 注释后,以区别于由 ClassWizard 生成的消息映射入口。UI 处理函数的实现是这样的:

```
void CMainFrame::OnUpdateClockShow(CCmdUI * pCmdUI)
{
    // TODO:Add your message handler code here and/or call default
    pCmdUI - > Enable( );
}
```

Enable 函数设置了默认的 TRUE 状态,显示相应文本,即启用 ID_INDICATOR_CLOCK

指示器。

由于 UI 处理函数 OnUpdateClockShow 是手工添加的，因此还必须在 CMainFrame 类的定义部分加入相应的声明（在 MainFrm.h 文件中）。函数声明代码如下：

```
afx_msg void OnUpdateClockShow (CCmdUI * pCmdUI);
```

afx_msg 前缀由消息映射宏使用，其位置在//}}AFX_MSG 之前。

④ 在 ID_INDICATOR_CLOCK 指示器窗格显示系统时间

首先启用计时器，在 CMainFrame 类的 OnCreate 函数中添加如下代码：

```
int CMainFrame::OnCreate(LPCREATESTRUCT lpCreateStruct)
{
    ...
    SetTimer(1, 1000, NULL);
    return 0;
}
```

函数 CWnd::SetTimer 用来安装一个计时器，它的第 1 个参数指定计时器 ID 为 1，第 2 个参数指定计时器的时间间隔为 1 000 毫秒。这样，每隔 1 秒 OnTimer 函数就会被调用一次。

接下来为 CMainFrame 类添加 WM_TIMER 和 WM_CLOSE 消息处理函数 OnTimer 和 OnClose，并添加代码。方法为：执行"查看"→"建立类向导"命令，在弹出的"MFC ClassWizard"对话框中，单击"Message Maps"选项卡，在"Class Name"组合框的下拉列表中选择 CMainFrame 类，确保"Object IDs"列表框中 CMainFrame 项处于选中状态，在"Messages"列表框中选择 WM_TIMER 后，单击右侧的"Add Function"按钮，为 CMainFrame 类添加 WM_TIMER 消息处理函数 OnTimer；再在"Messages"列表框中选择 WM_CLOSE，再单击右侧的"Add Function"按钮，为 CMainFrame 类添加 WM_CLOSE 消息处理函数 OnClose，添加结果如图 11-49 所示。

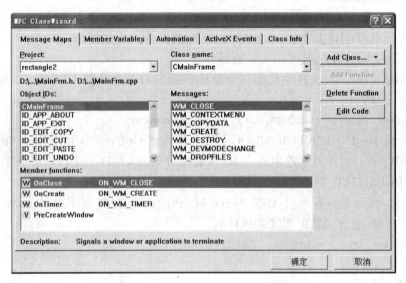

图 11-49　CMainFrame 类消息处理函数添加结果

在"Member functions"列表框中单击 OnTimer，再单击"Edit Code"按钮，编辑 CMainFrame::OnTimer 函数，函数代码如下：

```
void CMainFrame::OnTimer(UINT nIDEvent)
{
    // TODO: Add your message handler code here and/or call default
    CTime time;
    time = CTime::GetCurrentTime( );//获得系统时间
    CString s = time.Format("%H:%M:%S");//将系统时间转换为时:分:秒格式的字符串
    //调用 CStatusBar::SetPaneText 函数更新时间窗格显示的内容
    m_wndStatusBar.SetPaneText(m_wndStatusBar.CommandToIndex(ID_INDICATOR_CLOCK), s);
    CFrameWnd::OnTimer(nIDEvent);
}
```

按照同样的方法编辑 CMainFrame::OnClose 函数,函数代码如下:

```
void CMainFrame::OnClose( )
{
    // TODO: Add your message handler code here and/or call default
    KillTimer(1);//关闭计时器
    CFrameWnd::OnClose( );
}
```

编译、连接并运行程序,状态栏设计效果如图 11-50 所示。

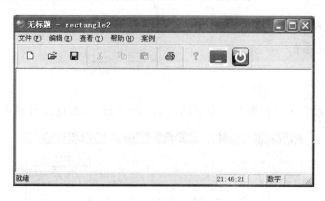

图 11-50　状态栏设计效果

到此为止,例 11-2 的基于单文档的图形界面设计 C++程序设计完毕。从例 11-2 可以看到:

(1) 不同类之间可以通过 include 宏命令来包含。例 11-2 的 Rectangle.cpp 文件包含了 InputDlg.h,这样,在 CRectangle 类的 Input 函数中就可以使用对话框中输入的长度和宽度值了。Rectangle2View.cpp 包含了 Rectangle.h,所以在菜单函数中能定义 CRectangle 类对象。

(2) 如果不定义 Input 函数,因为 length 和 width 是 private 成员变量,不能在类外访问。

(3) 文字的输出在视图中,所以在 Rectangle2View.cpp 文件中定义了菜单函数。

例 11-2 的特点在于利用 MFC 类向导声明了自定义类 CRectangle,利用 MFC 环境定义了输入对话框类,并演示了图形用户界面中最重要的界面元素菜单栏、工具栏和状态栏的创建过程。

到此,我们已经清楚了在 VC++6.0 开发环境下图形用户界面 C++程序的设计步骤,从中可以看出借助于 MFC 类库的支持,可以方便快捷地设计出具有丰富图形界面元素的 C++程序。对一个产品而言,尽管用户界面(UI)非常重要,影响着产品的使用体验,甚至决定着产品的成败(想想苹果的产品)。但对于处在技术学习阶段的学生来说,界面、窗口并非应用的核心,核心仍在技术基础,需要优先解决编程能力的问题。精湛的程序设计技术、扎实的算法功底、良好的编程风格,是基本功,是看家本领。潜心提高程序设计的基本功和认真学习计算机科学的基础理论。在此基础上,再掌握开发平台。这是应用开发者要走的路。

11.3　学生信息管理系统的图形界面设计

对于学生信息管理系统的图形用户界面的实现,还需要用到更多的 Windows 编程和 MFC 方面的知识。进一步要看的书,包括 Windows 编程、MFC 方面的书籍。目前市面上不少书是基于 VC++6.0 或 VS2008、VS2010、VS2012 等的案例开发教程,都可以作为阅读和实践的选择。

习　　题

一、简答题

MFC AppWizard 向导生成的单文档应用程序框架类有哪几个? 各自完成什么功能? 相互之间又有怎么的关系?

二、编程题

1. 编写求解一元二次方程根的基于对话框的 C++程序,程序运行界面如图 11-51 所示。

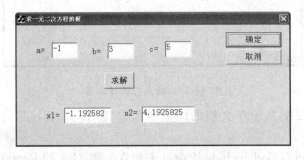

图 11-51　求解一元二次方程根的程序运行界面

2. 设计分数类,并开发一个 C++单文档应用程序,可以完成分数的四则运算。要求:应用程序的图形用户界面中包含菜单栏、工具栏、状态栏这 3 个最重要的图形界面元素。

参 考 文 献

［1］谭浩强. C++程序设计. 北京:清华大学出版社,2004.

［2］Bruce Eckel. C++编程思想第 1 卷:标准 C++. 2 版. 刘宗田,等,译. 北京:机械工业出版社,2002.

［3］Bruce Eckel. C++编程思想第 2 卷:实用编程技术. 刁成嘉,等,译. 北京:机械工业出版社,2006.

［4］Adam Drozdek. 数据结构与算法——C++版. 3 版. 郑岩,等,译. 北京:清华大学出版社,2006.

［5］杜茂康. C++面向对象程序设计. 北京:电子工业出版社,2007.

［6］张海藩,牟永敏. 面向对象程序设计实用教程. 2 版. 北京:清华大学出版社,2007.

［7］王萍,冯建华. C++面向对象程序设计. 北京:清华大学出版社,2006.

［8］钱能. C++程序设计教程. 2 版. 北京:清华大学出版社,2005.

［9］Stephen Prata. C++ Primer Plus. 北京:人民邮电出版社,2007.

［10］郑莉,董渊. C++语言程序设计. 2 版. 北京:清华大学出版社,2002.